統計科学のフロンティア　4

階層ベイズモデルと
その周辺

統計科学のフロンティア　4

甘利俊一　竹内啓　竹村彰通　伊庭幸人 編

階層ベイズモデルとその周辺

時系列・画像・認知への応用

石黒真木夫　松本隆
乾敏郎　田邉國士

岩波書店

編集にあたって

階層ベイズ法——ベイズ統計の新しい展開

この巻の目的は，柔軟なモデリングのための道具として，さまざまな分野で注目を浴びている「階層ベイズ法・経験ベイズ法」と「罰金付き推定」の世界を解説することである．応用としては，時系列の解析と予測，確率密度の推定，画像再構成，視覚の認知科学，非適切逆問題と数値解析など，幅広い話題がとりあげられている．

階層ベイズ法とはどういう考え方かを簡単に説明する．従来の統計的モデリングでは，データ $\boldsymbol{y}$ について，確率モデル $P(\boldsymbol{y}|\boldsymbol{x})$ を考えるとき，パラメータ $\boldsymbol{x}=\{x_i\}$ の独立な要素をなるべく少なくするのが基本であった．これは頻度主義でもベイズ統計でも同じである．パラメータ数が多いほうが，空間的・時間的な変動や対象の個性を表現するには有利であるが，単にパラメータ数を増やしたのでは，有限個のデータの背後にある法則を表現する能力がかえって下がり，未知のことが予測できなくなってしまう．

これに対して，階層ベイズ法では以下のように考える．まず，パラメータは十分たくさん用意する．たとえば，$\boldsymbol{x}$ として，各時刻でのシステムの状態，真の画像の各画素の値，ニューラルネットの各結合の値，各個体の特性をあらわす値，などをそのまま使う．その一方で，$\boldsymbol{x}$ についての事前の知識を事前分布 $P(\boldsymbol{x}|\alpha)$ で表現し，ベイズの公式(ベイズの定理)によって求めた事後分布

$$P(\boldsymbol{x}|\boldsymbol{y}) \propto P(\boldsymbol{y}|\boldsymbol{x})P(\boldsymbol{x}|\alpha)$$

によって推論を行う．α は，事前知識の内容やその信頼度をあらわすパラメータで，ハイパーパラメータ(超パラメータ)と呼ばれる[*1]．情報が不十分で多義的な解釈が可能なときに $\boldsymbol{x}$ をどうするかを，事前分布 $P(\boldsymbol{x}|\alpha)$ で

---

*1　事前知識を(ソフトな)拘束条件とみなせば，拘束条件に含まれる定数や拘束の強さが α で表現されるわけである．実際には，$P(\boldsymbol{y}|\boldsymbol{x})$ に含まれているパラメータのうち，$\boldsymbol{x}$ 全体に関係するもの(たとえば画像や時系列に加わった雑音の強さ)についても α と並行してハイパーパラメータとして扱うが，以下では省略する．

表現することで，多数のパラメータについての安定した推論を可能にするわけである．これは，多数用意したパラメータにソフトな制約をつけることで柔軟さを保ちつつ，個数を減らすのと同等の効果を狙っているともみられる．

ここまでが第1段階である．第2段階は，ハイパーパラメータ α の決定である．階層ベイズ法では，α についても事前分布 $P(\alpha)$ を仮定して，$(\boldsymbol{x},\alpha)$ という拡張された空間での事後分布

$$P(\boldsymbol{x},\alpha|\boldsymbol{y}) \propto P(\boldsymbol{y}|\boldsymbol{x})P(\boldsymbol{x}|\alpha)P(\alpha)$$

を考えることで，ハイパーパラメータの自由度を扱う．モデルが階層的な形 $P(\boldsymbol{y}|\boldsymbol{x})P(\boldsymbol{x}|\alpha)P(\alpha)$ に表現されるのが「階層ベイズモデル」と呼ばれる理由である．実際の応用では，α の周辺分布（周辺密度）

$$P(\alpha|\boldsymbol{y}) \propto \int P(\boldsymbol{y}|\boldsymbol{x})P(\boldsymbol{x}|\alpha)P(\alpha)\,d\boldsymbol{x}$$

を最大にする α を求め，これを用いて $\boldsymbol{x}$ についての推論を行ってもほぼ同じ結果になることが多い．$P(\alpha)$ に一様分布を仮定すると，これは，周辺尤度

$$\int P(\boldsymbol{y}|\boldsymbol{x})P(\boldsymbol{x}|\alpha)\,d\boldsymbol{x}$$

を最大化する α を選ぶのに等しい．このような，α を点推定で置き換える方式を，特に「経験ベイズ法」ということがある．ただし，この名称は，別の種類の「経験的」方法，たとえば，別に用意したデータベースから事前の頻度を推定して事前分布を定める方法にも用いられることがあるので，注意が必要である．

以上のうち，第1段階の部分は，後述するように，ベイズ統計的な解釈に限定せずに，罰金付き推定という視点から眺めることもできる．また，第2段階の「$\boldsymbol{x}$ について和をとった量で α を推定し，それを用いて $\boldsymbol{x}$ についての推論を行う」という考え方は，陽に「階層ベイズモデル」と呼ばれているものだけではなく，時系列の状態空間モデル，隠れマルコフモデル，有限混合分布モデル，欠測を含むモデル，潜在変数モデル，等々に基づく手

法にも共通である[*2].

こうした目でみると「階層ベイズ法」「経験ベイズ法」に関連して論じられる範囲は広範なものになるが，本巻は，そのうち，核となる分野，この手法の精神が最も明確にあらわれるような話題を選んで構成されている．ここに含まれない話題のいくつか，たとえば，離散状態の隠れマルコフモデルや有限混合分布モデルは「統計科学のフロンティア」シリーズのほかの巻で扱われている．また，シリーズ 12 巻『計算統計 II』では，マルコフ連鎖モンテカルロ法との関連でベイジアン・モデリングが論じられる予定である．必要に応じて，これらとあわせて読まれるとよいと思う．

以下，各部の内容を簡単に紹介する．まず，石黒による「事前情報を利用した複雑な系の解析」であるが，離散データの解析，密度推定，季節調整などを題材に，赤池によって提唱され，統計数理研究所のグループによって展開されたベイズ型情報処理の考え方が実践的に述べられている．石黒の研究の出発点は時系列解析にあるが，第 I 部では，系列事象の解析と汎用的な側面の両方に目配りした解説がなされている[*3]．また，カルマンフィルタやガウス近似を中心に，数値的方法の基礎も扱われている．

このグループの研究は，経験ベイズ法そのものに関しても先駆的なものであるが，季節調整のような一意性のない分解問題への応用は特に独自性が高く，この分野の知識が既にある読者にも興味深いであろう．

次が，松本による「非線形ダイナミカルシステムの再構成と予測」である．ここで扱われるのは時系列予測の問題であるが，石黒のアプローチとは異なり，変数の時間変化を記述する非線形の方程式を推定する手法がとられている．松本の方法では，一般の非線形関係を記述するためにニューラルネット(多層パーセプトロン)を用いるが，その際，推定すべき結合定

---

*2 分野によっては，ここでいう $\boldsymbol{x}$ に相当するものを「状態(state)」「画素(pixel)」「欠測値(missing data)」「潜在変数(latent variable)」等と呼び，α を「パラメータ」，周辺尤度を単に「尤度」と呼ぶので，対応関係を考える際には注意を要する．

*3 時系列の状態空間モデルという立場で統一したテキストとしては，北川源四郎『時系列解析入門』(岩波書店，2005)がある．ただし，同書の「状態」「パラメータ」「AIC」は，石黒の解説の「パラメータ」「超パラメータ」「ABIC」に，それぞれ対応するので注意が必要である．

数の数がデータ数に比して多すぎるという問題が生じる．これを階層ベイズ的な枠組で処理するというのが，方法の骨子である．同一入力を持つ結合をグループ化して共通の事前分布を設定し，重要度の低い結合の強さが弱くなるように制約することで，予測能力の向上を狙っている．線形モデルの場合のリッジ回帰の一般化ともいえる．最後の章では，ハミルトニアン・モンテカルロ(ハイブリッド・モンテカルロ)の応用にも触れている．

松本の定式化は，マッカイによるニューラルネットの階層ベイズ的取り扱いを時系列に適用したもので，赤池グループのそれとは起源が異なっている．細部の考え方には違いがあるが，はじめての読者はむしろ一致する点のほうを強く感じられるかもしれない．

本論の3番目が，乾による「**視覚計算とマルコフ確率場**」である．ここでは，一見まったく違う分野である視覚の認知科学が扱われる．視覚計算の基礎からはじまり，標準正則化による定式化が解説され，後半では，マルコフ確率場を事前分布とする画像再構成から，乾と川人による双方向性結合に基づく脳理論に及ぶ，まとまった解説が与えられている．

この定式化では，視覚情報処理は網膜への投影像などの限定された情報から3次元構造を復元する不良設定問題として扱われる．われわれは，運動する物体や映写された映画が連続的に動いてみえるのも，物体の輪郭がはっきり識別できるのも，当たり前であると考えがちである．しかし，視覚情報処理の研究は，それらの背後に，脳の中に組み込まれている事前知識あるいは外界のモデルと，外界から感覚器により得たデータとの複雑な相互作用があることを示唆している．この立場では，「錯覚」――たとえば「床屋の棒」の赤青の縞が上下に動いて見えること――は「推論」につきものの必然的な結果として説明されるのである．こうした見方を知ることは，統計的モデリングを学ぶ上で大変重要だと考える．

掉尾を飾るのが，田邉による補論「**帰納推論と経験ベイズ法――逆問題の処理をめぐって**」である．非適切逆問題(不良設定逆問題)という視点から説き起こして，この分野の全体を貫く思想をコンパクトに述べた内容である．概念的・思想的な内容を先ず把握したい読者は，この序文に続いて田邉の解説を読まれることをお勧めする．

「階層的モデリング」の最も素朴な形は，たとえば「顧客 — 顧客のグループ」「個人 — 学級 — 学校」のように，外界に明示的に存在する階層性をベイズの枠組みを利用してモデル化するものかもしれない．本巻では，こうしたタイプのモデルはあまり取り上げなかった．この点に違和感を持つ読者もいるかもしれないが，「階層」の概念はより広い意味を持つことを強調したい．

本巻のあらましを知るには，ここまでの解説で十分であるが，興味のある読者のために，この分野における「ベイズ統計」の意味について，また，本シリーズの3巻『モデル選択』との関連について，もう少し論じることにする．

まず，ベイズ統計の立場から見ると，周辺尤度最大化によりハイパーパラメータ α を定めることは「あるデータからそのデータを解析するための事前分布を適応的に定める」ともみられることを注意しておく．改めてこのように表現すると，ベイズ統計の基本に反するものとして眉をひそめる向きもあるかもしれない．この点は解釈が微妙に分かれるところで，この序文のはじめの解説や本文の松本の解説では「周辺尤度の最大化＝拡張された空間 $(\boldsymbol{x}, \alpha)$ でのベイズ法の近似」と割り切っているのに対し，石黒や田邉の解説では，ハイパーパラメータの最尤推定とパラメータについてのベイズ法を組み合わせたものとして説明している*4．

こうした理念的なことも興味深いが，実際に応用するには，どのような状況が「データからそれ自身を解析するための知識や拘束条件を定める」ことを許しているのかを，個々の場合に反省することが，むしろ重要かもしれない．まず，$\boldsymbol{x}$ の要素数に比べて，ハイパーパラメータ α の数が相対

*4 なお，これに関連して，さらに上の階層のモデル選択(尤度や事前分布の分布形の選択，アーキテクチャの選択)についても立場の相違がある．赤池や石黒が周辺尤度に AIC 的な補正を行うことを想定しているのに対し，マッカイや松本は各階層について純粋のベイズの枠組を用いる立場であり，田邉はデジタルなモデル選択自体を避けて可能な限りひとつのモデルに埋め込むべきだとしている．

的に少ないことが基本であろう*5．また，$\boldsymbol{x}$ の一部についての知識が残りの要素に関してもなんらかの情報を与えることが必要である*6．たとえば，「滑らかな曲線でつなぐ」場合を考えると，通常の階層ベイズ・経験ベイズの扱いでは，曲線全体で「滑らかさの度合い」がある程度一様であることが前提とされている．ニューラルネットの結合定数の推定の場合は，結合の強さが同じオーダーにあることが期待できるような組み分けを行ってから，事前分布を設定している．こうした前提のもとでは，多数の $\boldsymbol{x}$ に共通する性質をデータから学習して，個々の $\boldsymbol{x}$ の推定にフィードバックするのは自然である．それを数理的に表現したのが，階層ベイズ・経験ベイズの手法であると考えられる．

次に，ベイズの立場を離れて，より広い立場から問題を眺めてみよう．石黒や田邉が論じているように「第1段階」の $\boldsymbol{x}$ の推定の部分だけなら，必ずしもベイズ的な枠組みを想定しなくても，$-\log P(\boldsymbol{x}|\alpha)$ の部分を「罰金」とみなすことで,「罰金付き推定」としての定式化が可能である．逆にいえば，ベイズ的な構造を仮定せずに，ハイパーパラメータ α を決める手法があれば，全体を非ベイズ的(頻度主義的)な定式化として完結させることも可能ということになる．

このような方法として最も簡単なものは「データ $\boldsymbol{y}$ の一部を“テスト用データ”として分けておき，残りを“学習用データ”として，後者のみで $\boldsymbol{x}$ の推論を行い，前者を最もよく予測する α を選ぶ」ことであり，交差確認法(交差検証法，cross-validation)と呼ばれる．それ以外の手法としては，石黒の解説にある EIC，3巻『モデル選択』で触れられる予定の GIC などがある*7．また，ある種のモデルと損失関数，仮定のもとで「必ず結果が良

*5　階層数が3つ以上ある場合などでは，各階層にいろいろな役割分担がありうるので，一概には言えないかもしれないが．

*6　スタイン推定を学ばれた読者はこれには異論があるかもしれない．しかし，スタイン推定の示しているのは「$\boldsymbol{x}$ の要素が互いに無関係でも損失がないようにできる」ということで，積極的に良い結果になるのは，やはり要素間になんらかの関連がある場合ではないだろうか．また，スタイン推定の理論でカバーされる範囲は，経験ベイズ法一般よりはるかに狭いことにも注意．

*7　本書の直前に刊行された下記の書物にも GIC，EIC や正則化法との関連を含む解説がある．小西貞則，北川源四郎『情報量規準』(シリーズ予測と発見の科学 2，朝倉書店，2004)．

くなる(悪くならない)ような罰金の付け方」が存在するケースがあり，スタイン推定量として知られているが，これについても3巻で論じられる．

ここで，なぜ，3巻『モデル選択』が出てくるのかと疑問に思う読者もいると思う．これは，「モデル選択」というと，離散的なモデルの中からデジタルに1つを選ぶことであると一般に考えられているからであるが，本巻で論じたような事前分布や罰金によってパラメータ $\boldsymbol{x}$ にソフトな制約をつける手法*8も広い意味のモデル選択である．たとえば，ニューラルネットへの応用では，結合強度に罰金を与えることで予測能力を向上させようとしているが，これは，重要でない結合を切る(ゼロとおく)のと同じ目的の操作である*9．「モデル選択」をこのように一般的に捉えれば，3巻と4巻の内容に関連があるのは当然である．両者の分担は，大まかに言えば，4巻がベイズ的・実践的であるのに対し，3巻は非ベイズ的・理論的ということになるが，これはあくまでおよその傾向であって，たとえば，3巻で論じられるMDLは広い意味でのベイズ的手法に属するし，4巻のEICはどちらかといえば非ベイズ的な概念である．また，3巻にも豊富な例が含まれる予定である．

統計科学は異質な理念や価値観が絡み合う世界である．本シリーズでは，テキストとしての効率を最適化するより，むしろ差異をそのまま提示して，読者自身に考えてもらうことを重視した．読者が多様性と共通性を楽しまれつつ，豊富な内容を有効に活用されることを願っている．

(伊庭幸人)

*8　枠組みによっては，これとは別に，分布族の形やアーキテクチャについてのデジタルなモデル選択があるが，これらはより上の階層にあるとみなされている．

*9　これに関連して，カーネル法における正則化について，6巻『パターン認識と学習の統計学』のII部に簡潔な解説がある．本巻では触れなかった ℓ_1 ノルムによるスパース化についても論じられている．

目 次

I

事前情報を利用した複雑な系の解析

石黒真木夫

目　次

1　はじめに

情報処理にもいろいろある．本稿は統計科学的情報処理について論ずるものである．統計科学的情報処理をさらにデータの量と知りたいことの量で分類する．われわれが目標とするのは，数万個のデータに基づいて数万個のパラメータを推定することを要する問題の扱いである．

この種類の問題を取り扱う典型的な方法としてベイズ的な方法がある．この章でベイズ的処理を紹介し，そのベイズ的処理の構成要素に即して全体の組立てを説明する．本章を含めて本稿のいたるところで利用するベイズ公式の説明もこの章に置いた．全体を通じて利用する数式の記法に関する規約もここに置いた．

1.1　知りたいことの量とデータの量

「データの量」はデータがコンピュータのメモリで専有するアドレスの数で数えることとしよう．知りたいことの量は，何らかの数式の形と，そのパラメータの値まで含めてわかれば「知りたいことがわかった」ということにして，そのパラメータの個数をもって知りたいことの量とする．たとえばある集団から 100 人の身長を計ったデータから，その集団の平均身長を推定する問題は 100 個のデータから 1 個のパラメータを推定する問題ということになる．

「身長推定問題」がどういう数式と関係しているのかと考える読者がいるかもしれない．あるデータの平均値を求めるということをそのデータの分布にガウス分布モデル

$$\frac{1}{\sqrt{2\pi\sigma^2}}\exp\left\{-\frac{1}{2\sigma^2}(x-\mu)^2\right\}$$

を仮定して，そのパラメータ μ を推定することと解釈することができる．

そう考えれば，この式がこの場合の「何らかの式」ということになる．あなたは平均を求める時にデータの分布がガウス分布であるかどうか気になどしていないかもしれない．そんなあなたに問題を1つ．データの分布がガウス分布と似ても似つかぬものだったら，その分布の平均値にはどういう使い道があるだろう？

われわれの目標にこの身長平均推定問題は入れない．数十のデータに基づいて数個のパラメータを推定する問題も枠の外に置く．数個のデータに基づいて数百のパラメータを推定する問題は扱わなくてはならないだろう．

当面100個程度のデータに基づいて100個程度のパラメータを推定する問題を境界として，その「あたり」から上を考えていくことにしよう．

1.2 問題の出どころ

現実の世界で起こっていることを正確に把握し，合理的に対処するためには，わかりやすいモデルに基づいた検討が重要である．現実的な問題であればあるほど，モデルが多くのパラメータを含み，そのパラメータの値を定めるために必要となるデータの量も多くなる．「わかりやすい＝パラメータ数が少ない」ではない．わかりやすくするためにパラメータ数を増やすことが必要な場合もある．問題意識が明確な場合には知りたいこと自体のモデルはそれほど多くないパラメータで記述されることも多いが，現実の「きたない」データはそれほどストレートに知りたいことを明かしてくれない．データが完璧な観測計画に基づいて，よく整備された装置によって整然と集められたものだったらいいのだが，そうでないことが多い．観測装置が予期した通りに整備されていないなど予想外の出来事で計画通りの観測ができないことがあるし，もともと別の目的のために作られた観測計画に基づいて集めたデータを他の目的に流用したりもする．このような場合，観測系が抱える「きたない」面を抱えこんだパラメータ数の多いモデルが必要になってくる．

例えば，地上における大気の底からの天体観測においては，大気も観測系の一部として考慮しなければならず，この部分まで完璧に整備した装置による観測は不可能である．人工衛星の利用などによる大気圏外に出ての観測がこの問題を解決する．このような不定要素を観測技術の改良によってできるだけ除くのが王道である．しかし，コストその他の点で王道をとれない場合もあるし，ある時点での技術の枠を尽くして王道をつきつめてもパラメータの数をおさえられないことがある．このような場面がわれわれが扱おうとする問題の出どころである．

1.3　簡単な例題

方眼紙にフリーハンドで曲線を引いた(図 1)．横軸を x，縦軸を y として，$x=0.5$ cm, 1.0 cm, 1.5 cm, $\cdots$ の位置での曲線の y 値に乱数を加えて点を打ち(図 2 上)，それから元の曲線を消した(図 2 下)．こうして図 3 のようなデータが得られた．

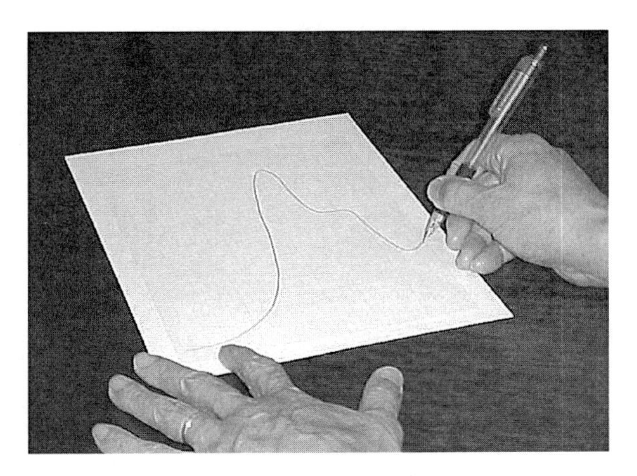

図 1　フリーハンドで曲線を引く

このデータから元の曲線を推定するのを「簡単な例題」とする．以後「手描き曲線の推定」問題，と呼ぶ．

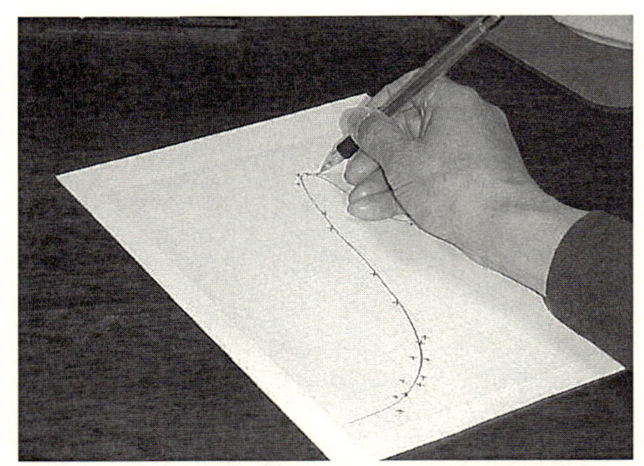

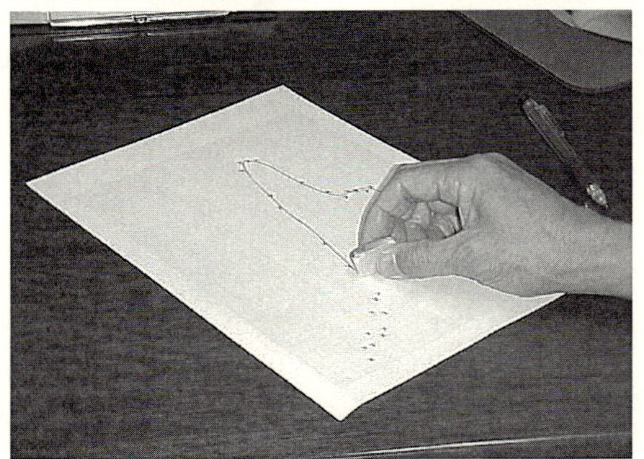

図 **2** データを作る

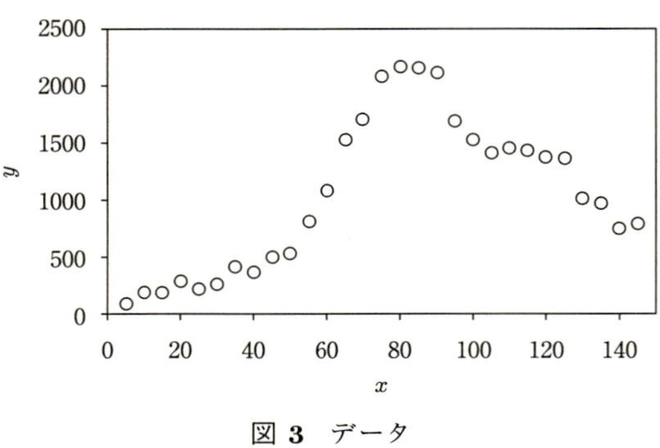

図 **3** データ

1.4 ベイズ型情報処理

知りたいことを数式の形で表現しよう．元の曲線を $y=f_*(x)$ と書くことにすれば，問題はデータから f_* の形を推定する問題となる．$x=0.1$ cm, 0.2 cm, 0.3 cm, $\cdots$ の位置における $f_*(x)$ の値がわかればいいことにしよう．$f_i=f_*(0.1i)$ と書くことにすると，$\{f_1,f_2,\cdots,f_{5n}\}$ が「知りたいこと」となる．曲線の形についてどの程度の「解像度」で知りたいのかを「暗に」表現してしまっていることに注意．観測値の方が 0.5 cm おきであるから

$$y_i \equiv f_{5i}+r_i \tag{1}$$

である．n 個のデータ $\{y_1,y_2,\cdots,y_n\}$ から $5n$ 個の値 $\{f_1,f_2,\cdots,f_{5n}\}$ を推定する問題になる．

$$r_i \sim N(0,\sigma^2) \tag{2}$$

と仮定すると．(1)式と(2)式のセットで曲線の形とデータを結びつける統計的モデルが構成され，$\{f_1,f_2,\cdots,f_{5n}\}$ に加えて σ^2 も推定することにすれば統計学的な問題となる．

$\{r_i\}$ を互いに独立な確率変数とすると，ガウス分布の確率密度関数を ϕ で表して，データ全体の確率密度関数が

$$P(\boldsymbol{y}\,|\,\boldsymbol{f};\sigma^2)\equiv\prod_{i=1}^{n}\phi(y_i\,|\,f_{5i};\sigma^2) \tag{3}$$

と書ける．$\boldsymbol{y}=(y_1,\cdots,y_n)^{\mathrm{T}}$, $\boldsymbol{f}=(f_1,\cdots,f_{5n})^{\mathrm{T}}$ である．この式は $\boldsymbol{y}$, $\boldsymbol{f}$ および σ^2 を変数とする関数であるが，$\boldsymbol{y}$ に観測値を入れて固定すれば $\boldsymbol{f}$ と σ^2 だけを変数とする関数，尤度関数となる．尤度関数が書ければ，まず最尤法を使うことを考えるのが普通だが，このモデルのパラメータの数は $5n+1$ であり．データの数が n であるから最尤法は働かない．無理やり使えば $\hat{f}_{5i}=y_i\,(i=1,2,\cdots,n)$ となるであろうが，$f_6,f_7,\cdots,f_9$ などの中間の値は定まらず期待した答にはならない．たとえば，多項式回帰モデル

$$f_i\equiv\sum_{m=0}^{M}a_m i^m \tag{4}$$

は M を十分小さくとれば，最尤法で扱えるモデルになる．にもかかわらず

このような“reparametrization”(パラメータを別のパラメータで書き直すこと．ここでは $\boldsymbol{f}$ というパラメータを $\boldsymbol{a}$ で書き直す例である)はここでは採用しない．フリーハンドで描いた曲線が，多項式で表せるとは思えないし，$a_0, a_1, a_2, \cdots$ という係数に実用的な意味があるとも思えないからである．“reparametrization”ではなく，ベイズの公式を利用してみよう．

ベイズ公式　簡単な式である．2つの確率変数の同時分布，周辺分布，条件付分布の間の関係である．パラメータ θ に依存する確率変数 X の分布 $P(x|\theta)$ が与えられているものとする．θ の分布 $P(\theta)$ も与えれば，X と θ の同時分布 $P(x,\theta)$ は

$$P(x,\theta) \equiv P(x|\theta)P(\theta)$$

である．同時分布を細工して次の一群の式を得る．

$$\begin{aligned} P(x) &\equiv \int P(x,\theta)d\theta \\ P(\theta|x) &\equiv \frac{P(x,\theta)}{P(x)} \\ P(\theta|x)P(x) &= P(x,\theta) \\ P(x|\theta)P(\theta) &= P(\theta|x)P(x) \end{aligned}$$

最初の2つは定義式である．数式とはさみは使いようで切れる．われわれはこれらの式において x にデータの役割を与える．θ はデータ分布のパラメータということになり，$P(\theta)$ は θ の出方についてデータをみるまでもなくわれわれが知っていることを θ の分布の形で表現するものとなる．「θ の事前分布」と名付ける．このような役割の非対称性をきわだたせるために θ の分布を $P(\theta)$ でなく $\pi(\theta)$ と書くことにすると最後の式は

$$P(x|\theta)\pi(\theta) = \pi(\theta|x)P(x)$$

となる．

今後この公式をあちこちで使う．この公式を使ったことがわかるようにこの公式による式の変形を

$$\underset{\sim\sim\sim\sim}{P(x|\theta)\pi(\theta)} \underset{\mathrm{B}}{=} \underset{\sim\sim\sim\sim}{\pi(\theta|x)P(x)}$$

と書くことにする．こう書いてあったら $P(x)$ は

$$P(x)=\int P(x\,|\,\theta)\pi(\theta)d\theta \tag{5}$$

で計算して下さい．$\pi(\theta\,|\,x)$ は

$$\pi(\theta\,|\,x)=\frac{P(x\,|\,\theta)}{P(x)}\pi(\theta)$$

で計算して下さい，ということである．最後の式は $\pi(\theta)$ という事前分布が $P(x\,|\,\theta)/P(x)$ という因子で修飾されて事後分布 $\pi(\theta\,|\,x)$ が得られることを示している．

$$\underset{\sim\sim\sim\sim}{\frac{P(x\,|\,\theta)}{P(x)}} \underset{\mathrm{B}}{=} \underset{\sim\sim\sim\sim}{\frac{\pi(\theta\,|\,x)}{\pi(\theta)}}$$

という形の公式も成立することに注意しておく．$P(x\,|\,\theta)P(\theta)$ あるいは $P(x\,|\,\theta)/P(x)$ においては，x と θ を入れかえることが許されると覚えておけばいいだろう．

ベイズの公式は単純明解である．2 つの確率変数の同時分布がわかれば，その一方が観測された時のもう一方の分布がわかるというにすぎない．同時分布を構成するにあたって，データ分布と事前分布を適切にとることによって驚くほど多様な場面で活躍することになる．

ベイズ推定法　「手描き曲線の推定」では，f_* が滑らかな曲線であることから，$\{f_1,f_2,\cdots,f_{5n}\}$ が「滑らかな変動」を示すと考えられる．そこで確率変数 $\boldsymbol{f}$ に事前分布

$$\pi(\boldsymbol{f}\,|\,w^2,f_0,f_{-1})\equiv\prod_{j=1}^{5n}\frac{1}{\sqrt{2\pi w^2}}\exp\left\{-\frac{(f_j-2f_{j-1}+f_{j-2})^2}{2w^2}\right\} \tag{6}$$

を仮定する．$\{f_i\}$ の 2 階階差の系列が白色雑音であるという仮定である．2 次元平面上の 3 点 (j,f_j), $(j-1,f_{j-1})$, $(j-2,f_{j-2})$ がほぼ直線状に並んでいる，ということでもある．

この事前分布とデータ分布モデル(3)の組に対してベイズの公式を用いて

$$\underset{\sim\sim\sim\sim\sim\sim\sim\sim}{P(\boldsymbol{y}\,|\,\boldsymbol{f};\sigma^2)\pi(\boldsymbol{f}\,|\,w^2,f_0,f_{-1})} \underset{\mathrm{B}}{=} \underset{\sim\sim\sim\sim\sim\sim\sim\sim\sim\sim}{\pi(\boldsymbol{f}\,|\,\boldsymbol{y};\sigma^2,w^2,f_0,f_{-1})P(\boldsymbol{y}\,|\,\sigma^2,w^2,f_0,f_{-1})}$$

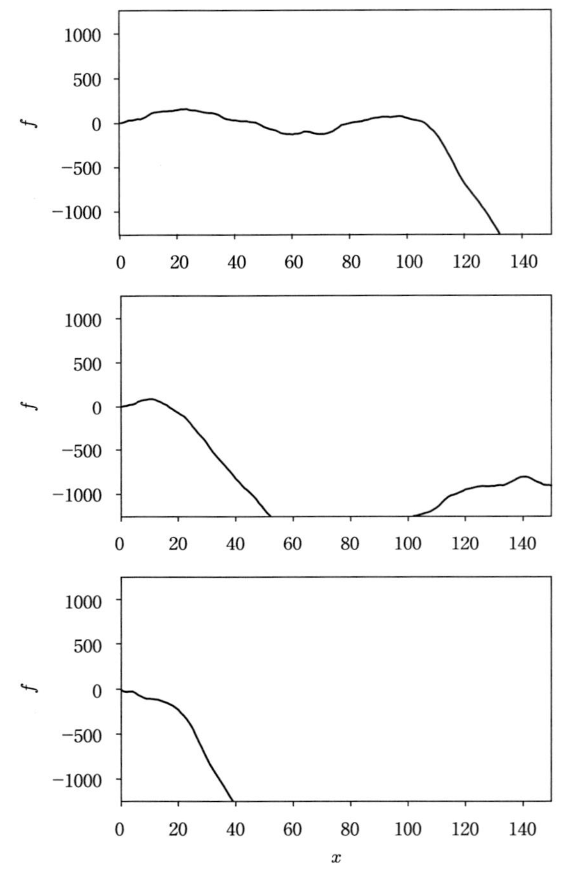

図 4　$\boldsymbol{f}$ の実現値 3 つ($w=6.09$ の場合)

と計算できる．図4が示すようにこの事前分布は，たしかに「滑らかな曲線」を生成する．$\pi(\boldsymbol{f}\,|\,\boldsymbol{y})$ を最大とする $\boldsymbol{f}$ の値，MAP(Maximum *A Posteriori*, 最大事後分布)推定値という，を $\hat{\boldsymbol{f}}(\boldsymbol{y})$ で表すことにして，$\boldsymbol{f}$ の「点推定」として $\hat{\boldsymbol{f}}(\boldsymbol{y})$ を採用することにしよう．$\hat{\boldsymbol{f}}(y)$ をプロットしたのが図 5 である．

曲線上のとびとびの位置の値を推定しているのでそれらの点の間は線分で補間してプロットしてある．データの大局的な変動をそれなりに捉えて

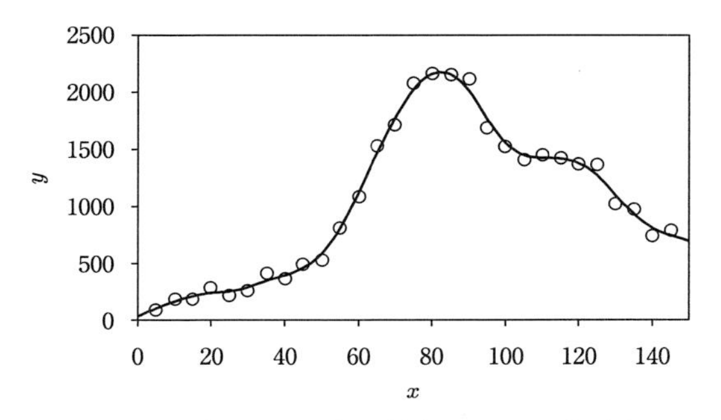

図 5　推定された回帰曲線($w=6.09$ の場合)

いると言っていいだろう．

「おやっ?」と思った読者が多いのではないか．実際に計算しようとすると σ^2, w^2, f_0, f_{-1} の値が必要である．図 5 を描くにあたって $w=6.09$ とした．後に述べる方法に従って「推定」したのである．この段階を含めると，データから情報を読み取るベイズ型情報処理のプロセスは一般的に

(1) データ分布モデル $P(\boldsymbol{y}\,|\,\boldsymbol{\theta};\alpha)$ を作る

(2) 事前分布の形 $\pi(\boldsymbol{\theta}\,|\,\boldsymbol{\omega})$ を決める

(3) データ分布モデルのパラメータ α と事前分布のパラメータ $\boldsymbol{\omega}$ を選ぶ

(4) ベイズ公式を適用して事後分布 $P(\boldsymbol{\theta}\,|\,\boldsymbol{y};\alpha,\boldsymbol{\omega})$ を求める

(5) 事後分布を使う

となる．形式的には α がデルタ関数を事前分布とするパラメータであると考えれば θ と α を別に扱わなくてもいいが，実用上は区別しておく方が便利である．上の手順において第 3 段階の $\boldsymbol{\omega}$ の選択が重要であることは慧眼な読者には明らかであろう．実際，「手描き曲線の推定」の例では θ に $\boldsymbol{f}$ が ω に w が対応し，w が 11.7 の場合と 3.2 の場合を図 6 に示す．図 5 との違いはあきらかだろう．3.1 節，4.1 節がこの問題に関する部分である．この問題に関心がある読者がその部分だけ読んでもわかっていただけるものと思う．

この過程すべて知的情報処理作業ではあるが，オリジナリティを要求される段階と，伊庭(2003)の言う妖精さんにお任せの段階，つまりはマニュ

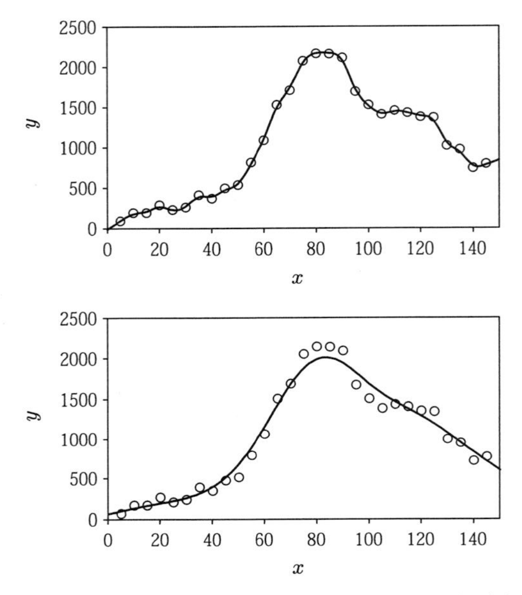

図 6 異なる MAP 推定($w = 11.72$ と 3.21 の場合)

アルに従うだけの段階を区別することができる．この例でオリジナリティを発揮したのはデータ分布のモデルを作ったところと，事前分布を作ったところである．

データモデルを作るには，データの発生機構に関する知識と何を知りたいか，に関する明確な自覚が必要である．われわれの例では知りたいのがデータの背後に潜んでいる曲線であるということから，式(3)のデータ分布モデルを得，その曲線が滑らかであるという知識に基づいて事前分布(6)式を構成した．パラメータに関して何も知らなかったら，事前分布をどう構成したらいいかわからないが，何かに関して知りたいと思う時は何らかの知識をもっているのが普通である．主体的問題意識を持っていない学生が突然試験問題を突き付けられた時とは話が違う．

1.5　この稿の構成

これから

（1）ベイズ型情報処理の適用例

（2）ベイズ型情報処理各段階の技術要素

（3）ベイズ型情報処理の位置づけとその先の展開

の順に話を進める．「適用例」は主として，データや「知りたいこと」の違いによるデータモデルと事前分布の作り方が中心になる．「技術要素」としては情報量基準の利用と具体的な場面におけるベイズ公式の扱いが主要な話題となる．ここに公式の類を集めた．エレガントとはほど遠い，泥くさい証明ですべての公式を定義式から導いて self contained の形にした．自分で公式を導かないと不安で使えない読者に応えたつもりである．「位置づけ」では他の手法，モデル選択法や罰付き最尤法などとの関係を論ずる．

1.6　記　号

なるべく見やすいように一応の規約を定めて使う．ここ以前のページの記述も以下の規約に従って書かれている．最も注意していただきたい点は関数の表記法である．

（1）確率密度関数，確率関数には P と Q をあてる．

（2）データは原則として x, y で表す．

（3）ベクトルは $\boldsymbol{x}, \boldsymbol{\theta}$ など太文字を使う．しかし特にベクトル成分に言及する必要のない一般論を展開する場合にはスカラー表記で代表させる．

（4）パラメータやハイパーパラメータにはギリシャ文字 θ, ω 等を使う．

（5）条件付分布は次のように真中の縦棒で変数を 2 組に分けた形で書く．

$$P(x\,|\,y)$$

この形式は縦棒の左側の確率変数の分布を表す．縦棒の右側が条件を与える変数である．

（6）事前分布，事後分布などパラメータの分布：π で表す．円周率として

の π がガウス分布の式で使われているが，間違えることはないだろう．

(7) **時系列/集合**：時系列を $x_1, x_2, x_3, \cdots, x_n$ などの形で表す．$\{x_k\}$ と書いた時はその時系列全体を意味するものとする．丁寧には $\{x_k : k = 1, 2, \cdots, n\}$ と書くべきところである．要素の順番に意味がない集合にも同じ規約を適用する．

(8) **関数の表記法**：記号を節約するために，関数記号の右のかっこの中に入っているものの型が違えば，違う関数と見なすという約束で使う．ことばで書くとわかりづらそうに見えるかもしれないが，たとえば $\boldsymbol{v} \equiv (v_1, v_2, \cdots, v_m)$ とベクトル $\boldsymbol{v}$ がスカラー $\{v_1, v_2, \cdots, v_m\}$ の列によって定義されている時

$$f(\boldsymbol{v}) \equiv \prod_{i=1}^{m} f(v_i)$$

などと書いてしまう．左辺の f と右辺の f は(関係しているけれど)違うものである．違うものであることは $\boldsymbol{v}$ がベクトル，v_i がスカラーという型の違いを見て判断して頂く．たとえば $\boldsymbol{v}$ とは別に $\boldsymbol{w} = (w_1, w_2, \cdots, w_m)$ として $f(\boldsymbol{w})$ と書いた時，この f は $f(\boldsymbol{v})$ の f と同じものである．$\boldsymbol{v}$ と $\boldsymbol{w}$ が同じ「型」を持っているからである．よく出てくる形に

$$P(x, y) = P(x \,|\, y)P(y) = P(y \,|\, x)P(x)$$

などがある．これらの P はすべて違うものである．(　　) の中の型が違うからである．本来

$$P_{\text{joint}}(x, y) = P_{x\text{cond}}(x \,|\, y)P_{y\text{marg}}(y) = P_{y\text{cond}}(y \,|\, x)P_{x\text{marg}}(x)$$

などと書くべきところである．

(9) 本稿では式に出てくる変数として確率変数，確率変数の分布の形を決めるパラメータ，そのパラメータの分布のパラメータ(超パラメータという)などがそれぞれの役割で出てくる．それらの役割を見やすく表現するために，

$$P(x \,|\, \theta; \sigma^2)$$

のように，かっこの中の区切りに縦棒とセミコロンを使うことにする．このように書いた時の意味は次の通りである．

$$P(\text{確率変数} \,|\, \text{事前分布を想定するパラメータ};\ \text{事前分布を想定しないパラメータ})$$

この形でデータ分布が表現されている時のベイズ公式は

$$\underset{\sim\sim\sim}{P(x\,|\,\theta;\alpha)\pi(\theta\,|\,\omega)} \underset{\mathrm{B}}{=} \underset{\sim\sim\sim}{\pi(\theta\,|\,x;\omega,\alpha)P(x\,|\,\omega,\alpha)}$$

という形になる．

(10) x が平均 μ，分散 σ^2 のガウス分布に従う確率変数であるということを $x \sim N(\mu, \sigma^2)$ と書く．その密度関数を $\phi(x\,|\,\mu,\sigma^2)$, $\phi(\boldsymbol{x}\,|\,\boldsymbol{\mu},\varSigma)$ で表す．関数記号の規約に従って x がスカラーの時は 1 次元ガウス分布，ベクトルの時は多次元ガウス分布の式を意味する．

(11) 階差：$\Delta T_i = T_i - T_{i-1}$，$\Delta_L S_i = S_i - S_{i-L}$ とする．

(12) $f(x)$ が $g(x)$ に比例する場合に $f(x) \propto g(x)$ と書く．定数項を除いて $f(x)$ と $g(x)$ が一致する場合に $f(x) \approx g(x)$ と書くことにする．この規約のもとでは $f(x) \propto g(x)$ と $\log f(x) \approx \log g(x)$ は等価である．

(13) 定義式など論証の対象にならない式は

$$\text{equation}_1 \equiv \text{equation}_2$$

という形で書き，equation_1 を変形して equation_2 を得るなど論理的に導かれる式の場合には

$$\text{equation}_1 = \text{equation}_2$$

と書くことを原則とする．定義式は「天下る」ので頭からのみ込んでもらわないと困るが，それ以外の式は考えればわかるはずのものである．

(14) 式の展開の解説は，式の間々に書き入れるのが普通のスタイルかもしれないが，本稿のあちらこちらで式の展開を切れ目なく書いた後に「囲み記事」として解説を書く流儀を採用した．筆者だけがそうではないと思うのだが，全貌が頭に入らないうちは解説が何を言っているのかわからないことが多く，全貌が頭に入ってから式を読んで味わうには解説による式の中断はむしろ邪魔になる．

2 ベイズ型情報処理の適用例

2.1 ベイズ型2値回帰

「手描き曲線の推定」は実数値を扱う問題であった．ここでは1個，2個，… と数えるタイプの観測によって得られるデータの扱いの例を示す．

図7は神流川流域のある1年の降水のあった日のデータ $\{d_j\}$ を示す．1年の i 番目の日に雨が降れば $d_j = 1$，降らなければ0である．図は $d_j = 1$ である j の位置に縦線を置いた図である．黒っぽく見える所が雨が多かった時期である．降水確率が時期によって違うと見える．推定してみよう．$n(1,j)$ を1年を細かくきざんだ j 番目の区間で雨が降った日数，$n(0,j)$ は雨が降らなかった日の数とする．j 番目の区間の巾を $n(j)$ とする．$n(j)$ を極限まで短く，1日としてもよい．そうすると $n(1,j) + n(0,j) = 1$ となる．j 番目の区間で雨が降る確率を p_j とするとデータが得られる確率は

$$P(\boldsymbol{d}|\boldsymbol{p}) \equiv \prod_{j=1}^{c} p_j^{n(1,j)}(1-p_j)^{n(0,j)},$$

となる．

ここで $\{p_j\}$ というパラメータは0と1の間に値をとる定数である．この制約があると計算上めんどうなことが多いので，次のように $-\infty$ から ∞ の値をとるパラメータ q_i を使って書き直すことにする．

図 7 神流川流域のある1年の降水のあった日

$$p_j \equiv \frac{\exp(q_j)}{1+\exp(q_j)} \quad (j=1,\cdots,c), \tag{7}$$

このパラメータとデータを結びつけるデータ分布の式は

$$P(\boldsymbol{d}|\boldsymbol{q}) = \prod_{j=1}^{c}\left\{\frac{\exp(q_j)}{1+\exp(q_j)}\right\}^{n(1,j)}\left\{\frac{1}{1+\exp(q_j)}\right\}^{n(0,j)}$$
$$= \prod_{j=1}^{c}\frac{\{\exp(q_j)\}^{n(1,j)}}{\{1+\exp(q_j)\}^{n(j)}}$$

このデータ分布と組み合わせるべき事前分布は「手描き曲線の推定」の例題と同じように

$$\pi(\boldsymbol{q}\,|\,\boldsymbol{w}) \equiv \prod_{j=1}^{n}\frac{1}{\sqrt{2\pi w^2}}\exp\left\{-\frac{1}{2w^2}(q_j-2q_{j-1}+q_{j-2})^2\right\}$$

とする．$\boldsymbol{\omega}=(w^2,q_0,q_{-1})$ である．図 8 に $w=0.61$ とした場合の結果を示す．黒っぽい時期ほど p_j が高く推定されている．

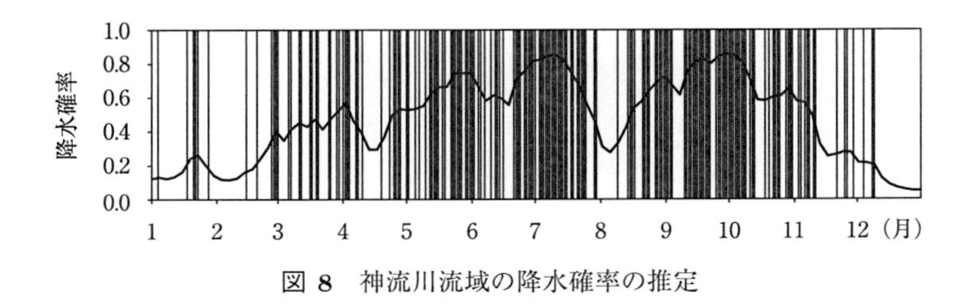

図 8　神流川流域の降水確率の推定

> 雨の日を 0 として晴れの日を 1 とするか晴れの日を 0 として雨の日を 1 とするかは解析者が気まぐれに選んだだけのことであり，(7)式がこの「対称性」をくずしていては困るが，(7)式は非対称な見掛けによらずどちらをとっても大丈夫である．興味がある方は考えて見ていただきたい．

雨の降る確率の空間分布を考えれば天気予報でおなじみの降雨確率分布となる．地震の震源の分布の解析に関する Ogata and Katsura(1988)を嚆矢とする一連の尾形の仕事が空間事象のベイズ型情報処理のよい例である．

2.2　密度関数推定

ベイズ型 2 値回帰とほとんど同じ手法で密度関数の推定ができる．

図 9 の例は人工データであるが，ある分布に従う確率変数の実現値である．確率変数は 0 と 1 の間の値をとるとわかっているものとする．

図 9　人工データ

この確率変数の確率密度関数を推定したい．確率密度関数のモデルとして階段関数を仮定すると，その尤度関数は j 番目の区間に入るデータの数を $n(j)$ として

$$P(\boldsymbol{y}|\boldsymbol{h}) \equiv \prod_{j=1}^{m} \left\{ \frac{m\exp(h_j/m)}{\sum_{k=1}^{m} \exp(h_k/m)} \right\}^{n(j)}$$

$$\pi(\boldsymbol{h}|\boldsymbol{\omega}) \equiv \prod_{j=1}^{m} \frac{1}{\sqrt{2\pi v^2}} \exp\left\{-\frac{1}{2v^2}(h_j - 2h_{j-1} + h_{j-2})^2\right\},$$

ここでは $h_{-1}=0$ に固定して，$\omega=(v^2, h_0)$ である．$m=100$，$v=0.25$ の場合の結果を図 10 に示す．

一般の場合　上ではデータは 0 と 1 の間の値をとるものとしていた．この仮定をはずす方法がある．データ $\{x_i\}$ の確率密度関数 Q を推定したいものとする．適当な確率密度関数 $g(x)$ と対応する分布関数 $G(x)$ を用意して，$\cdots$

$$y_i \equiv G(x_i) \tag{8}$$

$$y_i \sim P(y|\boldsymbol{h}) \tag{9}$$

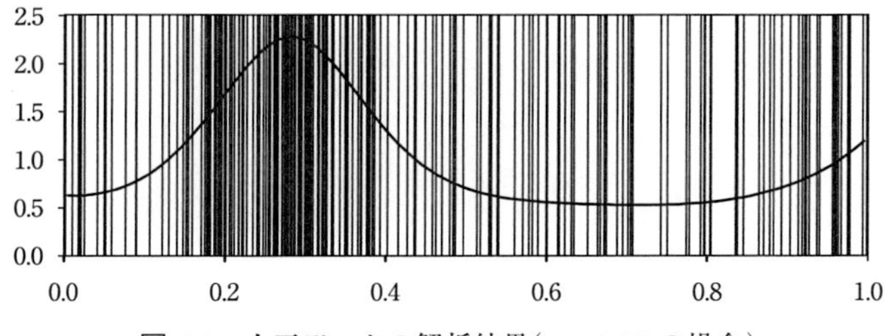

図 10　人工データの解析結果($v=0.25$ の場合)

$$Q(x)\Delta x \equiv Prob.(x < X < x + \Delta x) \qquad (10)$$
$$= Prob.(G(x) < G(X) < G(x) + g(x)\Delta x)$$
$$= P(G(x)\,|\,\boldsymbol{h})g(x)\Delta x$$
$$Q(x) = P(G(x)\,|\,\boldsymbol{h})g(x) \qquad (11)$$

(8)式	$0 < y_i < 1$
(9)式	本節の方法で P を推定する．
(10)式	$Q(x)$ の定義
→ 2 行目	$G(x)$ は単調増加関数
→ 3 行目	P の定義

(11)式は $g(x)$ を使うということが下端で $P(0\,|\,\boldsymbol{h})g(x)$，上端で $P(1\,|\,\boldsymbol{h})g(x)$ という形を強制するモデルの採用という意味を持っていることを示している．g の選択にあたって考慮すべきだろう．

2.3　季節調整法

実数値を扱う問題に戻る．経済データの解析において季節調整という方法が使われる．たとえばデパートの毎月の売上高の推移を見るのに，日本においては年末の(「お歳暮」の時期の)売上が多いのが普通であって，12月の売上が 11 月に比べて多いからといって単純に景気は上向きであると判断することはできない．2 月の売上が少ないとしてもその原因のひとつは 2 月が他の月にくらべて日数が少ないことにあるはずである．このような毎年同じ季節にほぼ同じように起こることの影響をとりのぞいて，経済の大きな流れを見ようというのが季節調整である．

ここで示すのは鉱工業生産指数のひとつである在庫指数(図 11)の四半期データの季節調整の例である．

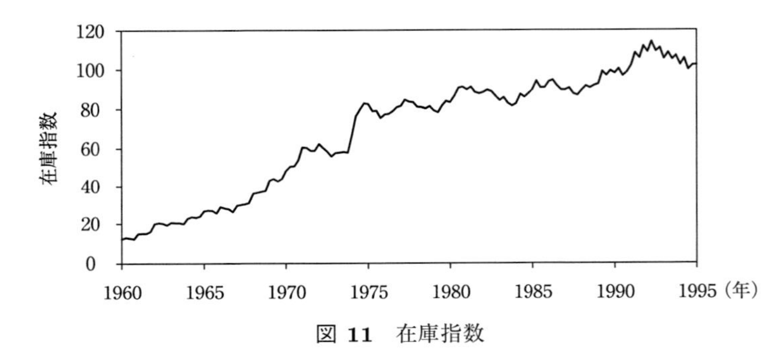

図 **11**　在庫指数

鉱工業生産指数(IIP, Index of Industrial Production)は経済産業省が発表するものであり，ある時点 n^* を基準として

$$y_n \equiv \sum_{j \in S_{\mathrm{IIP}}} \frac{y_{jn}}{y_{jn^*}} W_{jn^*}^{\mathrm{IIP}} \times 100$$

で定義される．ただし，y_{jn} は n 期における業種 j の在庫量である．$n^* = 117$ (1990 年第 1 四半期)におけるウェート $W_{jn^*}^{I}$ が表 1 にまとめてある．

この問題をデータ $\{y_i\}$ をゆっくりとした変動の成分 T_i，季節変動成分 S_i，不規則変動成分 I_i の和

$$y_i \equiv T_i + S_i + I_i \quad (i = 1, 2, \cdots, N) \tag{12}$$

の形に分解する問題として定式化することができる．われわれが当面「知りたい」のは $\{T_i\}$ である．$\{I_i\}$ が分散の小さい系列であれば，この式は $y_i - T_i - S_i = 0$ という関係がほぼ成り立っていることを意味する．I_i を白色雑音と仮定することによって，データ $\boldsymbol{y}$ とパラメータ

$$\boldsymbol{\theta} \equiv (T_1, T_2, \cdots, T_N, S_1, S_2, \cdots, S_N)^{\mathrm{T}}$$

を結びつけるデータ分布モデル

表 1　在庫指数，算定の基礎となる商品群

業種分類	品目数	ウェート
鉄鋼業	24	984.2
非鉄金属工業	15	194.7
金属製品工業	23	516.8
機械工業	111	3398.5
窯業・土石製品工業	28	584.7
化学工業	84	1129.0
石油・石炭製品工業	11	476.5
プラスチック製品工業	11	345.6
パルプ・紙・紙加工品工業	12	299.9
繊維工業	29	709.1
食料品・たばこ工業	13	764.9
その他工業	29	574.5
鉱業	6	21.6
計	396	10000.0

* NEEDS データ解説書(日本経済新聞社資料)による．

$$f(\boldsymbol{y}\,|\,\boldsymbol{\theta};\sigma^2) \equiv \prod_{i=1}^{N} \frac{1}{\sqrt{2\pi\sigma^2}} \exp\left\{-\frac{1}{2\sigma^2}(y_i - T_i - S_i)^2\right\}$$

が得られる．$\boldsymbol{\theta}$ についてわれわれが知っているのは $\{T_i\}$ が滑らかな変動を示すはずということから

$$\Delta^k T_i = 0$$

S_i の「前年同期」の値からの変動が滑らかであるはずということから

$$\Delta_4^l S_i = 0$$

また季節変動の年平均が 0 から解離しては困るということから

$$\sum_{j=0}^{3} S_{i-j} = 0$$

がそれぞれ近似的に成り立っていることである．以上 3 本の式が近似的に成立することを表現する．$\boldsymbol{\theta}$ の事前分布として

$$\pi(\boldsymbol{\theta}\,|\,\boldsymbol{\omega}) = \frac{1}{\sqrt{2\pi\sigma^2}} \exp\left\{-\frac{1}{2\sigma^2}\left[u^2\sum_{i=1}^{N}(\Delta^k T_i)^2 + v^2\sum_{i=1}^{N}(\Delta_4^l S_i)^2 + w^2\sum_{i=1}^{N}\left(\sum_{j=0}^{3} S_{i-j}\right)^2\right]\right\}$$

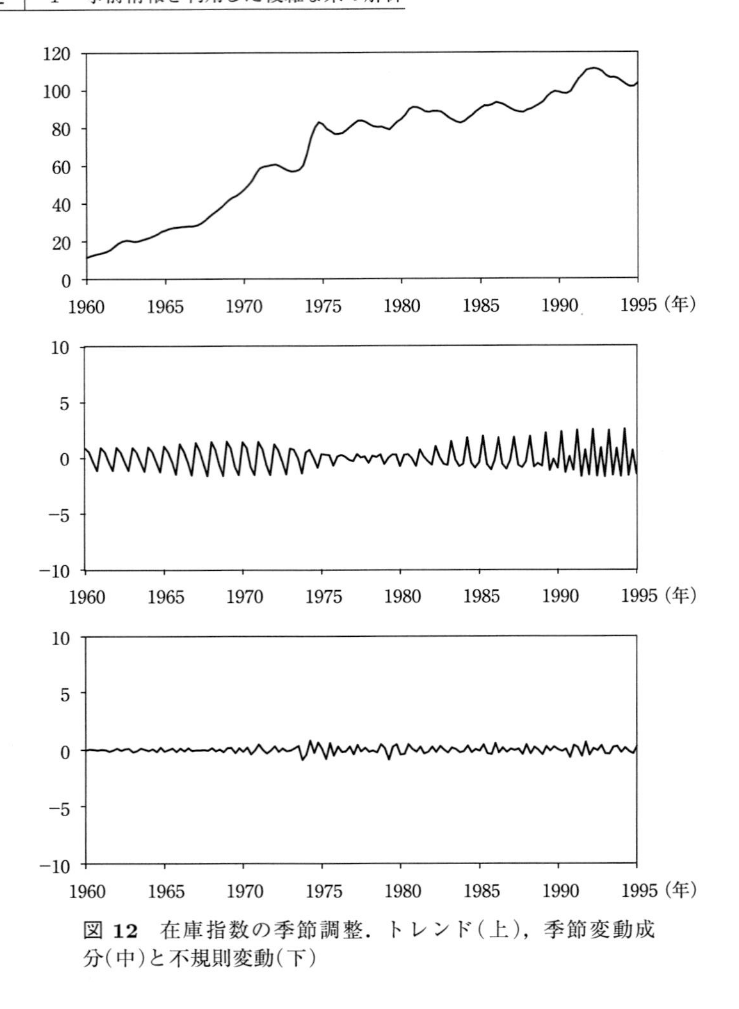

図 12　在庫指数の季節調整．トレンド(上)，季節変動成分(中)と不規則変動(下)

を採用する．ここでは $\boldsymbol{\omega}=(u^2, v^2, w^2)$ がハイパーパラメータである．図 12 に $u=0.42$, $v=1.05$, $w=1.31$ としてベイズ型情報処理の処方を適用した結果も示した．

季節変動を含むデータは経済分野以外にも多くある．柏木による時空間季節変動調整ベイズ手法に関する論文(Kashiwagi *et al.*, 2003)を参考文献にあげておいた．

識別問題　季節調整の問題はデータを3成分に分解する問題である．データの量より知りたいことの量が多い．明らかにモデル(12)式だけを用いて，このモデルのパラメータを一意に決められない．このようなことはデータの量にくらべてパラメータが少ないモデルにも起こりうる一般的な問題である，そのようなモデルは「識別性がない」という．計算上の都合だけを考えればそのようなモデルを使わないに越したことはないのだが，「知りたいこと」を優先させればそうも言っていられない．たとえば社会調査データの解析に用いられるコウホートモデル(中村，1982, 2000)もその類である．この節の季節調整の例は適切な事前分布の導入によって識別問題が解決できることを示している．ベイズ型情報処理は識別問題をかかえたモデルを扱う有力な方法である．

3 ベイズ型情報処理の技術要素

前章で3つの例を示したように，ベイズ型情報処理はさまざまな場面で使える．読者がかかえている問題にこれらの方法がそのまま適用できる場合もあるだろうが，そうでない場合の方が多いと思う．そのような場合にはこれらの扱いを参考に自分でデータ分布，事前分布を工夫しなくてはならない．本章にはその場合に頼りになる公式をその証明とともに集めた．活用して頂きたい．

3.1 *ABIC*

前章では，超パラメータの値を既知としてベイズ法の適用結果だけを示した．この節のテーマは超パラメータを決める技術である．

超パラメータの選択と識別問題　超パラメータの値が違うと同じデータ

から大幅に違う結果が出てきてしまうことは「手描き曲線の推定」の例でも示した．季節調整の問題においても超パラメータの値を変えると，図13のような結果が得られる(図12と見比べよ)．分けようとする各成分の役割分担を指示して識別問題を避ける有力な方法が事前分布の導入であるが，事前分布が超パラメータを含む場合にはその決定方法も与えないと単に問題の先送りに終わってしまう．

超パラメータ問題の解決法　この問題に系統的に第II種の最尤法を適用することを提案したのが赤池である．論理は明解である．パラメータの事前分布とデータ分布から，データとパラメータの同時分布が決まる．事前分布が「超パラメータ」に依存するパラメトリックなものであれば，同時分布 $P(y,\theta|\boldsymbol{\omega})$ が超パラメータに依存する．形式的にこれを，データ (y,θ) の分布のモデルと考えれば，(y,θ) を観測して，最尤法で「パラメータ」ω を推定すればよろしい．θ が観測できなかったら欠側値として処理すればよろしい．欠側値に対する手あては2通りある．何らかの「仮」の値で代用するか，積分して周辺分布

$$P(y|\omega) = \int P(y,\theta|\boldsymbol{\omega})d\theta$$

にしてしまうか，である．この操作を θ を integrate-out するという．日本語では「θ を積分してつぶす」だろうか．y と θ の空間で定義された同時分布を「θ 軸」方向に押しつぶしてしまうというイメージである．$P(y|\boldsymbol{\omega})$ の形になってしまえば，最尤法の適用で $\boldsymbol{\omega}$ が難なく決まる．赤池は

$$ABIC(\boldsymbol{\omega}) \equiv -2\log\int P(y,\theta|\boldsymbol{\omega})d\theta + 2\times(\text{dim of }\boldsymbol{\omega})$$

と定義して，超パラメータ ω を $ABIC$ 最小化によって決める方法を提案した(この $ABIC$ を北川は一貫して AIC と呼んでいるので読み比べる場合には注意されたい)．前章の例で超パラメータに与えた値は実はすべて $ABIC$ 最小化によって決めたものである．AIC と同様，$\boldsymbol{\omega}$ の次元による「補正項」がついているのはデータ分布モデル，事前分布に別のものを持ってきた時に比較，選択可能にするためである．

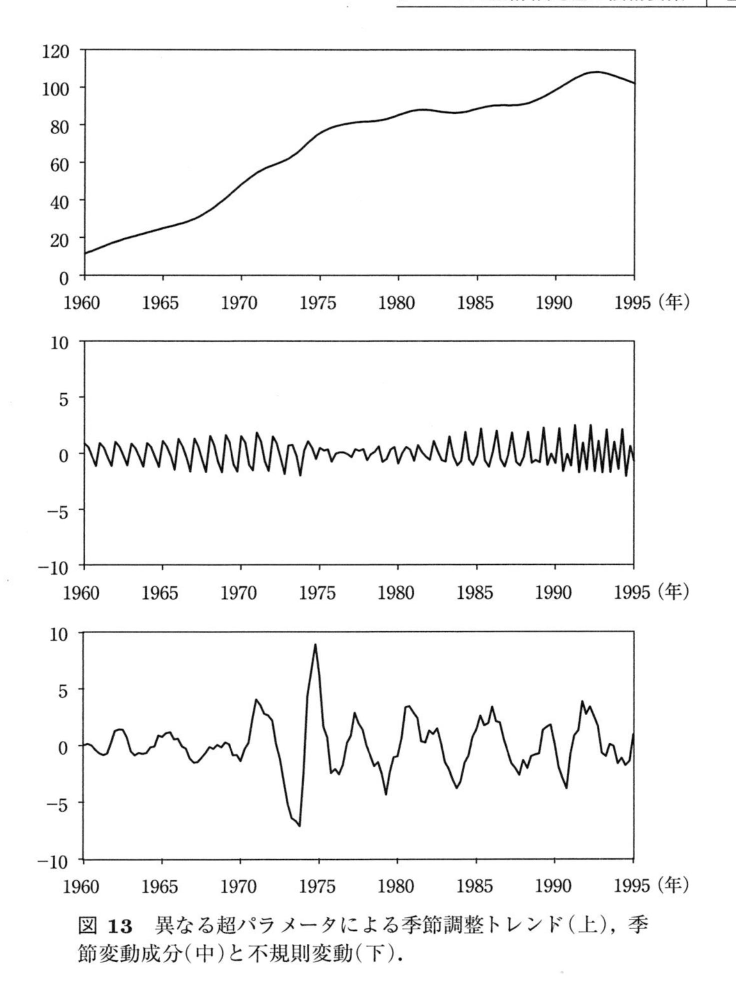

図 13　異なる超パラメータによる季節調整トレンド(上)，季節変動成分(中)と不規則変動(下).

在庫指数のデータの解析において最適な超パラメータの組を探索する過程で求められた $ABIC$ の値のいくつかを表 2 にまとめてある．計算には季節調整プログラム BAYSEA(Akaike and Ishiguro, 1985)を用い，事前分布の形を $k=2$, $l=1$ に固定した．詳細は参考文献にゆずる．

$ABIC$ の値は小さいほど良い．この表中で $ABIC$ の意味で最良の $u=0.42$, $v=1.05$, $w=1.31$ の場合の結果が図 12 である．

表 2 在庫指数の季節調整

分 解	u	v	w	$ABIC$
$t_n + s_n + r_n$	0.42	1.25	1.88	256.9
$t_n + s_n + r_n$	0.42	1.05	1.31	255.5
$t_n + s_n + r_n$	0.53	1.05	1.05	256.8
$t_n + r_n$	1.49	1.49	0.75	314.7
$t_n + s_n + r_n$	12.6	1.05	1.31	445.0

“$t_n + r_n$” の分解の $ABIC$ が大きいことがこのデータの季節変動が大きいことを示している．このように，$ABIC$ を用いて，単に超パラメータを決めるだけでなく，事前分布の関数形まで含めた選択が可能である．トレンドをもっと滑らかにするために $u = 12.6$, $v = 1.05$, $w = 1.31$ と u の値を 30 倍にしてみた結果が図 13 である．トレンドが滑らかになった代わりに不規則変動がゆれるようになった．この場合の $ABIC$ の値が表 2 の最下段にある．$ABIC$ の値は悪い．非常に悪いといってよい．もともとのデータ分布モデルが不規則変動が白色雑音であるとしたモデルであるから，このように「不規則変動」にくせが残る結果の評価が悪いのは当然である．

3.2 ガウス分布の場合のベイズ公式

ベイズ公式自体は単純明解である．しかし事後分布，周辺分布を解析的に求めるのが，データ分布，事前分布が簡単なものであっても難しい場合が多い．データ分布，事前分布がガウス分布の場合は例外的にやさしい．

たとえば季節調整法の問題において，データ $\boldsymbol{y}$ は多次元ガウス分布に従い，その平均 $\boldsymbol{\mu}$ がパラメータ $\boldsymbol{\theta}$ の線形な関数であり，パラメータ $\boldsymbol{\theta}$ の分布がやはりガウス分布である．季節調整法の場合，これらすべて多次元ガウス分布であるが，まず y も θ もベクトルでなくスカラーの場合のベイズ公式を考え，それからそれに対応する多次元版も与える．

$$P(x \mid \theta) \equiv \phi(x \mid a\theta, \sigma^2_{x|\theta}) \propto \exp\left\{-\frac{1}{2}\frac{(x - a\theta)^2}{\sigma^2_{x|\theta}}\right\} \qquad (13)$$

$$\pi(\theta) \equiv \phi(\theta\,|\,\mu_\theta, \sigma_\theta^2) \propto \exp\left\{-\frac{1}{2}\frac{(\theta-\mu_\theta)^2}{\sigma_\theta^2}\right\} \tag{14}$$

$\sigma_{x|\theta}^2$ は θ に依存しない定数であると仮定する．記号の形からは依存するように見えるが，この形を採用したのは記法の統一性を保つためである．この場合，x の周辺分布と θ の事後分布もガウス分布となる．次のように記号を定めておこう．

$$\pi(\theta\,|\,x) \equiv \phi(\theta\,|\,\mu_{\theta|x}, \sigma_{\theta|x}^2) \propto \exp\left\{-\frac{1}{2}\frac{(\theta-\mu_{\theta|x})^2}{\sigma_{\theta|x}^2}\right\} \tag{15}$$

$$P(x) \equiv \phi(x\,|\,\mu_x, \sigma_x^2) \propto \exp\left\{-\frac{1}{2}\frac{(x-\mu_x)^2}{\sigma_x^2}\right\} \tag{16}$$

この場合，

$$ABIC = -2\log P(x) = -2\log\phi(x\,|\,\mu_x, \sigma_x^2) = \log 2\pi + \log\sigma_x^2 + (x-\mu_x)^2$$

となる．与えられた μ_θ, σ_θ^2, a, $\sigma_{x|\theta}^2$ に対して，ベイズの公式

$$\underset{\sim\sim\sim\sim\sim\sim\sim\sim\sim\sim\sim\sim}{\phi(x\,|\,a\theta, \sigma_{x|\theta}^2)\phi(\theta\,|\,\mu_\theta, \sigma_\theta^2)} \underset{\mathrm{B}}{=} \underset{\sim\sim\sim\sim\sim\sim\sim\sim\sim\sim\sim\sim}{\phi(\theta\,|\,\mu_{\theta|x}, \sigma_{\theta|x}^2)\phi(x\,|\,\mu_x, \sigma_x^2)} \tag{17}$$

を満たす $\mu_{\theta|x}$, $\sigma_{\theta|x}^2$, μ_x, σ_x^2 を求めよう．確率変数の間の関係として

$$\theta \equiv \mu_\theta + \Delta\theta$$
$$x \equiv a\theta + \Delta x = a\mu_\theta + a\Delta\theta + \Delta x$$

と書ける．$\Delta\theta$ と Δx が互いに独立で分散がそれぞれ σ_θ^2, $\sigma_{x|\theta}^2$，平均 0 であるから，ただちに

$$\mu_x = a\mu_\theta \tag{18}$$

$$\sigma_x^2 = a^2\sigma_\theta^2 + \sigma_{x|\theta}^2 \tag{19}$$

が得られる．(17)公式の e の肩の部分から，x にも θ にも依存しない項を無視して

$$\frac{(x-a\theta)^2}{\sigma_{x|\theta}^2} + \frac{(\theta-\mu_\theta)^2}{\sigma_\theta^2} \approx \frac{(\theta-\mu_{\theta|x})^2}{\sigma_{\theta|x}^2} + \frac{(x-\mu_x)^2}{\sigma_x^2} \tag{20}$$

が任意の x と θ に対して成り立たなくてはならない．μ_x も σ_x^2 も θ に依存しないことに注意．右辺をみると θ の関数としての両辺が $\theta = \mu_{\theta|x}$ で最小

値をとることが明らかである．両辺の θ の 1 次の項の係数が等しくなくてはならないことから

$$\frac{\mu_{\theta|x}}{\sigma_{\theta|x}^2} = \frac{ax}{\sigma_{x|\theta}^2} + \frac{\mu_\theta}{\sigma_\theta^2} \tag{21}$$

が成り立たなくてはならないことがわかる．また両辺の θ^2 の項の係数が等しくなくてはならないから

$$\frac{1}{\sigma_{\theta|x}^2} = \frac{a^2}{\sigma_{x|\theta}^2} + \frac{1}{\sigma_\theta^2} \tag{22}$$

でなければならないこともすぐにわかる．

(22)式から

$$\sigma_{\theta|x}^2 = \frac{1}{a^2/\sigma_{x|\theta}^2 + 1/\sigma_\theta^2} = \frac{\sigma_{x|\theta}^2 \sigma_\theta^2}{a^2\sigma_\theta^2 + \sigma_{x|\theta}^2} = \frac{\sigma_{x|\theta}^2 \sigma_\theta^2}{\sigma_x^2} \tag{23}$$

が得られる．

次に $\mu_{\theta|x}$ と μ_θ の関係を見る．以下，1.6 節で予告したように説明抜きで式の展開を示し，その後の囲みで解説する．

$$\begin{aligned}
\mu_{\theta|x} - \mu_\theta &= \sigma_{\theta|x}^2 \left(\frac{ax}{\sigma_{x|\theta}^2} + \frac{\mu_\theta}{\sigma_\theta^2} - \frac{\mu_\theta}{\sigma_{\theta|x}^2} \right) \\
&= \sigma_{\theta|x}^2 \left(\frac{ax}{\sigma_{x|\theta}^2} - \frac{a^2\mu_\theta}{\sigma_{x|\theta}^2} \right) \\
&= \sigma_{\theta|x}^2 \frac{a(x - \mu_x)}{\sigma_{x|\theta}^2}
\end{aligned}$$

となる．

1 行目	(21)式を使った
1 行目 → 2 行目	μ_θ でくくって(22)式を使用
2 行目 → 3 行目	a と $\sigma_{x|\theta}^2$ のくくりだしと(18)式

$$k \equiv \sigma_{\theta|x}^2 \frac{a}{\sigma_{x|\theta}^2}$$

を定義して

$$\mu_{\theta|x} = k(x - \mu_x) + \mu_\theta$$

データが予測値からはずれていれば，パラメータの事後分布の平均値は修正される．$\sigma^2_{\theta|x}$ から k が求められる形になっているが，逆に k を先に求めてそれから $\sigma^2_{\theta|x}$ を求める形にできる．(23)式を用いて

$$k = a\frac{\sigma^2_{\theta|x}}{\sigma^2_{x|\theta}} = a\frac{\sigma^2_\theta}{\sigma^2_x}.$$

$$\sigma^2_{\theta|x} = \frac{\sigma^2_{x|\theta}\sigma^2_\theta}{\sigma^2_x} = \frac{(\sigma^2_x - a^2\sigma^2_\theta)\sigma^2_\theta}{\sigma^2_x} = (1 - ka)\sigma^2_\theta$$

ここで(19)式を使った．

$ka \geq 0$ であるから $\sigma^2_{\theta|x} \leq \sigma^2_\theta$ が成立．データを観測することによって θ の事後分散が小さくなることがわかる．

以上をまとめて以下の 8 本の式が 1 次元ガウス分布版ベイズ公式ということになる．

$$\mu_x = a\mu_\theta$$

$$\sigma^2_x = a^2\sigma^2_\theta + \sigma^2_{x|\theta}$$

$$\Delta x = x - \mu_x$$

$$k = a\frac{\sigma^2_\theta}{\sigma^2_x}$$

$$\mu_{\theta|x} = k\Delta x + \mu_\theta$$

$$\sigma^2_{\theta|x} = (1 - ka)\sigma^2_\theta$$

$$P(x) = (2\pi\sigma^2_x)^{-1/2}\exp\left\{-\frac{1}{2}\frac{\Delta x^2}{\sigma^2_x}\right\}$$

$$ABIC = \log 2\pi + \log\sigma^2_x + \frac{\Delta x^2}{\sigma^2_x}$$

(13)式と(14)式の多次元版を

$$P(\boldsymbol{x}\,|\,\boldsymbol{\theta}) \propto \exp\left\{-\frac{1}{2}(\boldsymbol{x} - A\boldsymbol{\theta})^{\mathrm{T}}\Sigma^{-1}_{x|\theta}(\boldsymbol{x} - A\boldsymbol{\theta})\right\} \tag{24}$$

と

$$\pi(\boldsymbol{\theta}) \propto \exp\left\{-\frac{1}{2}(\boldsymbol{\theta} - \boldsymbol{\mu}_\theta)^{\mathrm{T}}\Sigma^{-1}_\theta(\boldsymbol{\theta} - \boldsymbol{\mu}_\theta)\right\} \tag{25}$$

と書き，(15)式と(16)式の多次元版を

$$\pi(\boldsymbol{\theta}|\boldsymbol{x}) \propto \exp\left\{-\frac{1}{2}(\boldsymbol{\theta}-\boldsymbol{\mu}_{\theta|x})^{\mathrm{T}}\Sigma_{\theta|x}^{-1}(\boldsymbol{\theta}-\boldsymbol{\mu}_{\theta|x})\right\} \tag{26}$$

$$P(x) \propto \exp\left\{-\frac{1}{2}(\boldsymbol{x}-\boldsymbol{\mu}_x)^{\mathrm{T}}\Sigma_x^{-1}(\boldsymbol{x}-\boldsymbol{\mu}_x)\right\} \tag{27}$$

と書くことにする．この場合のベイズ公式は以下の形になる．

$$\boldsymbol{\mu}_x = A\boldsymbol{\mu}_\theta \tag{28}$$

$$\Sigma_x = A\Sigma_\theta A^{\mathrm{T}} + \Sigma_{x|\theta} \tag{29}$$

$$\boldsymbol{\Delta x} = \boldsymbol{x} - \boldsymbol{\mu}_x$$

$$K = \Sigma_\theta A^{\mathrm{T}}\Sigma_x^{-1} \tag{30}$$

$$\boldsymbol{\mu}_{\theta|x} = K\boldsymbol{\Delta x} + \boldsymbol{\mu}_\theta \tag{31}$$

$$\Sigma_{\theta|x} = (I-KA)\Sigma_\theta \tag{32}$$

$$P(\boldsymbol{x}) = (2\pi^{m_x}\det\Sigma_x)^{-1/2}\exp\left\{-\frac{1}{2}\boldsymbol{\Delta x}^{\mathrm{T}}\Sigma_x^{-1}\boldsymbol{\Delta x}\right\}$$

$$ABIC = m_x\log 2\pi + \log\det\Sigma_x + \boldsymbol{\Delta x}^{\mathrm{T}}\Sigma_x^{-1}\boldsymbol{\Delta x}$$

1次元版の公式を多次元版に翻訳するのは簡単である．たとえば1次元版で σ_x^2 で割る所は Σ_x^{-1} をかければいい．

かけ算を翻訳するときには順序に気をつける必要があるが，次元あわせに気をつければ意外にやさしい．$\boldsymbol{x}$ を m_x 次元，$\boldsymbol{\theta}$ を m_θ 次元のベクトルとすると，A は $m_x\times m_\theta$ 次元行列，$\Sigma_{x|\theta}$ と Σ_x の次元は $m_x\times m_x$，Σ_θ と $\Sigma_{\theta|x}$ の次元は $m_\theta\times m_\theta$ でなくてはならない．

(31)式が成り立つためには K の次元が $m_\theta\times m_x$ でなければならない．K がこの次元になるためには1次元版の $a\sigma_\theta^2/\sigma_x^2$ が $\Sigma_\theta A^{\mathrm{T}}\Sigma^{-1}$ と翻訳されなければならない．また $a^2/\sigma_{x|\theta}^2$ の多次元版は $A^{\mathrm{T}}\Sigma_{x|\theta}^{-1}A$ でしかあり得ない．

これはもちろん証明ではない．証明すべき式を見つける発見的方法というべきものである．証明はこれから．

多次元ガウス版ベイズ公式の証明　(28)式と(29)式は1次元版と同じ考え方で導かれる．(20)式の多次元版は

$$\begin{aligned}&(\boldsymbol{x}-A\boldsymbol{\theta})^{\mathrm{T}}\Sigma_{x|\theta}^{-1}(\boldsymbol{x}-A\boldsymbol{\theta})+(\boldsymbol{\theta}-\boldsymbol{\mu}_{\theta})^{\mathrm{T}}\Sigma_{\theta}^{-1}(\boldsymbol{\theta}-\boldsymbol{\mu}_{\theta})\\&\quad\approx(\boldsymbol{\theta}-\boldsymbol{\mu}_{\theta|x})^{\mathrm{T}}\Sigma_{\theta|x}^{-1}(\boldsymbol{\theta}-\boldsymbol{\mu}_{\theta|x})+(\boldsymbol{x}-\boldsymbol{\mu}_{x})^{\mathrm{T}}\Sigma_{x}^{-1}(\boldsymbol{x}-\boldsymbol{\mu}_{x}).\end{aligned} \tag{33}$$

1次元の場合と同様に両辺の $\boldsymbol{\theta}$ の係数から $\Sigma_{\theta|x}$ と $\boldsymbol{\mu}_{\theta|x}$ が

$$\Sigma_{\theta|x}^{-1}\boldsymbol{\mu}_{\theta|x}=A^{\mathrm{T}}\Sigma_{x|\theta}^{-1}\boldsymbol{x}+\Sigma_{\theta}^{-1}\boldsymbol{\mu}_{\theta} \tag{34}$$

$$\Sigma_{\theta|x}^{-1}=A^{\mathrm{T}}\Sigma_{x|\theta}^{-1}A+\Sigma_{\theta}^{-1} \tag{35}$$

を満たさなくてはならないことがわかる．

k の多次元版は(30)式で定義すればいいが，これに関して

$$k=a\frac{\sigma_{\theta|x}^{2}}{\sigma_{x|\theta}^{2}}=a\frac{\sigma_{\theta}^{2}}{\sigma_{x}^{2}}$$

の多次元版

$$K=\Sigma_{\theta|x}A^{\mathrm{T}}\Sigma_{x|\theta}^{-1}=\Sigma_{\theta}A^{\mathrm{T}}\Sigma_{x}^{-1} \tag{36}$$

を証明しておく．

以下逆行列がすべて存在するものとする．演繹的に変形で導くのでなく，等しいことを証明する．

$$\Sigma_{\theta|x}A^{\mathrm{T}}\Sigma_{x|\theta}^{-1}=\Sigma_{\theta}A^{\mathrm{T}}\Sigma_{x}^{-1}$$

$$A^{\mathrm{T}}\Sigma_{x|\theta}^{-1}\Sigma_{x}=\Sigma_{\theta|x}^{-1}\Sigma_{\theta}A^{\mathrm{T}}$$

$$A^{\mathrm{T}}\Sigma_{x|\theta}^{-1}(A\Sigma_{\theta}A^{\mathrm{T}}+\Sigma_{x|\theta})=(A^{\mathrm{T}}\Sigma_{x|\theta}^{-1}A+\Sigma_{\theta}^{-1})\Sigma_{\theta}A^{\mathrm{T}}$$

$$A^{\mathrm{T}}\Sigma_{x|\theta}^{-1}A\Sigma_{\theta}A^{\mathrm{T}}+A^{\mathrm{T}}=A^{\mathrm{T}}\Sigma_{x|\theta}^{-1}A\Sigma_{\theta}A^{\mathrm{T}}+A^{\mathrm{T}}$$

上下に並ぶ式は，すべての逆行列が存在することを前提として等価である．下から上に読んでいけば「演繹」になっている．

1 行目 → 2 行目	Σ_x を右から，$\Sigma_{\theta\|x}$ を左からかける	
2 行目 → 3 行目	(29)式と(35)式	
3 行目 → 4 行目	分配法則	

次は(31)式の証明.

$$
\begin{aligned}
&K(\boldsymbol{x}-\boldsymbol{\mu}_x)+\boldsymbol{\mu}_\theta \\
&\quad= \Sigma_{\theta|x}A^{\mathrm{T}}\Sigma_{x|\theta}^{-1}(\boldsymbol{x}-A\boldsymbol{\mu}_\theta)+\boldsymbol{\mu}_\theta \\
&\quad= \Sigma_{\theta|x}(A^{\mathrm{T}}\Sigma_{x|\theta}^{-1}\boldsymbol{x}-A^{\mathrm{T}}\Sigma_{x|\theta}^{-1}A\boldsymbol{\mu}_\theta)+\boldsymbol{\mu}_\theta \\
&\quad= \Sigma_{\theta|x}(A^{\mathrm{T}}\Sigma_{x|\theta}^{-1}\boldsymbol{x}+(\Sigma_\theta^{-1}-\Sigma_{\theta|x}^{-1})\boldsymbol{\mu}_\theta)+\boldsymbol{\mu}_\theta \\
&\quad= \Sigma_{\theta|x}(A^{\mathrm{T}}\Sigma_{x|\theta}^{-1}\boldsymbol{x}+\Sigma_\theta^{-1}\boldsymbol{\mu}_\theta)-\boldsymbol{\mu}_\theta+\boldsymbol{\mu}_\theta \\
&\quad= \boldsymbol{\mu}_{\theta|x}
\end{aligned}
$$

1 行目 → 2 行目	(36)式と(28)式
2 行目 → 3 行目	分配法則
3 行目 → 4 行目	(35)式
4 行目 → 5 行目	$\Sigma_{\theta\|x}\Sigma_{\theta\|x}^{-1}=I$
5 行目 → 6 行目	(34)式

(32)式の証明.

$$
\Sigma_{\theta|x}^{-1}(I-KA)\Sigma_\theta = I
$$

を示せばよい.

$$
\begin{aligned}
\Sigma_{\theta|x}^{-1}(I-KA)\Sigma_\theta &= \Sigma_{\theta|x}^{-1}(I-\Sigma_{\theta|x}A^{\mathrm{T}}\Sigma_{x|\theta}^{-1}A)\Sigma_\theta \\
&= (\Sigma_{\theta|x}^{-1}-A^{\mathrm{T}}\Sigma_{x|\theta}^{-1}A)\Sigma_\theta \\
&= \Sigma_\theta^{-1}\Sigma_\theta \\
&= I
\end{aligned}
$$

1行目	K の書き直し．(36)式
1行目 → 2行目	分配
2行目 → 3行目	(35)式

最後に(33)式が厳密に成り立つことを見ておこう．両辺の最小値がゼロであることを示せば十分である．

$$\boldsymbol{\theta} = \boldsymbol{\mu}_\theta, \quad \boldsymbol{x} = \boldsymbol{\mu}_x$$

で両辺共にゼロになる．(33)式が厳密に成り立つことと(24)〜(27)式から行列式の間の関係式

$$\det \Sigma_{\theta|x} = \det \Sigma_{x|\theta} \frac{\det \Sigma_\theta}{\det \Sigma_x} \tag{37}$$

が成立することがわかる．これから

$$ABIC = \log 2\pi + \log\det \Sigma_{x|\theta} + \log\det \Sigma_\theta - \log\det \Sigma_{\theta|x} + \boldsymbol{\Delta x}^{\mathrm{T}} \Sigma_x^{-1} \boldsymbol{\Delta x}$$

という計算が成り立つことが導かれる．

この節のおまけ　(33)式をいじると，「成り立つはず」の式がくさるほど出てくる．たとえば(31)式を用いて(33)式の x の2次の項の係数を調べてみると

$$\Sigma_x^{-1} = \Sigma_{x|\theta}^{-1} - K^{\mathrm{T}} \Sigma_{\theta|x}^{-1} K = \Sigma_{x|\theta}^{-1} - \Sigma_{x|\theta}^{-1} A \Sigma_{\theta|x} A^{\mathrm{T}} \Sigma_{x|\theta}^{-1}$$

つまり

$$(\Sigma_{x|\theta}^{-1} - \Sigma_{x|\theta}^{-1} A \Sigma_{\theta|x} A^{\mathrm{T}} \Sigma_{x|\theta}^{-1}) \Sigma_x = I$$

が成立するはずであるとわかる．実際

$$\begin{aligned}
&(\Sigma_{x|\theta}^{-1} - \Sigma_{x|\theta}^{-1} A \Sigma_{\theta|x} A^{\mathrm{T}} \Sigma_{x|\theta}^{-1})(A \Sigma_\theta A^{\mathrm{T}} + \Sigma_{x|\theta}) \\
&\quad = \Sigma_{x|\theta}^{-1} A \Sigma_\theta A^{\mathrm{T}} + I - \Sigma_{x|\theta}^{-1} A \Sigma_{\theta|x} A^{\mathrm{T}} \Sigma_{x|\theta}^{-1} A \Sigma_\theta A^{\mathrm{T}} - \Sigma_{x|\theta}^{-1} A \Sigma_{\theta|x} A^{\mathrm{T}} \\
&\quad = I + \Sigma_{x|\theta}^{-1} A (\Sigma_\theta A^{\mathrm{T}} - \Sigma_{\theta|x} A^{\mathrm{T}} \Sigma_{x|\theta}^{-1} A \Sigma_\theta A^{\mathrm{T}} - \Sigma_{\theta|x} A^{\mathrm{T}}) \\
&\quad = I + \Sigma_{x|\theta}^{-1} A (\Sigma_\theta - \Sigma_{\theta|x} A^{\mathrm{T}} \Sigma_{x|\theta}^{-1} A \Sigma_\theta - \Sigma_{\theta|x}) A^{\mathrm{T}}
\end{aligned}$$

$$= I + \Sigma_{x|\theta}^{-1} A \Sigma_{\theta|x} (\Sigma_{\theta|x}^{-1} \Sigma_\theta - A^{\mathrm{T}} \Sigma_{x|\theta}^{-1} A \Sigma_\theta - I) A^{\mathrm{T}}$$
$$= I + \Sigma_{x|\theta}^{-1} A \Sigma_{\theta|x} (\Sigma_{\theta|x}^{-1} - A^{\mathrm{T}} \Sigma_{x|\theta}^{-1} A - \Sigma_\theta^{-1}) \Sigma_\theta A^{\mathrm{T}}$$
$$= I$$

いろいろな項が出てきて最後に一挙に消えるのは「テトリス」のプレーのような快感がある．このあたりにはこの類の正しい式がいろいろあって，それをどう辿るかで(28)～(32)式の証明もいろいろなやりかたがありうる．暇なときのあそびにどうぞ．

1次元の式から成り立つはずの式を導いてしまうのは筆者の趣味であって発見的な方法として重宝であるけれど，気をつけて使う必要がある．たとえば

$$\sigma_{\theta|x}^2 = \sigma_{x|\theta}^2 \frac{\sigma_\theta^2}{\sigma_x^2}$$

のナイーブな多次元版

$$\Sigma_{\theta|x} = \Sigma_{x|\theta} \Sigma_\theta \Sigma_x^{-1}$$

は成立しない．この場合の正しい多次元版は(37)である．

最小2乗法　データ分布と事前分布が

$$\begin{aligned} P(\boldsymbol{y}\,|\,\boldsymbol{\theta}; \sigma^2) &\propto \exp\left\{-\frac{1}{2\sigma^2}\|\boldsymbol{y} - A\boldsymbol{\theta}\|^2\right\} \\ \pi(\boldsymbol{\theta}\,|\,w^2, \boldsymbol{f}) &\propto \exp\left\{-\frac{1}{2w^2}\|D\boldsymbol{\theta} - E\boldsymbol{f}\|^2\right\} \end{aligned} \tag{38}$$

という形になる場合がある．

たとえば最初の「手描き曲線の推定」で

$$\boldsymbol{\theta} = (f_1, f_2, \cdots, f_{5n})^{\mathrm{T}}$$

$$A = \begin{pmatrix} 0 & 0 & 0 & 0 & 1 & 0 & 0 & 0 & 0 & 0 & 0 & \cdots & 0 \\ 0 & 0 & 0 & 0 & 0 & 0 & 0 & 0 & 0 & 1 & 0 & \cdots & 0 \\ \vdots & \vdots & \vdots & \vdots & \vdots & \vdots & \vdots & & & & & \ddots & \vdots \\ 0 & 0 & 0 & 0 & 0 & 0 & 0 & 0 & 0 & 0 & 0 & \cdots & 1 \end{pmatrix}$$

$$D = \begin{pmatrix} 1 & & & & & \\ -2 & 1 & & & & \\ 1 & -2 & 1 & & & \\ & 1 & -2 & 1 & & \\ & & \ddots & \ddots & \ddots & \\ & & & 1 & -2 & 1 \end{pmatrix}, \quad E = \begin{pmatrix} 2 & -1 \\ -1 & 0 \\ 0 & \\ \vdots & \vdots \\ 0 & 0 \end{pmatrix}$$

$$\boldsymbol{f} = \begin{pmatrix} f_0 \\ f_{-1} \end{pmatrix}$$

とすればこうなる．

一般にデータ分布と事前分布が(38)の形で与えられる場合に

$$\Sigma_{x|\theta} \equiv \sigma^2 I, \quad \Sigma_\theta^{-1} \equiv \frac{1}{w^2} D^{\mathrm{T}} D, \quad \boldsymbol{\mu}_\theta \equiv D^{-1} E \boldsymbol{f}$$

とすれば

$$\begin{aligned} &-2 \log P(\boldsymbol{y} \,|\, \boldsymbol{\theta}; \sigma^2) \pi(\boldsymbol{\theta} \,|\, w^2, \boldsymbol{f}) \\ &\approx \frac{1}{\sigma^2} \|\boldsymbol{y} - A\boldsymbol{\theta}\|^2 + \frac{1}{w^2} \|D\boldsymbol{\theta} - E\boldsymbol{f}\|^2 \\ &= (\boldsymbol{x} - A\boldsymbol{\theta})^{\mathrm{T}} \Sigma_{x|\theta}^{-1} (\boldsymbol{x} - A\boldsymbol{\theta}) + (\boldsymbol{\theta} - \boldsymbol{\mu}_\theta)^{\mathrm{T}} \Sigma_\theta^{-1} (\boldsymbol{\theta} - \boldsymbol{\mu}_\theta) \end{aligned}$$

となって「公式」が使えるが，「ガウスの場合」の $\mu_{\theta|x}$ を求める計算の本質が最小 2 乗法であったことを考えるとうまい方法がある．

$$\begin{aligned} &-2 \log P(\boldsymbol{y} \,|\, \boldsymbol{\theta}; \sigma^2) \pi(\boldsymbol{\theta} \,|\, w^2, E\boldsymbol{f}) \\ &\approx \frac{1}{\sigma^2} \|\boldsymbol{y} - A\boldsymbol{\theta}\|^2 + \frac{1}{w^2} \|D\boldsymbol{\theta} - E\boldsymbol{f}\|^2 \qquad (39) \\ &= \frac{1}{\sigma^2} \left\| \begin{pmatrix} \boldsymbol{y} \\ E\boldsymbol{f}\sigma/w \end{pmatrix} - \begin{pmatrix} A \\ D\sigma/w \end{pmatrix} \boldsymbol{\theta} \right\|^2 \qquad (40) \end{aligned}$$

$$
\begin{aligned}
&= \frac{1}{\sigma^2}\left\| U\begin{pmatrix} \boldsymbol{y} \\ E\boldsymbol{f}\sigma/w \end{pmatrix} - U\begin{pmatrix} A \\ D\sigma/w \end{pmatrix}\boldsymbol{\theta} \right\|^2 \\
&= \frac{1}{\sigma^2}\left\| \begin{pmatrix} \boldsymbol{b} \\ b \end{pmatrix} - \begin{pmatrix} B \\ \mathbf{0}^{\mathrm{T}} \end{pmatrix}\boldsymbol{\theta} \right\|^2 \\
&= \frac{1}{\sigma^2}\|\boldsymbol{b} - B\boldsymbol{\theta}\|^2 + \frac{b^2}{\sigma^2}
\end{aligned}
$$

と書き直すのである．2 行目から 3 行目への変形は任意の直交行列 U に対して成り立つ．直交行列をうまく選ぶと

$$
U\begin{pmatrix} A, & \boldsymbol{y} \\ D\sigma/w, & E\boldsymbol{f}\sigma/w \end{pmatrix} = \begin{pmatrix} B & \boldsymbol{b} \\ \mathbf{0}^{\mathrm{T}} & b \end{pmatrix}
$$

となって 4 行目の形になる．しかも B が上三角行列になるようにできる(付録，Householder 変換，を参照)．

この形からただちに

$$
\boldsymbol{\mu}_{\theta|x} = B^{-1}\boldsymbol{b}, \quad \Sigma_{\theta|x} = \sigma^2(B^{\mathrm{T}}B)^{-1}
$$

が得られる．

さらに

$$
C \equiv (2\pi\sigma^2)^{-n/2}(2\pi w^2)^{-m/2}(\det D^{\mathrm{T}}D)^{1/2}
$$

として

$$
\begin{aligned}
ABIC(\sigma^2, w^2, \boldsymbol{f}) &= -2\log\int P(\boldsymbol{y}\,|\,\boldsymbol{\theta};\sigma^2)\pi(\boldsymbol{\theta}\,|\,w^2,\boldsymbol{f})d\boldsymbol{\theta} \\
&= -2\log\int C\exp\left\{-\frac{1}{2\sigma^2}\|\boldsymbol{b} - B\boldsymbol{\theta}\|^2 - \frac{b^2}{2\sigma^2}\right\}d\boldsymbol{\theta} \\
&= -2\log\frac{C(2\pi\sigma^2)^{m/2}}{(\det B^{\mathrm{T}}B)^{1/2}} + \frac{b^2}{\sigma^2} \\
&= -2\log\frac{C(2\pi\sigma^2)^{m/2}}{\prod_{j=1}^{m}|B_{jj}|} + \frac{b^2}{\sigma^2} \\
&= -2\log C - m\log(2\pi) - m\log\sigma^2 + 2\sum_{j=1}^{m}\log|B_{jj}| + \frac{b^2}{\sigma^2}
\end{aligned}
$$

$$
\begin{aligned}
&= n\log(2\pi) + n\log\sigma^2 + m\log w^2 - \log\det D^{\mathrm{T}}D \\
&\quad - m\log\sigma^2 + 2\sum_{j=1}^{m}\log|B_{jj}| + \frac{b^2}{\sigma^2} \\
&= n\log(2\pi) + n\log\sigma^2 - m\log\frac{\sigma^2}{w^2} - \log\det D^{\mathrm{T}}D \\
&\quad + 2\sum_{j=1}^{m}\log|B_{jj}| + \frac{b^2}{\sigma^2}
\end{aligned}
$$

が求められる．2 行目から 3 行目を導くところで多次元ガウス分布の定積分の公式が使われている．3 行目から 4 行目が出てくるのは B が 3 角行列だからである．

ベイズ推定を行うには $ABIC$ を最小化する超パラメータを見つける計算をしなければならない．$(\sigma^2, w^2, \boldsymbol{f})$ の空間における最小化は $(\sigma^2, \sigma^2/w^2, \boldsymbol{f})$ の空間における最小化と等価である．σ^2/w^2 と $\boldsymbol{f}$ を固定すると

$$
\begin{aligned}
\min_{\sigma^2} ABIC\left(\sigma^2, \frac{\sigma^2}{w^2}, \boldsymbol{f}\right) =& n\log(2\pi) + n\log\frac{b^2}{n} - m\log\frac{\sigma^2}{w^2} \\
&- \log\det D^{\mathrm{T}}D + 2\sum_{j=1}^{m}\log|B_{jj}| + n
\end{aligned}
$$

ここで，B と b が $\boldsymbol{f}$ に依存するが，

$$
\begin{pmatrix} \boldsymbol{y} \\ E\boldsymbol{f}\sigma/w \end{pmatrix} - \begin{pmatrix} A \\ D\sigma/w \end{pmatrix}\boldsymbol{\theta} = \begin{pmatrix} \boldsymbol{y} \\ \boldsymbol{0} \end{pmatrix} - \begin{pmatrix} A, & 0 \\ -D\sigma/w, & E\sigma/w \end{pmatrix}\begin{pmatrix} \boldsymbol{\theta} \\ \boldsymbol{f} \end{pmatrix}
$$

であるから G, $\boldsymbol{g}$ および g を

$$
U\begin{pmatrix} A, & 0, & \boldsymbol{y} \\ -D\sigma/w, & E\sigma/w, & \boldsymbol{0} \end{pmatrix} \equiv \begin{pmatrix} G & \boldsymbol{g} \\ \boldsymbol{0}^{\mathrm{T}} & g \end{pmatrix}
$$

で定義すると，

$$
\begin{aligned}
&- 2\log P(\boldsymbol{y}\,|\,\boldsymbol{\theta};\sigma^2)\pi(\boldsymbol{\theta}\,|\,w^2, E\boldsymbol{f}) \\
&\approx \frac{1}{\sigma^2}\left\| U\begin{pmatrix} \boldsymbol{y} \\ \boldsymbol{0} \end{pmatrix} - U\begin{pmatrix} A, & 0 \\ -D\sigma/w, & E\sigma/w \end{pmatrix}\begin{pmatrix} \boldsymbol{\theta} \\ \boldsymbol{f} \end{pmatrix} \right\|^2
\end{aligned}
$$

$$= \frac{1}{\sigma^2} \left\| \begin{pmatrix} \boldsymbol{g} \\ g \end{pmatrix} - \begin{pmatrix} G \\ \mathbf{0}^{\mathrm{T}} \end{pmatrix} \begin{pmatrix} \boldsymbol{\theta} \\ \boldsymbol{f} \end{pmatrix} \right\|^2$$

$$= \frac{1}{\sigma^2} \left\| \boldsymbol{g} - G \begin{pmatrix} \boldsymbol{\theta} \\ \boldsymbol{f} \end{pmatrix} \right\|^2 + \frac{g^2}{\sigma^2}$$

となり

$$\min_{\sigma^2, \boldsymbol{f}} ABIC\left(\sigma^2, \frac{\sigma^2}{w^2}, \boldsymbol{f}\right) = n\log(2\pi) + n\log\frac{g^2}{n} - m\log\frac{\sigma^2}{w^2} - \log\det D^{\mathrm{T}}D + 2\sum_{j=1}^{m}\log|G_{jj}| + n$$

このとき

$$G^{-1}\boldsymbol{g}$$

の最初の n 成分が $\mu_{\theta|x}$,

$$\sigma^2(G^{\mathrm{T}}G)^{-1}$$

の左上 $n \times n$ 成分が $\Sigma_{\theta|x}$ である．$\min_{\sigma^2, \boldsymbol{f}} ABIC$ をさらに σ^2/w^2 に関して最小化するにはグリッドサーチなどの数値的最適化を用いなくてはならない．

3.3 時系列データの場合

$$\pi(\theta_t, \theta_{t-1}, \cdots, \theta_1) = \pi(\theta_t \,|\, \theta_{t-1}, \theta_{t-2}, \cdots, \theta_1)\pi(\theta_{t-1}, \theta_{t-2}, \cdots, \theta_1)$$

は一般的に成り立つ式であるが，$\{\theta_t\}$ が時系列構造を持っていて

$$\pi(\theta_t \,|\, \theta_{t-1}, \cdots, \theta_1) \equiv \pi(\theta_t \,|\, \theta_{t-1})$$

が満足されている場合，

$$\pi(\theta_n, \theta_{n-1}, \cdots, \theta_1, \theta_0) = \pi(\theta_0)\prod_{t=1}^{n}\pi(\theta_t \,|\, \theta_{t-1})$$

が成り立つ．さらにデータ分布が

$$P(x_n, x_{n-1}, \cdots, x_1 \,|\, \theta_n, \theta_{n-1}, \cdots, \theta_1, \theta_0) \equiv \prod_{t=1}^{n} P(x_t \,|\, \theta_t)$$

という構造を持っている場合，$t = 1, 2, \cdots, n$ に対して次のような逐次ベイズ公式ができる．

$$\pi(\theta_t \mid x_{t-1}, \cdots, x_1) = \int \pi(\theta_t, \theta_{t-1} \mid x_{t-1}, \cdots, x_1) d\theta_{t-1} \tag{41}$$
$$= \int \pi(\theta_t \mid \theta_{t-1}) \pi(\theta_{t-1} \mid x_{t-1}, \cdots, x_1) d\theta_{t-1}$$

$$\underset{\sim\sim\sim}{P(x_t \mid \theta_t)\pi(\theta_t \mid x_{t-1}, \cdots, x_1)} \underset{\mathrm{B}}{=} \underset{\sim\sim\sim}{\pi(\theta_t \mid x_t; x_{t-1} \cdots, x_1) P(x_t \mid x_{t-1}, \cdots, x_1)} \tag{42}$$

$t = n$ に達した時点で

$$P(x_n, \cdots, x_1) = \prod_{t=1}^{n} P(x_t \mid x_{t-1}, \cdots, x_1)$$

と

$$\pi(\theta_n \mid x_n, x_{n-1}, \cdots, x_1)$$

が求められている．

全データ $\{x_1, \cdots, x_n\}$ が手に入った時点で途中の t 時点でのパラメータの値 θ_t がどうであったかを事後的に推定したいことが多い．これを計算する公式を求めておこう．

$$\pi(\theta_n, \cdots, \theta_{t+1} \mid x_n, \cdots, x_1)$$

が既に計算されているものとする．このとき

$$\pi(\theta_n, \cdots, \theta_t \mid x_n, \cdots, x_1)$$

が以下のように求められる．

$$\pi(\theta_n, \cdots, \theta_{t+1}, \theta_t \mid x_n, x_{n-1}, \cdots, x_{t+1}; x_t, \cdots, x_1)$$
$$= \frac{P(\theta_n, \cdots, \theta_{t+1}, \theta_t, x_n, \cdots, x_{t+1} \mid x_t, \cdots, x_1)}{P(x_n, \cdots, x_{t+1} \mid x_t, \cdots, x_1)}$$
$$= \underset{\sim\sim\sim}{\frac{P(x_n, \cdots, x_{t+1} \mid \theta_n, \cdots, \theta_{t+1}; x_t, \cdots, x_1)}{P(x_n, \cdots, x_{t+1} \mid x_t, \cdots, x_1)}}$$
$$\times \pi(\theta_n, \cdots, \theta_{t+1} \mid \theta_t; x_t, \cdots, x_1) \pi(\theta_t \mid x_t, \cdots, x_1)$$
$$\underset{\mathrm{B}}{=} \underset{\sim\sim\sim}{\frac{\pi(\theta_n, \cdots, \theta_{t+1} \mid x_n, \cdots, x_{t+1}; x_t \cdots, x_1)}{\pi(\theta_n, \cdots, \theta_{t+1} \mid x_t, \cdots, x_1)}}$$
$$\times \pi(\theta_n, \cdots, \theta_{t+1} \mid \theta_t) \pi(\theta_t \mid x_t, \cdots, x_1)$$

$$= \frac{\pi(\theta_n, \cdots, \theta_{t+1} \,|\, x_n, \cdots, x_{t+1}; x_t \cdots, x_1) \prod_{k=t}^{n-1} \pi(\theta_{k+1} \,|\, \theta_k)}{\prod_{k=t+1}^{n-1} \pi(\theta_{k+1} \,|\, \theta_k) \pi(\theta_{t+1} \,|\, x_t, \cdots, x_1)} \pi(\theta_t \,|\, x_t, \cdots, x_1)$$

$$= \frac{\pi(\theta_n, \cdots, \theta_{t+1} \,|\, x_n, \cdots, x_{t+1}; x_t \cdots, x_1) \pi(\theta_{t+1} \,|\, \theta_t)}{\pi(\theta_{t+1} \,|\, x_t, \cdots, x_1)} \pi(\theta_t \,|\, x_t, \cdots, x_1)$$

この式を $t=n-1, \cdots, 1$ について逐次的に適用すると $t=1$ になった時に

$$\pi(\theta_n, \cdots, \theta_1 \,|\, x_n, \cdots, x_1)$$

が得られる．

上の式の両辺を $(\theta_{t+2}, \cdots, \theta_n)$ に関して積分して

$$\pi(\theta_{t+1}, \theta_t \,|\, x_n, \cdots, x_1) \tag{43}$$

$$= \int \pi(\theta_n, \cdots, \theta_t \,|\, x_n, \cdots, x_1) d\theta_{t+2} \cdots d\theta_n$$

$$= \frac{\pi(\theta_{t+1} \,|\, x_n, \cdots, x_1) \pi(\theta_{t+1} \,|\, \theta_t)}{\pi(\theta_{t+1} \,|\, x_t, \cdots, x_1)} \pi(\theta_t \,|\, x_t, \cdots, x_1) \tag{44}$$

を得る．さらに θ_{t+1} で積分して

$$\pi(\theta_t \,|\, x_n, \cdots, x_1)$$

$$= \int \pi(\theta_{t+1}, \theta_t \,|\, x_n, \cdots, x_1) d\theta_{t+1} \tag{45}$$

$$= \int \frac{\pi(\theta_{t+1} \,|\, x_n, \cdots, x_1) \pi(\theta_{t+1} \,|\, \theta_t)}{\pi(\theta_{t+1} \,|\, x_t, \cdots, x_1)} d\theta_{t+1} \pi(\theta_t \,|\, x_t, \cdots, x_1).$$

この公式を用いると $\pi(\theta_n \,|\, x_n, \cdots, x_1)$ から出発して，逐次的に $t=n-1$, $\cdots$, 1 に対する $\pi(\theta_t \,|\, x_n, \cdots, x_1)$ を求めることができる．普通は

$$\pi(\theta_n, \cdots, \theta_1 \,|\, x_n, \cdots, x_1) \neq \prod_{t=1}^{n} (\theta_t \,|\, x_n, \cdots, x_1)$$

であることに注意．つまり

$$\pi(\theta_n, \theta_{n-1}, \cdots, \theta_1 \,|\, x_n, x_{n-1}, \cdots, x_1)$$

を最大化する $(\theta_n, \cdots, \theta_1)$ の成分としての θ_t と

$$\pi(\theta_t \,|\, x_n, x_{n-1}, \cdots, x_1)$$

を最大化する θ_t はかならずしも一致しないことに注意．

カルマンフィルタ　前節の逐次ベイズ公式をガウス分布の場合に適用するとカルマンフィルタが得られる．

$$\pi(\theta_t\,|\,\theta_{t-1}) \equiv \phi(\theta_t\,|\,f\theta_{t-1}, \sigma^2)$$
$$P(x_t\,|\,\theta_t) \equiv \phi(x_t\,|\,a\theta_t, v^2)$$

としよう．以下のような記号

$$\pi(\theta_t\,|\,x_{t-1}, \cdots, x_1) \equiv \phi(\theta_t\,|\,\theta_{t|t-1}, \sigma^2_{t|t-1})$$
$$\pi(\theta_t\,|\,x_t, \cdots, x_1) \equiv \phi(\theta_t\,|\,\theta_{t|t}, \sigma^2_{t|t})$$
$$P(x_t\,|\,x_{t-1}, \cdots, x_1) \equiv \phi(x_t\,|\,x_{t|t-1}, v^2_{t|t-1})$$

の定義のもとで

$$x_{t|t-1} = a\theta_{t|t-1}$$
$$v^2_{t|t-1} = a^2\sigma^2_{t|t-1} + v^2$$
$$k = a\frac{\sigma^2_{t|t-1}}{v^2_{t|t-1}}$$
$$\Delta x_t = x_t - x_{t|t-1}$$
$$\theta_{t|t} = k\Delta x_t + \theta_{t|t-1}$$
$$\sigma^2_{t|t} = (1-ka)\sigma^2_{t|t-1}$$
$$P(x_t\,|\,x_{t-1}, \cdots, x_1) = (2\pi v^2_{t|t-1})^{-1/2}\exp\left\{-\frac{1}{2}\frac{\Delta x_t^2}{v^2_{t|t-1}}\right\}$$
$$ABIC = \sum_{t=1}^{n}\left\{\log 2\pi + \log\det v^2_{t|t-1} + \frac{\Delta x_t^2}{v^2_{t|t-1}}\right\}$$

が得られる．

(17)式において

$\theta \to \theta_t,\qquad a \to a,\qquad x \to x_t,\qquad \mu_{\theta|x} \to \theta_{t|t}$

$\sigma^2_{\theta|x} \to \sigma^2_{t|t},\qquad \mu_\theta \to \theta_{t|t-1},\qquad \sigma^2_\theta \to \sigma^2_{t|t-1},\qquad \mu_x \to x_{t|t-1}$

$$\sigma_x^2 \to v_{t|t-1}^2, \qquad \sigma_{x|\theta}^2 \to v^2, \qquad \Delta x \to \Delta x_t$$

と対応させればよい.

さらに

$$\begin{aligned} \sigma_{t|t-1}^2 &= f^2 \sigma_{t-1|t-1}^2 + \sigma^2 \\ \theta_{n|n-1} &= f\theta_{n-1|n-1} \end{aligned} \tag{46}$$

も得られる.

$$\pi(\theta_t \,|\, \theta_{t-1}) = \phi(\theta_t \,|\, f\theta_{t-1}, \sigma^2)$$

であるから(41)式の積分は(42)式における $P(x)$ の計算と同じ型の計算問題である. 以下のように対応させればいい.

$$x \to \theta_t$$

$$\pi(\theta) \to \pi(\theta_{t-1} \,|\, x_{t-1}, \cdots, x_1) = \phi(\theta_{t-1} \,|\, \theta_{t-1|t-1}, \sigma_{t-1|t-1}^2)$$

$$P(x \,|\, \theta) \to \pi(\theta_t \,|\, \theta_{t-1}) = \phi(\theta_t \,|\, f\theta_{t-1}, \sigma^2)$$

$$P(x) \to \pi(\theta_t \,|\, x_{t-1}, \cdots, x_1) = \phi(\theta_t \,|\, \theta_{t|t-1}, \sigma_{t|t-1}^2)$$

$$\sigma_{x|\theta}^2 \to \sigma^2, \qquad a \to f, \qquad \theta \to \theta_{t-1}, \qquad \sigma_x^2 \to \sigma_{t|t-1}^2$$

$$\mu_x \to \theta_{t|t-1}, \qquad \sigma_\theta^2 \to \sigma_{t-1|t-1}^2, \qquad \mu_\theta \to \theta_{t-1|t-1}$$

また, (45)式のガウス版は

$$g_t = \frac{f\sigma_{t|t}^2}{\sigma_{t+1|t}^2}$$

として

$$\begin{aligned} \sigma_{t|n}^2 &= \sigma_{t|t}^2 + g_t^2(\sigma_{t+1|n}^2 - \sigma_{t+1|t}^2) \\ \theta_{t|n} &= \theta_{t|t} + g_t(\theta_{t+1|n} - \theta_{t+1|t}) \end{aligned}$$

となる.

証明　この場合の(44)式の右辺の e の肩が

$$\frac{1}{\sigma^2_{t+1|n}}(\theta_{t+1}-\theta_{t+1|n})^2-\frac{1}{\sigma^2_{t+1|t}}(\theta_{t+1}-\theta_{t+1|t})^2$$
$$+\frac{1}{\sigma^2}(\theta_{t+1}-f\theta_t)^2+\frac{1}{\sigma^2_{t|t}}(\theta_t-\theta_{t|t})^2$$

となる．ここで θ^2_{t+1} の係数を R, θ_{t+1} の係数を $2S$ とすると

$$R=\frac{1}{\sigma^2_{t+1|n}}-\frac{1}{\sigma^2_{t+1|t}}+\frac{1}{\sigma^2}$$

$$S=-\frac{\theta_{t+1|n}}{\sigma^2_{t+1|n}}+\frac{\theta_{t+1|t}}{\sigma^2_{t+1|t}}-\frac{f\theta_t}{\sigma^2}$$

$$\frac{1}{\sigma^2_{t|n}}(\theta_t-\theta_{t|n})^2$$

$$\approx R\theta^2_{t+1}+2S\theta_{t+1}+\frac{\theta^2_{t+1|n}}{\sigma^2_{t+1|n}}-\frac{\theta^2_{t+1|t}}{\sigma^2_{t+1|t}}+\frac{f^2\theta^2_t}{\sigma^2}$$
$$+\frac{1}{\sigma^2_{t|t}}(\theta_t-\theta_{t|t})^2\frac{1}{\sigma^2_{t|n}}(\theta_t-\theta_{t|n})^2$$
$$=R\left(\theta^2_{t+1}+\frac{2S}{R}\theta_{t+1}+\left(\frac{S}{R}\right)^2\right)$$
$$-\frac{S^2}{R}+\frac{\theta^2_{t+1|n}}{\sigma^2_{t+1|n}}-\frac{\theta^2_{t+1|t}}{\sigma^2_{t+1|t}}+\frac{f^2\theta^2_t}{\sigma^2}+\frac{1}{\sigma^2_{t|t}}(\theta_t-\theta_{t|t})^2$$

上の式を e の肩にのせて θ_{t+1} で積分すると最初の項は消える．残る部分の θ^2_t の係数の比較から，

$$\frac{1}{\sigma^2_{t|n}}=\frac{-f^2}{\sigma^4R}+\frac{f^2}{\sigma^2}+\frac{1}{\sigma^2_{t|t}} \tag{47}$$
$$=\frac{\sigma^2f^2(1/\sigma^2_{t+1|n}-1/\sigma^2_{t+1|t}+1/\sigma^2)-f^2}{\sigma^4(1/\sigma^2_{t+1|n}-1/\sigma^2_{t+1|t}+1/\sigma^2)}+\frac{1}{\sigma^2_{t|t}}$$
$$=\frac{f^2(1/\sigma^2_{t+1|n}-1/\sigma^2_{t+1|t})}{\sigma^2(1/\sigma^2_{t+1|n}-1/\sigma^2_{t+1|t})+1}+\frac{1}{\sigma^2_{t|t}}$$

$$= \frac{f^2(1/\sigma^2_{t+1|n} - 1/\sigma^2_{t+1|t})\sigma^2_{t|t} + \sigma^2(1/\sigma^2_{t+1|n} - 1/\sigma^2_{t+1|t}) + 1}{\sigma^2\sigma^2_{t|t}(1/\sigma^2_{t+1|n} - 1/\sigma^2_{t+1|t}) + \sigma^2_{t|t}} \tag{48}$$

$$= \frac{\sigma^2_{t+1|t}(1/\sigma^2_{t+1|n} - 1/\sigma^2_{t+1|t}) + 1}{\sigma^2\sigma^2_{t|t}(1/\sigma^2_{t+1|n} - 1/\sigma^2_{t+1|t}) + \sigma^2_{t|t}} \tag{49}$$

$$= \frac{\sigma^2_{t+1|t}/\sigma^2_{t+1|n}}{\sigma^2\sigma^2_{t|t}(1/\sigma^2_{t+1|n} - 1/\sigma^2_{t+1|t}) + \sigma^2_{t|t}}$$

4行目(48)式から5行目(49)式にいくところで(46)式を用いている．次の式の1行目から2行目にいくところでも同じ式が用いられる．

$$\begin{aligned}
\sigma^2_{t|n} &= \frac{\sigma^2\sigma^2_{t|t}(1/\sigma^2_{t+1|n} - 1/\sigma^2_{t+1|t}) + \sigma^2_{t|t}}{\sigma^2_{t+1|t}/\sigma^2_{t+1|n}} \\
&= \frac{(\sigma^2_{t+1|t} - f^2\sigma^2_{t|t})\sigma^2_{t|t}(1/\sigma^2_{t+1|n} - 1/\sigma^2_{t+1|t}) + \sigma^2_{t|t}}{\sigma^2_{t+1|t}/\sigma^2_{t+1|n}} \\
&= \frac{\sigma^2_{t|t}\sigma^2_{t+1|t}/\sigma^2_{t+1|n} - f^2\sigma^4_{t|t}/\sigma^2_{t+1|n} + f\sigma^4_{t|t}/\sigma^2_{t+1|t}}{\sigma^2_{t+1|t}/\sigma^2_{t+1|n}} \\
&= \frac{\sigma^2_{t|t}\sigma^2_{t+1|t}/\sigma^2_{t+1|n} - f^2\sigma^4_{t|t}(1/\sigma^2_{t+1|n} - 1/\sigma^2_{t+1|t})}{\sigma^2_{t+1|t}/\sigma^2_{t+1|n}} \\
&= \sigma^2_{t|t} - \frac{f^2\sigma^4_{t|t}}{\sigma^2_{t+1|t}}(1 - \sigma^2_{t+1|n}/\sigma^2_{t+1|t}) \\
&= \sigma^2_{t|t} - \frac{f^2\sigma^4_{t|t}}{\sigma^4_{t+1|t}}(\sigma^2_{t+1|t} - \sigma^2_{t+1|n})
\end{aligned}$$

最後の行にいくところで，

$$g_t \equiv \frac{f\sigma^2_{t|t}}{\sigma^2_{t+1|t}} = \frac{f\sigma^2_{t+t}}{f^2\sigma^2_{t+t} + \sigma^2}$$

とした．

$$R\sigma^2 = \sigma^2\left(\frac{1}{\sigma^2_{t+1|n}} - \frac{1}{\sigma^2_{t+1|t}}\right) + 1$$

$$= (\sigma^2_{t+1|t} - f^2\sigma^2_{t|t})\left(\frac{1}{\sigma^2_{t+1|n}} - \frac{1}{\sigma^2_{t+1|t}}\right) + 1$$

$$= \frac{\sigma^2_{t+1|t}}{\sigma^2_{t+1|n}} + \frac{f^2\sigma^2_{t|t}}{\sigma^2_{t+1|n}\sigma^2_{t+1|t}}(\sigma^2_{t+1|n} - \sigma^2_{t+1|t})$$

$$= \frac{\sigma^2_{t+1|t}}{\sigma^2_{t+1|n}} + \frac{\sigma^2_{t+1|t}}{\sigma^2_{t|t}\sigma^2_{t+1|n}}\frac{f^2\sigma^4_{t|t}}{\sigma^4_{t+1|t}}(\sigma^2_{t+1|n} - \sigma^2_{t+1|t})$$

$$= \frac{\sigma^2_{t+1|t}}{\sigma^2_{t+1|n}} + \frac{\sigma^2_{t+1|t}}{\sigma^2_{t|t}\sigma^2_{t+1|n}}(\sigma^2_{t|n} - \sigma^2_{t|t})$$

$$= \frac{\sigma^2_{t+1|t}\sigma^2_{t|n}}{\sigma^2_{t|t}\sigma^2_{t+1|n}}$$

θ_t の係数から

$$\frac{\theta_{t|n}}{\sigma^2_{t|n}} = \frac{1}{R}\frac{f}{\sigma^2}\left(\frac{\theta_{t+1|n}}{\sigma^2_{t+1|n}} - \frac{-\theta_{t+1|t}}{\sigma^2_{t+1|t}}\right) + \frac{\theta_{t|t}}{\sigma^2_{t+t}}$$

$$\theta_{t|n} = \frac{\sigma^2_{t|t}\sigma^2_{t+1|n}}{\sigma^2_{t+1|t}\sigma^2_{t|n}}\sigma^2_{t|n}f\left(\frac{\theta_{t+1|n}}{\sigma^2_{t+1|n}} - \frac{\theta_{t+1|t}}{\sigma^2_{t+1|t}}\right) + \frac{\sigma^2_{t|n}}{\sigma^2_{t|t}}\theta_{t|t}$$

$$= \frac{\sigma^2_{t|t}}{\sigma^2_{t+1|t}}f\theta_{t|+1n} - \frac{\sigma^2_{t|t}\sigma^2_{t+1|n}}{\sigma^4_{t+1|t}}f\theta_{t+1|t}$$

$$+ \frac{\theta_{t|t}}{\sigma^2_{t|t}}\left(\sigma^2_{t|t} + \frac{f^2\sigma^4_{t|t}}{\sigma^4_{t+1|t}}(\sigma^2_{t+1|n} - \sigma^2_{t+1|t})\right)$$

$$= a\theta_{t+1|n} - \frac{\sigma^2_{t|t}\sigma^2_{t+1|n}}{\sigma^4_{t+1|t}}f\theta_{t+1|t} + \theta_{t|t} + \frac{\theta_{t|t}f^2\sigma^2_{t|t}}{\sigma^4_{t+1|t}}(\sigma^2_{t+1|n} - \sigma^2_{t+1|t})$$

$$= g\theta_{t+1|n} - \frac{\sigma^2_{t|t}\sigma^2_{t+1|n}}{\sigma^4_{t+1|t}}f\theta_{t+1|t} + \theta_{t|t} + \frac{f\theta_{t+1|t}\sigma^2_{t|t}}{\sigma^4_{t+1|t}}(\sigma^2_{t+1|n} - \sigma^2_{t+1|t})$$

$$= g\theta_{t+1|n} + \theta_{t|t} - \frac{f\sigma^2_{t|t}}{\sigma^2_{t+1|t}}\theta_{t+1|t}$$

$$= \theta_{t|t} + g(\theta_{t+1|n} - \theta_{t+1|t})$$

状態空間表現　3.3 節で示した時系列の扱いにおいて 1 次マルコフの構

造を仮定したが，これでも一般性を失わない．たとえば「手描き曲線の推定」の場合 $\{f_i\}$ は 2 次マルコフ過程であり，f_0 と f_{-1} が与えられれば全体の分布が

$$\pi(f_n, f_{n-1}, \cdots, f_1) = \prod_{i=1} \pi(f_i \mid f_{i-1}, f_{i-2})$$

で計算される．このときベクトル値時系列 $\{(f_i, g_i)\}$ の1 次マルコフ過程

$$\pi(f_i, g_i \mid f_{i-1}, g_{i-1})$$

を

$$\pi(f_i, g_i \mid f_{i-1}, g_{i-1}) = \pi(f_i \mid f_{i-1}, g_{i-1})\delta(g_i - f_{i-1})$$

で定義する．ここで δ はデルタ関数である．こうすると

$$\begin{aligned}
&\int \pi(g_0) \prod_{i=1}^{n} \pi(f_i, g_i \mid f_{i-1}, g_{i-1}) dg_0, dg_1, \cdots, dg_n \\
&= \int \pi(g_0) \prod_{i=1}^{n} \pi(f_i \mid f_{i-1}, g_{i-1})\delta(g_i - f_{i-1}) dg_0, dg_1, \cdots, dg_n \\
&= \prod_{i=2}^{n} \pi(f_i \mid f_{i-1}, f_{i-2}) \int \pi(f_1, f_0 \mid f_0, g_0)\pi(g_0) dg_0
\end{aligned}$$

となるので

$$\pi(g_0) = \delta(g_0 - f_{-1})$$

ととれば一致．結局 $\{f_i\}$ を 2 次元ベクトルの 1 次マルコフ過程として表現できてカルマンフィルタの計算ができる．このような 1 次マルコフモデルによる記述を状態空間表現という．

3.4 粒子ベイズ

ガウス分布が仮定できる場合にベイズ公式を要領よく計算できる方法を示したが，ここでそれをはずれる場合に適用できる方法を与えておく．

事前分布 $\pi(\theta)$ に従う θ の n^π 箇の実現値(粒子)の集合を

$$\{\theta_i^\pi\}$$

と書くことにする．

$\{\theta_i^\pi\}$ があれば $\pi(\theta)$ の重みをかけた任意の関数，たとえば $f(\theta)$ の積分の計算が

$$\int f(\theta)\pi(\theta)d\theta = \frac{1}{n^\pi}\sum_{i=1}^{n^\pi} f(\theta_i^\pi)$$

と簡単にできる．もちろん近似値であり，乱数の出方に依存する確率変数であるが，n^π が十分に大きければよい近似値となる．

事後分布 $\pi(\theta|x)$ からの実現値の集合が得られれば，事後分布の重みをかけた積分もできるわけである．$\pi(\theta)$ を $P(x|\theta)/P(x)$ で修飾すると $\pi(\theta|x)$ が得られる．$\{\theta_i^\pi\}$ を修飾して $\pi(\theta|x)$ の実現値の集合と見なせるものを構成することができる．

$\{n_i \times \theta_i\}$ で θ_1 が n_1 個，θ_2 が n_2 個，θ_3 が n_3 個，$\cdots$，で構成されている集合を表すものとする．たとえば

$$\{\theta_i\} = \{\theta_1, \theta_2, \theta_3\}$$
$$\{n_i\} = \{1, 2, 0\}$$

とすると

$$\{n_i \times \theta_i\} = \{1\times\theta_1, 2\times\theta_2, 0\times\theta_3\} = \{\theta_1, \theta_2, \theta_2\}$$

である（図 14）．必ずしも整数でない q_i に対しては確率変数 n_i を

$$n_i = \begin{cases} [q_i]+1 & \text{with}\, Prob.\, q_i - [q_i] \\ [q_i] & \text{with}\, Prob.\, 1+[q_i]-q_i \end{cases}$$

で定義する．ここで $[q_i]$ は q_i 以下の最大の整数である．たとえば $\{q_i\} = \{0.9, 2.1, 0.0\}$ の場合，図 14 の下段のようなパタンになる確率は 0.81，図 15 の上段, 中段, 下段のパタンになる確率がそれぞれ 0.01, 0.09, 0.09 である．こ

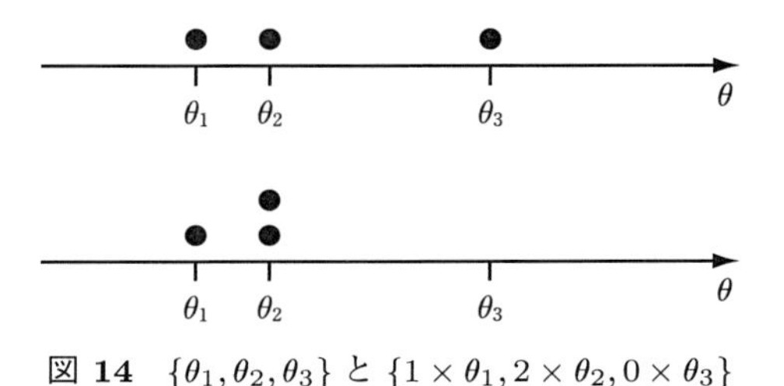

図 14　$\{\theta_1, \theta_2, \theta_3\}$ と $\{1\times\theta_1, 2\times\theta_2, 0\times\theta_3\}$

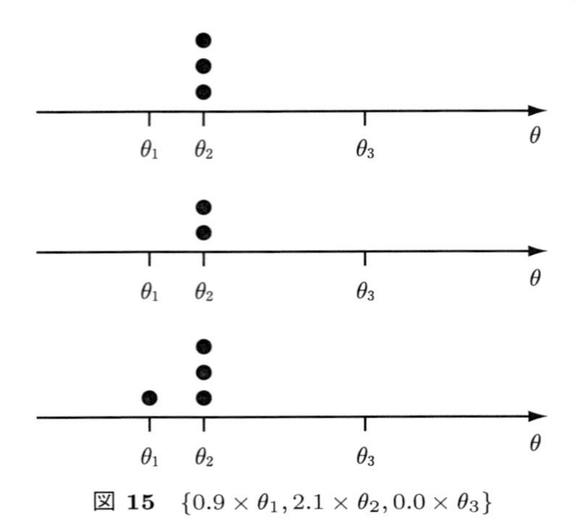

図 15 $\{0.9 \times \theta_1, 2.1 \times \theta_2, 0.0 \times \theta_3\}$

のように確率的に生成される粒子群を $\{q_i \times \theta_i\}$ と書くことにする．この集合の元の数は確率変数である．しかし

$$
\begin{aligned}
E\{n_i\} &= \big([q(i)]+1\big)\big(q(i)-[q(i)]\big)+[q(i)]\big(1+[q(i)]-q(i)\big) \\
&= q(i)
\end{aligned}
$$

であるから

$$
E\Big\{\sum_{i=1}^{n} n_i\Big\} = \sum_{i=1}^{n} q(i)
$$

が成り立つ．

$\{\theta_i^\pi\}$ とデータ x が与えられているものとする．

$$
P(x) = \int P(x\,|\,\theta)\pi(\theta)d\theta = \frac{1}{n^\pi}\sum_{i=1}^{n^\pi} P(x\,|\,\theta_i^\pi)
$$

とすると

$$
\{\theta_i^{\pi|x}\} \equiv \left\{ \frac{P(x\,|\,\theta_j^\pi)}{P(x)} \times \theta_j^\pi \right\}
$$

を事後分布 $\pi(\theta\,|\,x)$ からの実現値の集合と見なすことができる．左辺の添字を i，右辺の添字を j と書いたのは誤植ではない．形式的には右辺の添字も i としていいのだが，元の間の関係としての

$$\theta_i^{\pi|x} \equiv \frac{P(x\,|\,\theta_i^{\pi})}{P(x)} \times \theta_i^{\pi}$$

は成立しないから違えておいた．

$$E\{n^{\pi|x}\} \equiv \sum_{i=1}^{n^{\pi}} \frac{P(x\,|\,\theta_i^{\pi})}{P(x)} = n^{\pi}$$

であるからこの操作によって粒子数(の平均値)は変化しない．

時系列の場合　$\{\theta_i^{0|0}\}$ から $\{\theta_i^{1|0}\}$, $\{\theta_i^{1|1}\}$, $\{\theta_i^{2|1}\}$, $\cdots$, $\{\theta_i^{n|n}\}$ を作るのはやさしい．分布 $\pi(\theta_t|x_s,\cdots,x_1)$ からの実現値の集合を $\{\theta_i^{t|s}\}$，その元の数を $n^{i|s}$ で表すことにする．$s=t-1$ と置いて，$\{\theta_i^{t|t-1}\}$ と x_t から

$$\{\theta_i^{t|t}\} = \left\{ \frac{P(x_t\,|\,\theta_j^{t|t-1})}{P(x_t\,|\,t-1)} \times \theta_j^{t|t-1} \right\}.$$

ここで

$$P(x_t\,|\,t-1) = \frac{1}{n^{t|t-1}} \sum_{i=1}^{n^{t|t-1}} P(x_t\,|\,\theta_i^{t|t-1})$$

である．$\{\theta_i^{t|t}\}$ から $\{\theta_i^{t+1|t}\}$ を作るには $\pi(\theta\,|\,\theta_i^{t|t})$ に従う θ の 1 つの実現値を $\theta_i^{t+1|t}$ とすればよい．

つぎに $\{\theta_i^{n|n}\}$ から $\{\theta_i^{n-1|n}\}$，$\{\theta_i^{n-2|n}\}$, $\cdots$, $\{\theta_i^{1|n}\}$ が構成できることを示そう．$\{\theta_i^{t+1|n}\}$ が与えられているものとすると(45)式が

$$\begin{aligned}
&\pi(\theta_t\,|\,x_n,\cdots,x_1)\\
&\quad= \int \frac{\pi(\theta_{t+1}\,|\,x_n,\cdots,x_1)\pi(\theta_{t+1}\,|\,\theta_t)}{\pi(\theta_{t+1}\,|\,x_t,\cdots,x_1)} d\theta_{t+1}\pi(\theta_t\,|\,x_t,\cdots,x_1)\\
&\quad= \frac{1}{n^{t+1|n}} \sum_{j=1}^{n^{t+1|n}} \frac{\pi(\theta_j^{t+1|n}\,|\,\theta_t)}{\pi(\theta_j^{t+1|n}\,|\,x_t,\cdots,x_1)} \pi(\theta_t\,|\,x_t,\cdots,x_1)
\end{aligned}$$

となる．従って

$$\{\theta_i^{t|n}\} = \{w_i^{t|n} \times \theta_i^{t|t}\}$$

となる．ここで

$$w_i^{t|n} = \frac{1}{n^{t+1|n}} \sum_{j=1}^{n^{t+1|n}} \frac{\pi(\theta_j^{t+1|n}\,|\,\theta_i^{t|t})}{\pi(\theta_j^{t+1|n}\,|\,x_t,\cdots,x_1)}$$

である．この値を計算するのに必要な分母は $\theta_k^{t+1|t}$ を生成するときに

$$\pi(\theta_j^{t+1|t}\,|\,x_t,\cdots,x_1) = \int \pi(\theta_j^{t+1|t}\,|\,\theta_t)\pi(\theta_t\,|\,x_t,\cdots,x_1)d\theta_t$$
$$= \frac{1}{n^{t|t}}\sum_{i=1}^{n^{t|t}} \pi(\theta_j^{t+1|t}\,|\,\theta_i^{t|t})$$

という形で計算しておけることに注意しておく．以上まとめて

$$\{\theta_i^{t|n}\} = \left\{ w_j^{t|n} \times \frac{P(x_t\,|\,\theta_j^{t|t-1})}{P(x_t\,|\,t-1)} \times \theta_j^{t|t-1} \right\}$$

という表現が成立することになる．

3.5 2次近似

データ分布がガウス型でないと，ベイズの計算を解析的に行うのが難しいのは前に述べた通りである．特に $ABIC$ を算出するにあたって必要な積分の計算が難しい．粒子ベイズは大量の計算時間を必要とするので簡単に済ませられるものなら簡単にしたい．このような場合に 2 次近似を利用することが考えられる．一般的な処方箋は以下のとおり．データモデルのパラメータベクトルを $\boldsymbol{\theta} = (\theta_1,\cdots,\theta_m)$ とする．

（1）数値的最適化によって

$$h(\boldsymbol{\theta}) \equiv \log P(y\,|\,\boldsymbol{\theta}) + \log \pi(\boldsymbol{\theta})$$

を最大化しパラメータ（ベクトル）の MAP 推定値($\hat{\boldsymbol{\theta}}$)を求める．

（2）

$$H_{jk} = -\frac{\partial^2}{\partial\theta_j\partial\theta_k} h(\hat{\boldsymbol{\theta}})$$

を (i,j) 成分とするヘシアン行列（に負の符号をつけたもの）を求める

（3）

$$\int P(y\,|\,\boldsymbol{\theta})\pi(\boldsymbol{\theta})d\boldsymbol{\theta} = \exp\{h(\hat{\boldsymbol{\theta}})\}\int \exp\left\{-\frac{1}{2}(\boldsymbol{\theta}-\hat{\boldsymbol{\theta}})^{\mathrm{T}}H(\boldsymbol{\theta}-\hat{\boldsymbol{\theta}})\right\}d\boldsymbol{\theta}$$
$$= \exp\{h(\hat{\boldsymbol{\theta}})\}\sqrt{2\pi}^{\,m}\Big/\sqrt{\det H}$$

適用例の最初にあげた 2 値回帰と，密度関数推定における $ABIC$ の計算にはこの近似を利用している．

3.6 「滑らかな変化」を扱う技術

実例としてあげたものがすべて「滑らかな変化」をよりどころとして事前分布を構成している．なぜか，なにかが滑らかであるという情報を織り込んでのデータ解析が有効な場面が多いのである．

$\{\theta_i\}$ が階差方程式

$$\Delta^k \theta_i = 0 \tag{50}$$

を満たすことと，$\{\theta_i\}$ が i の $(k-1)$ 次多項式で表されることが等価であり，多項式の k 個の係数を与えることと k 個の「初期値」$\theta_1, \theta_2, \cdots, \theta_k$ を与えることが等価である．(50)式を「近似的に」満たす $\{\theta_i\}$ は局所的に $(k-1)$ 次多項式に従う系列となる．$\{\theta_i\}$ が(50)式を「近似的に」満たすようにするためには，$\{r_i\}$ を平均 0，分散 σ^2 の白色雑音として，

$$\Delta^k \theta_i = r_i$$

を満たすようにとればよい．このことを利用して $\{\theta_i\}$ が滑らかな変動を示すということをパラメータベクトル $\boldsymbol{\theta} = (\theta_1, \theta_2, \cdots,)$ の事前分布

$$\pi(\boldsymbol{\theta} \mid k) = \prod_{i=k+1}^{m} \frac{1}{\sqrt{2\pi\sigma^2}} \exp\left\{-\frac{\Delta^k \theta_i^2}{2\sigma^2}\right\} \tag{51}$$

として表現できる．(6)式は $k=2$ の場合である．通常 $k=1$ または 2 で十分でありそれ以上大きい k の値を考える必要はないだろう．

スプライン　滑らかさを扱うもうひとつの技術として 2 次スプライン関数

$$f(x \mid \boldsymbol{f}) = \sum_{j=1}^{m} f_j s_j(x) \tag{52}$$

がある．s_j は「3 区分にまたがる対称な微分可能区分的 2 次関数」であるという方がある種の人々にはわかりやすいだろう．区間の巾 d を固定すると，s_j の形をきめる係数の数が 5 個になるが，2ヶ所の接続条件の式 4 本，面積固定の条件式 1 本からなる連立方程式を解いて値が決まる．

関数系 $\{s_j\}$ を以下のように構成する．

$$
\begin{aligned}
d &= \frac{c-b}{m} \\
t_i &= b + di && (i = 0, 1, \cdots, m) \\
j(x) &= j && \text{if } x \in (t_{j-1}, t_j) \\
d(j) &= \frac{t_{j-1} + t_j}{2}
\end{aligned}
$$

$$
\begin{aligned}
s_j(x) &= \begin{cases} g(x - d(j-1)) & \text{if } (j(x) = j-1) \\ h(x - d(j)) & \text{if } (j(x) = j) \\ g(d(j+1) - x) & \text{if } (j(x) = j+1) \\ 0 & \text{otherwise} \end{cases} \\
h(x) &= -\frac{1}{d^3}x^2 + \frac{3}{4d}, \quad -\frac{d}{2} < x \leq \frac{d}{2} \\
g(x) &= \frac{1}{2d^3}\left(x + \frac{d}{2}\right)^2, \quad -\frac{d}{2} < x \leq \frac{d}{2}
\end{aligned}
$$

こうするとかならずしも一定間隔でない x の点 $\{x_i\}$ における y の観測値の集合 $\{y_i\}$ のデータ分布を

$$
P(\boldsymbol{x} \,|\, \boldsymbol{f}, \sigma^2) = \prod_{i=1}^{n} \phi\Big(y_i \,\Big|\, \sum_{j=1}^{m} f_j s_j(x_i), \sigma^2\Big)
$$

と表現できる．このデータ分布モデルの滑らかさを m の選択によって調節することもできるが，それよりは m を十分に大きい値に固定しておいて事前分布(51)式と組み合わせる方法が柔軟で使いやすい．

3 次以上のスプラインも使えるが，関数 $f(x \,|\, \boldsymbol{f})$ の 3 階以上の微分に関心がある場合以外にはほとんど不必要だろう．$f(x \,|\, \boldsymbol{f})$ の 2 階微分は階段関数になるが，m が十分に大きく，区間の幅 d が十分に小さければたいていの場合十分に実用的なはずである．

4 ベイズを越えて

ベイズ型情報処理による MAP 推定がたいへん優れていることは確かである．どう，なぜ優れているのだろう．どういう条件があれば信用していいのだろう？

4.1 MAP 推定

MAP 推定はどういい？ 「手描き曲線の推定」の例題を手がかりに MAP 推定の位置づけを考えてみよう．われわれのベイズ推定法において曲線を表現するのに，その(1 次元)メッシュ上の曲線の「y-座標」$\{f_1, \cdots, f_n\}$ を並べたが，(4)式のような M 次多項式回帰モデルの挙動を MAP 推定と比較してみよう．$M = 5, 6, 7, 8$ とした場合の推定結果を図 16 に，MAP 推定の結果を図 17 に示す．

この例の場合の多項式モデルによる結果の特徴は，次数が高くなると推定曲線の両端があばれることである．中央部分でのデータへの当てはまりのよさの「しわ寄せ」の結果である．多項式モデルでデータの中央部分を説明しようとしているパラメータが同時に推定曲線の両端の挙動も支配しているのが災いするのである．このようなことが MAP 推定の結果にはない．MAP 推定の利点である．

MAP 推定はなぜ役にたつのか？ x というデータに基づく何らかの推定法で推定した将来観測値 y の分布を $P(y|x)$ で表す．$P(y|x)$ の良さをその平均対数尤度

$$\int Q(y) \log P(y|x) dy \tag{53}$$

の大小で評価することができる．$Q(y)$ は確率変数 Y の，一般に未知の，真

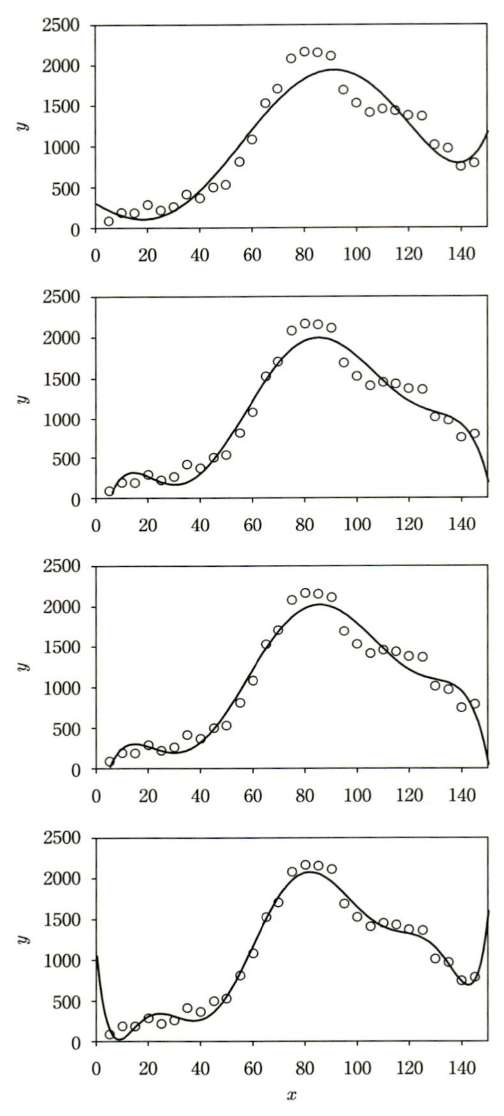

図 **16** 多項式回帰モデルによる曲線の推定，上から順に $M=5,6,7,8$

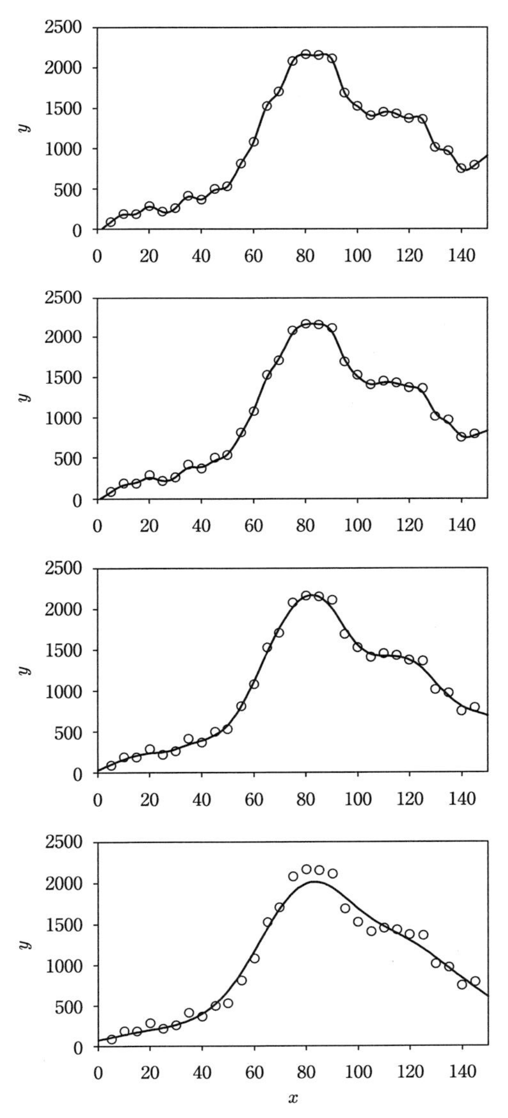

図 17　曲線の MAP 推定，上から順に $\sigma/w = 0.5, 2.0, 8.0, 32.0$ の場合

の分布である．平均対数尤度が大きいモデル P ほど，真の分布 $Q(y)$ に対する近似がいいと考えられる．この規準を情報量規準という．情報量規準の観点から事後分布で平均化した分布の最適性を言うことができる．

データ x(と y)の発生機構 $Q(x)$ が $P(x\,|\,\theta^*)$ という関数で書ける場合を考える．さらに，しばらくのあいだ θ^* の分布 $\pi(\theta^*)$ がわかっているものとする．

$$\int P(y\,|\,\theta^*) \log P(y\,|\,x)dy \tag{54}$$

$$\int P(x\,|\,\theta^*) \int P(y\,|\,\theta^*) \log P(y\,|\,x)dydx \tag{55}$$

$$\begin{aligned}
&\int \pi(\theta) \int P(x\,|\,\theta) \int P(y\,|\,\theta) \log P(y\,|\,x)dydxd\theta \\
&= \iiint \underset{\sim\sim\sim\sim\sim}{P(x\,|\,\theta)\pi(\theta)} P(y\,|\,\theta) \log P(y\,|\,x)dydxd\theta \\
&\underset{\mathrm{B}}{=} \iiint \underset{\sim\sim\sim\sim\sim}{\pi(\theta\,|\,x)P(x)} P(y\,|\,\theta) \log P(y\,|\,x)dydxd\theta \\
&= \int P(x) \int \log P(y\,|\,x) \int P(y\,|\,\theta)\pi(\theta\,|\,x)d\theta dydx
\end{aligned} \tag{56}$$

(54)	$P(y\,|\,x)$ の平均対数尤度．
(55)	特定の x の場合のみによい推定値となる推定法では困る．データ x の分布で平均
(56) 1 行目	θ^* そのものはわからない．その分布で平均する．
(56) 1 → 2 行目	積分順序の交換
(56) 3 → 4 行目	積分順序の交換

最後の形が最大値をとるのは

$$P(y\,|\,x) = \int P(y\,|\,\theta)\pi(\theta\,|\,x)d\theta \quad \text{(a.e.)}$$

の時である．

対数関数の形から任意の $z > 0$ に対して

$$\log z \leq z - 1$$

が成立，これから

$$Q(x) \log \frac{P(x)}{Q(x)} \leq P(x) - Q(x)$$

$$\int Q(x) \log \frac{P(x)}{Q(x)} dx \leq 0$$

$$\int Q(x) \log P(x) dx \leq \int Q(x) \log Q(x) dx$$

結局，パラメータの真の事前分布がわかっている場合，ベイズ公式で求められる事後分布の重みのもとでの混合分布

$$\int P(\boldsymbol{y} \,|\, \boldsymbol{\theta}) \pi(\boldsymbol{\theta} \,|\, \boldsymbol{x}) d\boldsymbol{\theta}$$

がデータ $\boldsymbol{x}$ が観測された場合の最適な予測分布となる．$\pi(\theta \,|\, x)$ が単峰でとがっていればそれを最大とする θ の値，$\hat{\theta}(x)$ をパラメータの値として持つ $P(y \,|\, \hat{\theta}(x))$ が近似的な予測分布となり，パラメータの推定値としては $\hat{\theta}(x)$ が使える．MAP 推定値である．

以上の論理で，パラメータの真の事前分布が既知であれば，情報量規準の観点から MAP 推定の利用が正当化される．パラメータの真の事前分布が既知というのは非常にきつい条件であるが，仮定したパラメトリック事前分布の族 $\{\pi(\theta \,|\, \omega)\}$ が真の事前分布を含んでいる場合には $ABIC$ 最小化法で選んだ事前分布モデルに基づく MAP 推定が正当化されると考えていいだろう．

4.2　情報量規準 *EIC*

$\{\pi(\theta \,|\, \omega)\}$ が真の事前分布を含んでいる場合に MAP 推定が情報量規準の意味でよい推定を与えるだろうということがわかった．逆も成り立つのだ

ろうか？ MAP 推定が使い物になるのは $\{\pi(\theta|\omega)\}$ が真の事前分布を含んでいる場合だけだろうか？

そんなことはない．MAP 推定モデルの平均対数尤度

$$\int Q(y)\log P(y\,|\,\hat{\theta}(x;\omega))dy \tag{57}$$

が他の選択肢，たとえば非ベイズ的なモデルの対数尤度

$$\int Q(y)\log P_k(y\,|\,\hat{\theta}_k)dy$$

よりよかったとしたら，そのモデルを使わない手はない．事前分布自身に興味があるのだったら別であるが，MAP 推定がデータの分布をうまく説明するかぎり，事前分布はどうでもいいという場合がある．

問題は(57)式の値が推定できるかどうか，である．MAP 推定を求める過程でこの値の推定量は計算されない．*ABIC* はこの量の推定値ではない．

AIC* の導出と *EIC *AIC* は

$$\begin{aligned} AIC = &-2\times\log P(x\,|\,\hat{\theta}(x)) \\ &+2\times E_Z\{\log P(Z\,|\,\hat{\theta}(Z))-E_Y\log P(Y\,|\,\hat{\theta}(Z))\} \end{aligned}$$

という式から導かれる．式の 2 行目に現れる Z と Y は x とは独立な，しかし x と同一の分布に従う確率変数である．この部分が $\hat{\theta}(x)$ がデータ x にもとづく θ の最尤推定値であるとの条件のもとで，2×(パラメータ数)に近似的に等しくなり(66)式が得られるのである．

$\hat{\theta}(x)$ が最尤推定値であろうとなかろうと，2 行目は x と同じ分布に従う互いに独立な乱数の集合 $\{\boldsymbol{z}_i\}$ と $\{\boldsymbol{y}_i\}$ を用いて

$$\frac{1}{N}\sum_{i=1}^{N}\frac{1}{N}\sum_{j=1}^{N}\{\log P(\boldsymbol{z}_i\,|\,\hat{\theta}(\boldsymbol{z}_i))-\log P(\boldsymbol{y}_j\,|\,\hat{\theta}(\boldsymbol{z}_i))\}$$

と近似計算できる．

$\{\boldsymbol{z}_i\}$ と $\{\boldsymbol{y}_i\}$ としてブートストラップサンプル x^* を利用するのが *EIC* である．*EIC* は

$$EIC = -2 \times \log P(x \,|\, \hat{\theta}(x)) \qquad (58)$$
$$+ 2 \times E^{*}\left\{\log P(x^{*} \,|\, \hat{\theta}(x^{*})) - \log P(x \,|\, \hat{\theta}(x^{*}))\right\}$$

で定義される情報量規準である．この場合，$\hat{\theta}(x)$ が最尤推定量でなければならないという事がない．MAP 推定でよい．AIC の比較でモデル選択ができるのと同じ意味で EIC の比較によって同じモデルのパラメータの推定法が選択できることになる．

EIC の実際の計算は次の式による．

$$EIC = -2 \times \log P(\boldsymbol{x} \,|\, \hat{\theta}(\boldsymbol{x}))$$
$$+ 2 \times \frac{1}{N}\sum_{i=1}^{N}\{\log P(\boldsymbol{x}_i^X \,|\, \hat{\theta}(\boldsymbol{x}_i^X)) - \log P(\boldsymbol{x} \,|\, \hat{\theta}(\boldsymbol{x}_i^X))\}$$

ただし

$$\boldsymbol{x} = \{x_1, x_2, \cdots, x_K\}$$
$$P(\boldsymbol{x} \,|\, \boldsymbol{\theta}) = \prod_{k=1}^{K} P(\boldsymbol{x}_k \,|\, \boldsymbol{\theta})$$
$$X(x) = \frac{1}{K}\sum_{k=1}^{K}\delta(x - x_k)$$

で，定義する確率分布から生成される乱数を粒子ベイズのところで用いた記法で表した

$$\boldsymbol{x}_i^X = \{x_{1,i}^X, x_{2,i}^X, \cdots, x_{k,i}^X\}$$

がブートストラップサンプルとなる．「手描き曲線の推定」のデータのような場合は

$$\boldsymbol{x} = \left\{\begin{pmatrix}5\\ y_1\end{pmatrix}, \begin{pmatrix}10\\ y_2\end{pmatrix}, \cdots, \begin{pmatrix}5k\\ y_k\end{pmatrix}\right\}$$

神流川の降雨データでは

$$\boldsymbol{x} = \left\{\begin{pmatrix}1\\ d_1\end{pmatrix}, \begin{pmatrix}2\\ d_2\end{pmatrix}, \cdots, \begin{pmatrix}k\\ d_k\end{pmatrix}\right\}$$

としてリサンプリングを行う．

本稿では *EIC* の計算にあたってもっぱら「生データのリサンプリング」を採用している．一般のブートストラップ法，特にパラメータの推定誤差の推定などにあたっては「残差のリサンプリング」が有用であることがある．詳細は参考文献にゆずる．

4.3 数値例

「手描き曲線の推定」の場合 図 16 と図 17 の結果を *EIC* で比較してみよう．表 3 に σ/w の値を変えた結果の *EIC* と *ABIC* の値，表 4 に次数が異なる多項式回帰モデルの *EIC* と *AIC* の値がまとめてある．*EIC* がもっとも良い MAP 推定は $\sigma/w=16.0$ のとき得られ多項式の次数は 6 次が良いことを示している．MAP 推定の方が多項式回帰モデルより良いことも示している．residual 欄の数値は曲線の真値 $\{h_i\}$ と推定値(図 18)の差の 2 乗平均

$$\frac{1}{5n}\sum_{i=1}^{5n}(\hat{f}_i-h_i)^2$$

である．

データを増やして(図 19)同じ実験をして表 5，6 の結果を得る．*EIC* によればもっともよいベイズ推定は $\sigma/w=8.0$ のとき得られ多項式の次数は 13 次が良いがベイズ推定には劣る．表 4，5 の結果と比べるとデータ数が多いときはより柔らかいモデルを選んでいる．

多項式モデルの方がいい場合 多項式モデルの方がいいはずのときを見てみよう．データが単純な 放物線＋観測誤差 で作られた場合の例を図 20，表 7，表 8 に示す．この場合 *EIC* は「放物線モデル」を選んでいる．図 21 に 8 次多項式による推定結果を示す．両端で問題が起きていない．この場合，多項式モデルがデータの全体を一貫して説明するモデルになっていて，データの中央部での挙動を説明するパラメータの値と，端の挙動を説明するパラメータの値に矛盾がないから，当然のことと言える．多項式モデル(のような「大局的モデル」)は，それが真であればデータの全体にちらばって

表 3　MAP 推定の評価

σ/w	residual	EIC	$ABIC$	w
0.2500	2276.4	1679707.0	395.7	3.0606
0.5000	2139.9	110745.4	394.9	5.8117
1.0000	1766.4	8577.8	392.2	9.6817
2.0000	1284.7	1177.6	385.6	11.7169
4.0000	1210.5	483.4	377.2	9.3823
8.0000	1687.3	368.8	375.0	6.0920
16.0000	3557.5	346.1	381.5	4.1976
32.0000	8892.1	356.7	392.4	3.2120

表 4　多項式モデルの評価

model	residual	EIC	AIC
poly-0	421803.2	463.2	460.7
poly-1	284889.6	451.9	451.6
poly-2	108110.2	418.8	425.9
poly-3	68185.9	409.6	415.3
poly-4	37253.9	403.7	401.3
poly-5	32632.7	407.0	399.2
poly-6	20018.2	389.0	383.4
poly-7	19738.4	449.7	385.0
poly-8	7765.8	488.7	361.1
poly-9	5841.9	523.6	354.1
poly-10	3111.7	1675.0	341.9
poly-11	1644.2	29812.5	336.8
poly-12	1638.2	33592.3	337.6
poly-13	1552.4	**********	338.1
poly-14	1695.5	**********	337.7
poly-15	1762.2	**********	338.2
poly-16	1830.5	**********	337.7
poly-17	2223.4	**********	334.8
poly-18	1953.2	**********	332.8
poly-19	1734.2	**********	326.9
poly-20	1782.4	**********	328.2
poly-21	2113.1	**********	331.8
poly-22	6565.4	**********	428.2
poly-23	9108.2	**********	519.1
poly-24	27574.9	**********	1218.8

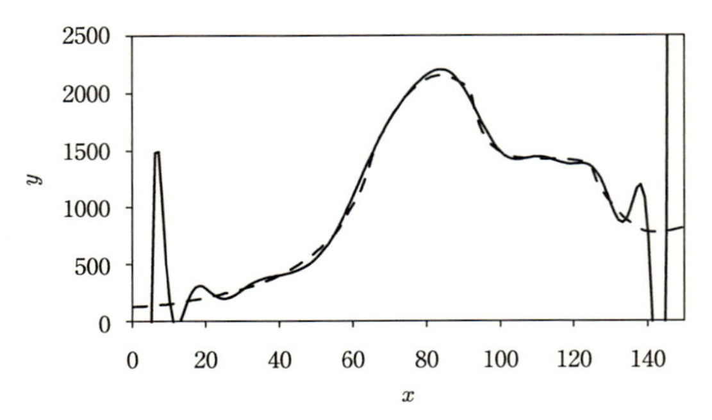

図 **18** 真値と 19 次多項式による推定

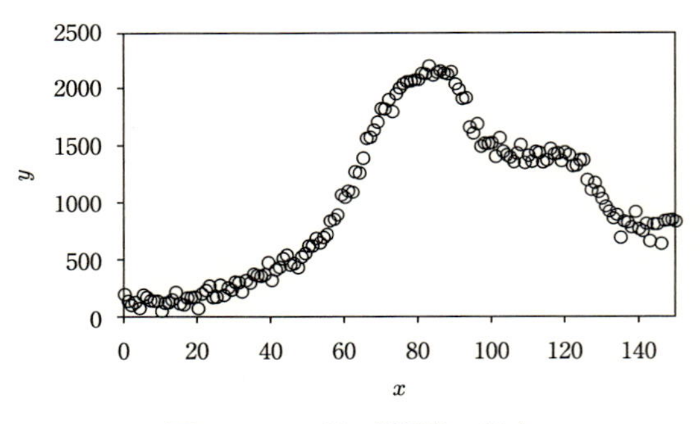

図 **19** 151 個の観測値の場合

表 **5** データを増やした場合の MAP 推定の評価

σ/w	residual	EIC	$ABIC$	w
0.2500	1608.4	3676.1	1866.2	99.5118
0.5000	1023.7	1968.8	1823.9	69.1793
1.0000	689.0	1695.7	1776.6	41.2213
2.0000	522.5	1617.9	1738.8	22.8221
4.0000	478.1	1583.0	1718.2	12.4706
8.0000	583.2	1569.5	1724.5	7.1108
16.0000	1006.2	1582.9	1770.6	4.4792
32.0000	2762.3	1656.4	1853.8	3.1221

表 6　データを増やした場合の多項式モデルの評価

model	residual	EIC	AIC
poly-0	421958.9	2389.8	2387.7
poly-1	289708.0	2334.7	2333.1
poly-2	113944.5	2181.6	2197.0
poly-3	74305.6	2118.0	2136.2
poly-4	39242.3	2025.7	2039.6
poly-5	32098.0	1994.9	2013.6
poly-6	21408.6	1932.7	1965.1
poly-7	21149.8	1935.1	1965.0
poly-8	10028.2	1848.1	1866.7
poly-9	9015.2	1837.2	1852.9
poly-10	4095.1	1730.2	1763.0
poly-11	2101.7	1683.9	1706.0
poly-12	1723.7	1682.3	1688.4
poly-13	1126.1	1668.7	1670.0
poly-14	1137.7	1681.3	1669.8
poly-15	1132.4	1693.8	1671.6
poly-16	1124.5	1700.8	1673.0
poly-17	1128.7	1712.3	1670.9
poly-18	1118.0	1741.6	1672.0
poly-19	1185.5	1835.6	1672.7
poly-20	1153.7	1848.4	1665.2
poly-21	1091.6	1862.5	1664.0
poly-22	1006.1	1886.6	1662.2
poly-23	959.5	1802.6	1660.8
poly-24	926.9	1872.1	1660.2

表 7　「真値」が放物線モデルの場合の MAP 推定の評価

σ/w	residual	EIC	$ABIC$	w
0.2500	2281.6	4821408.9	381.6	19.2438
0.5000	2157.1	314211.3	380.7	18.7870
1.0000	1794.8	23386.6	377.7	17.2660
2.0000	1192.6	2583.9	370.0	13.7098
4.0000	701.5	653.1	357.8	9.0175
8.0000	405.3	383.7	345.8	5.2774
16.0000	232.3	327.4	337.9	3.0085
32.0000	179.6	310.5	337.9	1.8290

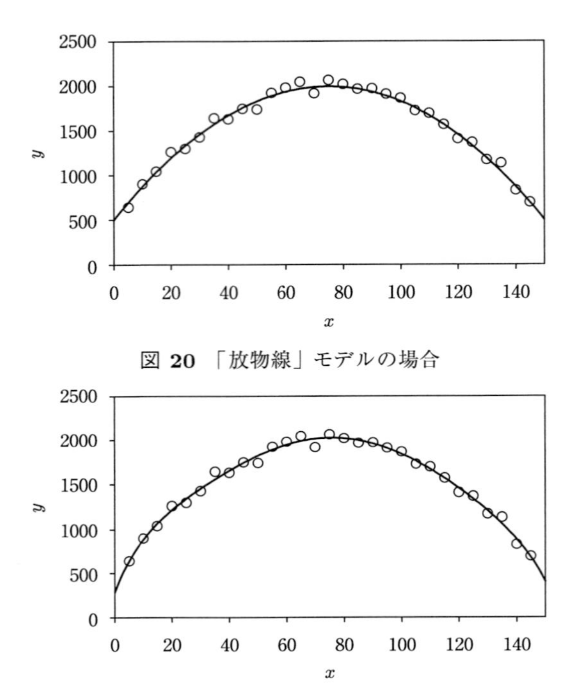

図 **20** 「放物線」モデルの場合

図 **21** 「放物線＋観測誤差」のデータにあてはめた 8 次多項式モデル

いる情報をうまく集約する方法になりうる．

このような場合は MAP 推定より多項式モデルを使う方がいい．*EIC* は妥当な挙動を示している．MAP 推定と最尤法による推定値の比較に使える規準である．

ケプラー法則と *EIC* まずケプラーの法則のおさらいをしよう．太陽から見た惑星とその軌道の近日点の間の角度 v と，太陽からの距離 r のあいだに

$$r = \frac{p}{1 + e\cos v}$$

なる関係があるというのが，惑星は太陽を焦点 g とする楕円軌道を描くというケプラーの第一法則である．$p > 0, 0 \leq e < 1$ である．e を離心率と呼

表 8 「真値」が放物線モデルの場合の多項式モデルの評価

model	residual	EIC	AIC
poly-0	173649.4	436.7	435.3
poly-1	173655.2	440.2	437.3
poly-2	86.8	289.7	312.0
poly-3	87.0	293.6	314.0
poly-4	87.6	313.3	316.0
poly-5	126.7	321.0	317.5
poly-6	398.0	345.3	315.7
poly-7	400.7	372.9	317.6
poly-8	403.4	459.7	319.6
poly-9	409.2	648.7	321.5
poly-10	430.3	1994.0	323.2
poly-11	580.0	18782.5	322.8
poly-12	605.2	2709530.9	324.4
poly-13	609.6	59708592.5	326.3
poly-14	757.4	**********	325.7
poly-15	830.3	**********	326.3
poly-16	918.3	**********	326.6
poly-17	1315.9	**********	319.0
poly-18	1318.0	**********	320.9
poly-19	1332.5	**********	322.6
poly-20	1388.9	**********	320.8
poly-21	2829.0	**********	347.1
poly-22	5894.4	**********	458.7
poly-23	5532.4	**********	461.5
poly-24	24390.8	**********	1704.4

ぶ．Gauss(1809)は E を

$$\frac{1-e}{1+e}\tan\frac{1}{2}v = \tan\frac{1}{2}E$$

で，軌道長半径 a を

$$a = \frac{p}{1-e^2}$$

で定義することによって第一法則を

$$r = a(1 - e\cos E)$$

と書き直した．「面積速度一定」という第二法則は公転周期を T として，

$$E - e\sin E = \frac{2\pi}{T}t$$

で表現される．

ケプラーの第一法則と第二法則が言うモデルを kepler–2 としよう．このモデルのパラメータは軌道の形と向きを決める軌道長半径 a，離心率 e，太陽から見た近日点の方向 (v_a) の 3 個に公転周期と時刻 0 における位置 (v_0) の 2 つを加えた 5 個である．

kepler–2 にもとづく観測値のモデルが次のように定義される．太陽を原点とする直交座標系における時刻 t の惑星の位置 (x, y) を kepler–2 で計算した結果を $(x_{K2}(t, a, e, v_a, v_0, T), y_{K2}(t, a, e, v_a, v_0, T))$ で表すことにする．以下，火星と地球の軌道面は一致しているものとする（それほどむちゃな近似ではない）．この時刻の地球の位置は，$a = T = 1$, $e = v_a = v_0 = 0$ で計算される．この時，観測値 $Z(t)$ のモデルは

$$Z(t) = \mathrm{ArcTan}\left\{\frac{y_{K2}(t, a, e, v_a, v_0, T) - y_{K2}(t, 1, 0, 0, 0, 1)}{x_{K2}(t, a, e, v_a, v_0, T) - x_{K2}(t, 1, 0, 0, 0, 1)}\right\} + n_t \quad (59)$$

となる．地球から見た火星の方向のデータをこのモデル自身を用いて発生し，この「真」のモデルと多項式モデルとベイズ手法を用いて解析した結果を表 9，表 10，図 22，図 23 にまとめた．データは図中に「*」印で示している．データは 10 日おきに火星の位置が測定された 2 年分のデータとしてあり，400 日目あたりで「逆行」が「観測」されている．上段のスケールでは「観測誤差」は見えない．

EIC によれば，最もよいのが kepler–2, ついでベイズ手法での推定値，この中で最も悪いのは多項式モデルによる解析である．

図 22 はベイズ手法による推定がデータに引かれ過ぎている一方で「逆行」の時期の動きを追いきれないでいることを示している．

神流川データへの適用　*EIC* と *ABIC* によるモデル評価をまとめると表 11 のようになる．表の LOGL は (58) 式の右辺の $\log P(y|\hat{\theta}(x))$ の値，BIAS と STD はバイアス

$$E^*\{\log P(y^*|\hat{\theta}(y^*)) - \log P(y|\hat{\theta}(y^*))\}$$

表 9　「火星データ」への MAP 推定のあてはまり

σ/w	residual	EIC	$ABIC$	w
0.2500	0.000000	6860.3	−460.3	0.0006
0.5000	0.000000	115.4	−428.8	0.0008
1.0000	0.000002	−525.3	−378.1	0.0013
2.0000	0.000015	−506.8	−314.5	0.0020
4.0000	0.000115	−403.3	−245.4	0.0027
8.0000	0.000638	−297.7	−177.1	0.0032
16.0000	0.002683	−204.2	−113.5	0.0032
32.0000	0.008893	−123.6	−57.1	0.0029

表 10　多項式モデルとケプラー法則モデルの評価

model	residual	EIC	AIC
poly-0	2.850594	**********	**********
poly-1	0.119834	56.1	56.3
poly-2	0.092296	38.1	39.2
poly-3	0.039582	−21.0	−20.7
poly-4	0.026358	−48.7	−48.3
poly-5	0.014463	−87.9	−90.2
poly-6	0.008559	−123.0	−126.5
poly-7	0.005729	−145.7	−153.8
poly-8	0.002957	−189.8	−199.9
poly-9	0.002392	−199.4	−213.4
poly-10	0.001103	−247.9	−267.8
poly-11	0.001028	−204.0	−271.1
poly-12	0.000448	−299.9	−329.6
poly-13	0.000446	299.1	−327.8
poly-14	0.000197	−106.8	−385.5
poly-15	0.000193	4826.4	−385.1
poly-16	0.000093	7358.8	−436.2
poly-17	0.000083	41744.3	−442.5
poly-18	0.000046	423009.6	−481.9
poly-19	0.000035	517417.4	−499.5
poly-20	0.000024	10746338.0	−526.1
poly-21	0.000015	42676788.5	−555.1
poly-22	0.000016	47162393.8	−550.6
poly-23	0.000011	77044619.4	−575.8
poly-24	0.000014	**********	−544.2
kepler-2	0.000149	−901.9	−845.2

表 **11** 神流川データの解析

w	$ABIC$	EIC	LOGL	BIAS	STD
0.43	449.5	417.1	−193.0	15.5	0.6
0.61	448.2	409.1	−183.8	20.8	0.7
0.87	449.5	401.0	−173.3	27.2	0.7
1.25	454.2	393.9	−162.1	34.9	0.8
1.78	463.7	390.1	−151.3	43.7	0.9
2.55	478.9	392.6	−142.5	53.8	1.0
3.64	500.6	403.1	−136.1	65.4	1.2

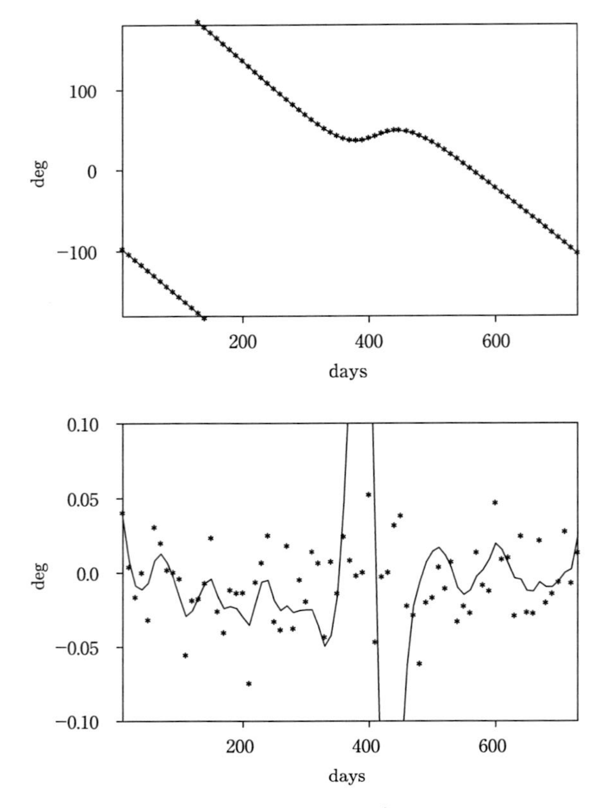

図 **22** MAP 推定

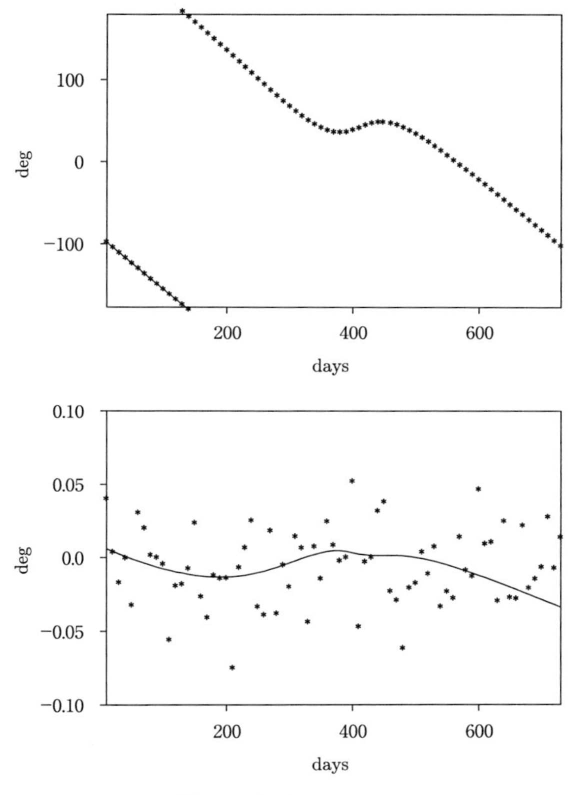

図 **23**　ケプラーモデル

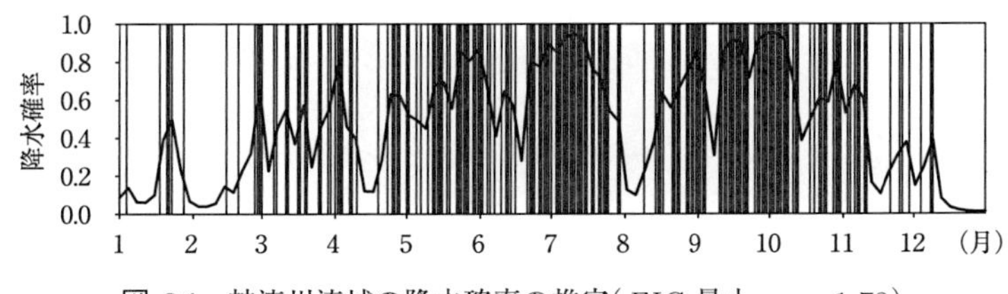

図 **24**　神流川流域の降水確率の推定（EIC 最小，$v=1.78$）

の推定値とその誤差の標準偏差の見積りである．図8に示した結果は $ABIC$ 値最小の結果である．神流川の降雨のデータの場合，「手描き曲線の推定」の場合とは逆に，EIC は $ABIC$ より「やわらかい」モデルを要求している(図 24)．雨の降り方に季節性があるのは明らかであるが，同じ季節の中でも低気圧の通過や台風に伴う雨など，降り出すとある程度まとまって降る構造がある．*EIC* は多分それを拾おうとしているのだろう．解析者の気持ちとしては季節変動がつかまってほしかったのだが．

短周期の降雨確率変動と季節変動を分けてみたくなることもあるだろうが，*EIC* はさらに踏み込んだモデルの探求の場面でも使えるはずである．

4.4　仮想的観測

EIC は事前分布モデルが真分布を含まない場合の MAP 推定の利用を可能にするばかりでなくもっと広い世界を開いている．

ベイズ型情報処理において MAP 推定を求める計算は結局のところ

$$\log P(x\,|\,\theta) + \log \pi(\theta) \tag{60}$$

の最大化である．(60)式はもう少し一般的な

$$\log P(x\,|\,\theta) + g(\theta) \tag{61}$$

という式において

$$g(\theta) = \log \pi(\theta) \tag{62}$$

と置いた場合に相当する．*EIC* は(61)式の最大化で求めた推定値に対して計算できる．g が(62)式の形であることも要しない．g の選択には大きな自由度がある．このような g を持ち込んでパラメータを推定する方法を罰付き最尤法という．g の選択の上手下手が罰付き最尤法の成否を左右する．g を作る有力な方法のひとつが事前分布の持ち込みであるが，別の考え方がある．

パラメータ $\boldsymbol{\theta}$ に関する観測法が $P(\boldsymbol{x}\,|\,\boldsymbol{\theta})$ と $Q(\boldsymbol{y}|\boldsymbol{\theta})$ の 2 通りある場合を考えてみる．この場合データ $\boldsymbol{x}$ と $\boldsymbol{y}$ が与えられている場合の最尤法による $\boldsymbol{\theta}$ の推定は

$$\log P(\boldsymbol{x}\,|\,\boldsymbol{\theta}) + \log Q(\boldsymbol{y}|\boldsymbol{\theta}) \tag{63}$$

の最大化になる(図 25)．$g(\boldsymbol{\theta}) = \log Q(\boldsymbol{y}\,|\,\boldsymbol{\theta})$ とすれば(61)式の形になる．g が人工的なものでいいとすると $Q(\boldsymbol{y}\,|\,\boldsymbol{\theta})$ を仮想的観測として構成し，$\boldsymbol{y}$ が観測「されたものとして」本物の観測値 $\boldsymbol{x}$ と合わせて「最尤法」を適用し

て $\boldsymbol{\theta}$ を推定していい．たとえば θ_1 と θ_2 が同じような値をとるはずだという「事前情報」を持ち込むのは図 26 のような形の「仮想的観測」を仮定することになる．季節調整の場合にはパラメータの滑らかな変化というこれも尤度関数が持っていない情報を事前分布として付加している．これも図 26 のパターンである．

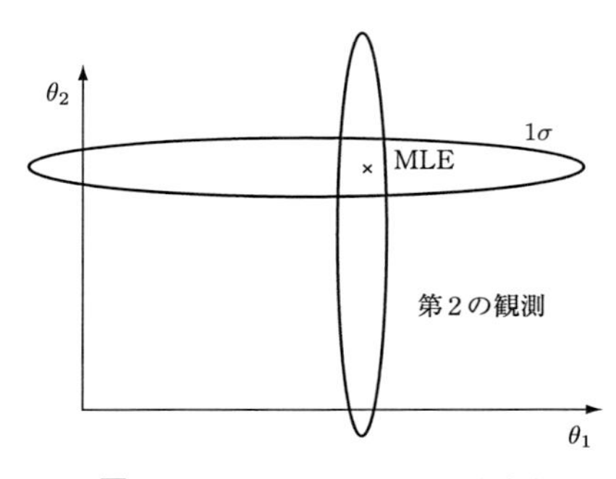

図 **25**　$\log P(x\,|\,\theta) + \log Q(y\,|\,\theta)$

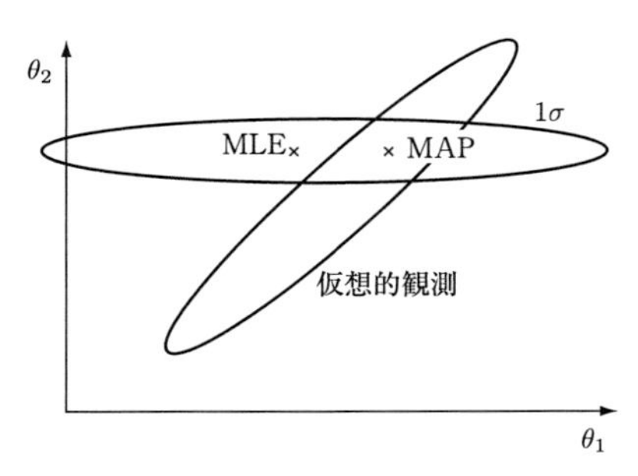

図 **26**　$\log P(x\,|\,\theta) + g(\theta)$

乱暴な議論のようだが事前分布を持ち込むベイズ的解析は，仮想データ利用法のひとつの形と考えることができる．

θ が連続値を取る場合には，$\pi(\theta)$ という事前分布から

$$Q(y\,|\,\theta) = \pi(\theta - y)$$

という θ の観測法を「定義」すると，事後分布 $\pi(\theta\,|\,x)$ の最大化によって θ を推定する方法は

$$P(x\,|\,\theta)Q(y\,|\,\theta)$$

という尤度関数を $y=0$ という観測値も利用して出す答えと一致する．

θ が確率 $\{\pi_1, \pi_2, \cdots\}$ で 離散値 $\{\theta_1, \theta_2, \cdots\}$ をとる場合には θ が θ_k という値をとるときに値「0」を確率 π_k で，値「1」を確率 $1-\pi_k$ でとる 2 値観測を「定義」し，この観測で「0」が観測されたと考えればいい．

事前分布(6)式のもとで，ベイズ法を適用して MAP 解を求めるのは

$$Q(\mathbf{0}\,|\,w^2, f_{-1}, f_0, f_1, \cdots, f_{5n}) = \prod_{j=1}^{5n} \frac{1}{\sqrt{2\pi w^2}} \exp\left\{-\frac{(f_j-2f_{j-1}+f_{j-2})^2}{2w^2}\right\} \tag{64}$$

という仮想的観測と(1)式という観測にもとづいてパラメータを推定していることになる．(6)式を利用する解析と(64)式を利用する解析は w^2 が等しければ同じ結果を与える．(64)式において，w^2 はこの仮想的な観測値 $\mathbf{0}$ の誤差の大きさを決めるパラメータである．

「$\cdots$ が観測されていればなんとかなるのに $\cdots$」という思いを式にするのはそれほど難しくない．これは「事前分布」を用意する時の考え方と同じといってよいが，事前分布を構成するには積分値を 1 にするという制約を満たす努力が必要である．これがいささかやっかいなことが多い．この「やっかい感」はやっかいである．本当に確かめるのは難しいけれど，われわれの頭はやっかいなことが起こりそうな方向に意識がいきそうになると無意識的にひるむようにできているような気がする．研究というのは結局無から有を生ずるということだから無意識の領域でひるむところがあるのは困る．頭に負担のかからない道具が使えるというのは大きなメリットである．

主観と客観　「手描き曲線の推定」の問題を解くにあたってパラメータが滑らかな変化を示すはずであるという情報を使ったが，このような情報の利用を仮想的観測の利用と考えられると述べた．希望的観測の利用という言い方の方が正しいかもしれない．厳正であるべきデータ解析に希望的

観測をまぎれ混ませるなどもってのほかのように感じられるかもしれないが，このような情報を使わなかったら問題が解けなかったであろうということは明らかだろう.

モデル選択法にはこのような主観的要素がないように思ってはいけない.「手描き曲線の推定」に多項式モデルを利用したのは主観的選択以外のなにものでもない.

この例に限らず一般に，データからの情報の抽出にあたって主観的要素を排することはできない．その一方でデータ解析が客観性をもたねばならないことも自明のことであり，データからの情報抽出にあたっては客観的要素と主観的要素の両者をうまく扱わねばならない．そうだとすると，罰付き最尤法がモデル選択法に比べて有利である．解析の客観的側面を $P(x\,|\,\theta)$ に担わせ，主観的側面を $g(\theta)$ の設計に担わせるといった分業が可能だからである.

5 おちぼひろい

5.1 縦と横

データと知りたいことの量の関係を直観的でわかりやすい絵にすることができる．(4)式のパラメータの推定の本質的な部分は

$$\boldsymbol{\theta} = (a_1, \cdots, a_M)^{\mathrm{T}}$$

$$A = \begin{pmatrix} 1 & 1 & 1 & \cdots & 1 \\ 1 & 2 & 2^2 & \vdots & 2^M \\ \vdots & \vdots & \vdots & \vdots & \vdots \\ 1 & n & n^2 & \cdots & n^M \end{pmatrix}$$

として

$$|\boldsymbol{y} - A\boldsymbol{\theta}|^2$$

の最小化である．ここで行列 A は（データの量）×（知りたいことの量）–行列である．データの量に比して知りたいことの量が多いときの行列 A の姿を絵で表せば図 27 左上の長方形のようになる．AIC 最小化によって次数を選択するというのは，この横長の長方形を縦にちょん切って縦長に変えることによって意味のある推定値を得ようということに他ならない．

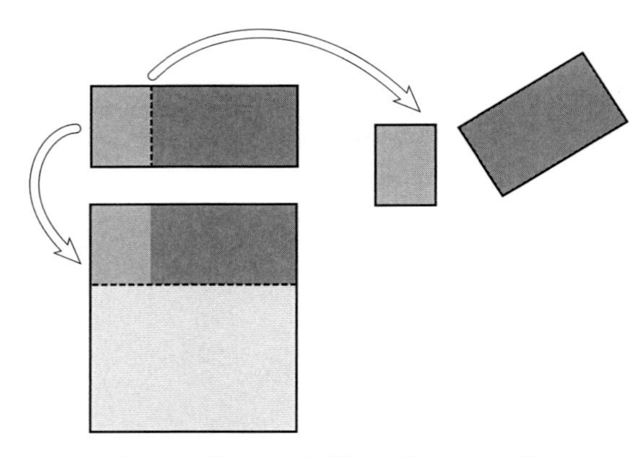

図 27　横のものを縦にする 2 つの方法

これに対して「ベイズ推定」に現れる(39)式においては横長の横をそのままにしておいて，その下に横の長さが等しい長方形をつけ加えて縦長に変えていることになる．(40)式の

$$\begin{pmatrix} A \\ D\sigma/w \end{pmatrix}$$

がそれである．次数選択法とベイズ手法は全く違うやり方をとっているのだが，いずれにせよ横長のデザイン行列を縦長にしている点では同じである．不精をしていては「知りたいこと」は手に入らない．

ここで「横長」といっているのは，象徴的ないい方である．数学的には行列 A のランクが列数を下まわれば実質的「横長」ということになる．

5.2 局所的モデリング

この稿で扱った事前分布はいずれもパラメータの「滑らかな変動」を保証するものであった．これとデータ分布に関する局所的モデリングの組合わせがよいのである．3.6 節で，スプライン関数をデータ分布モデルとしてそのパラメータに平滑化事前分布を導入する方法を紹介した．これはきわめて使いやすいモデルである．その使いやすさのかなりの部分が「局所的モデリング」に由来する．対極的な「大局的モデリング」を用いると，サイドローブつまり波及効果がこわい．データのある部分の大きな変動に追随しようとして，比較的小さな変化の部分にそのしわよせが来ることがある．図 18 が典型的な例である．多項式モデルは典型的な大局的モデリングである．その点，もともとのスプラインではそのようなことがない．局所的な大きな変動への追随は，その部分に関係するパラメータだけで追えるようになっている．それだけではうまくいかないから滑らかさを仮定し，そのために本当に局所的でなく，まわりのデータの影響を拾うことになるが，その効果ははるかに弱い．逆にいえばデータ全体に散らばっている弱い信号を拾おうする場合には大局的モデリングが適している．

3.6 節で紹介したのは 2 次スプラインである．1 次スプラインは連続な区分的 1 次関数．0 次スプラインは連続性を持たない階段関数になる．(52)式のような関数展開において，関数系 $\{s_j(x)\}$ が直交系であると便利なことが多い．0 次スプラインの基底関数系は局所性と直交性を兼ね備えているため極めて使いやすい．1 次以上のスプラインの基底関数系は局所的ではあるが直交性をもたない．

非線形現象を扱うのにすぐれた性能を発揮するニューロというタイプのモデルがある．もともと 0–1 の反応をする神経のモデルとして発達して来た由来がニューロという名前に現れているが，現在では神経とは関係のない所で広く使われている．ここでよく使われるシグモイド関数

$$s(x) = \frac{1}{1 + \mathrm{e}^{-x}}$$

を利用した関数展開

$$f(x) = \sum_{j=1}^{m} v_j s(x - b_j) - c_j$$

の形を見ると，シグモイド関数は原点の近くを除いて 0 または 1 になる局所的な変動を示す関数であることからニューロのモデリングが b_j の近傍での関数の近似の重ね合わせで全体像を描くという局所的モデリングの性格を持っていることがわかる．ニューロの扱いやすさの源泉はこの局所性にあると想像される．高次元の空間の関数を記述するのに使われる Radial Basis Function

$$\sum_{j=1}^{m} v_j \exp\left\{-\frac{|\,x - \mu_j\,|^2}{\sigma_j^2}\right\}$$

も局所的モデリングである．

5.3 絵解きベイズ定理

線形ガウスの場合のベイズ定理の内容を絵にしてお見せしよう．x の条件付分布

$$P(x\,|\,\theta) = \phi(x\,|\,0.60\theta, 0.40)$$

のグラフを図 28 に θ の事前分布

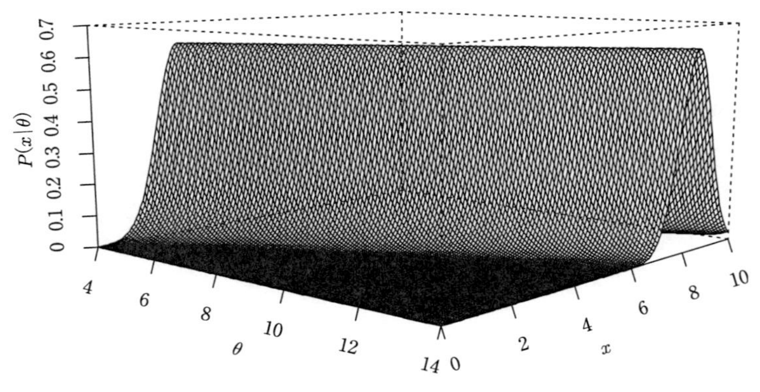

図 **28** データ分布 $P(x\,|\,\theta)$

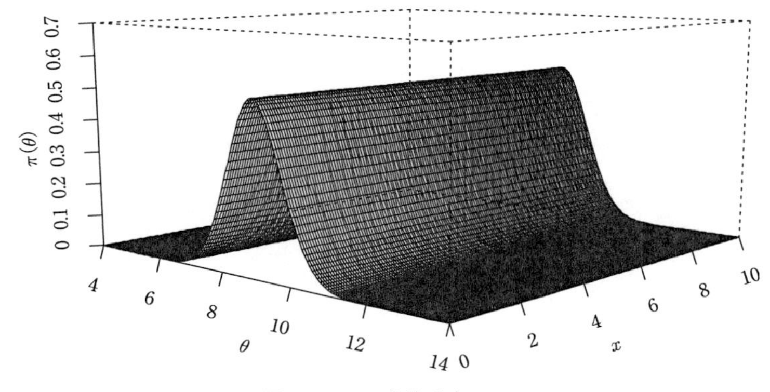

図 **29** θ の事前分布 $\pi(\theta)$

$$\pi(\theta) = \phi(\theta \,|\, 9.0, 0.60)$$

のグラフを図 29 に示す.

これらの積で同時分布

$$P(x \,|\, \theta)\pi(\theta) = \phi\left(\begin{pmatrix} x \\ \theta \end{pmatrix} \,\middle|\, \begin{pmatrix} 5.4 \\ 9.0 \end{pmatrix}, \begin{pmatrix} 0.61 & 0.35 \\ 0.35 & 0.59 \end{pmatrix}\right)$$

が決まる(図 30). 分散共分散行列は(20)式の右辺を

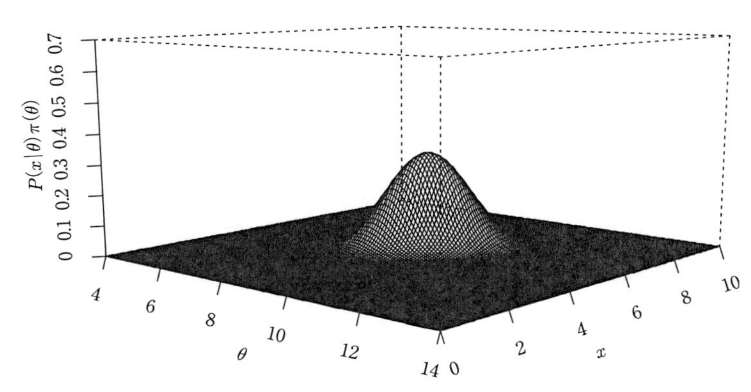

図 **30** 同時分布 $P(x \,|\, \theta)\pi(\theta)$

$$\frac{(x-a\theta)^2}{\sigma_{x|\theta}^2}+\frac{(\theta-\mu_\theta)^2}{\sigma_\theta^2}=\frac{(\theta-\mu_\theta)^2}{\sigma_{\theta|x}^2}+\frac{(x-\mu_x)^2}{\sigma_{x|\theta}^2}-\frac{2k(\theta-\mu_\theta)(x-\mu_x)}{\sigma_{\theta|x}\sigma_{x|\theta}} \tag{65}$$

という形にすればただちに求められる．この式に k が θ と x の相関係数として姿を現していることに注意されたい．

この同時分布が x の周辺分布(図 31)

$$P(x)=\phi(x\,|\,5.40, 0.62)$$

と θ の事後分布(図 32)

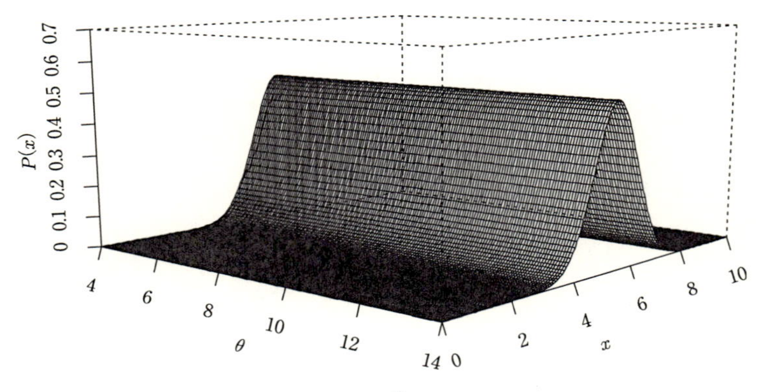

図 **31** $P(x)=\int P(x\,|\,\theta)\pi(\theta)d\theta$

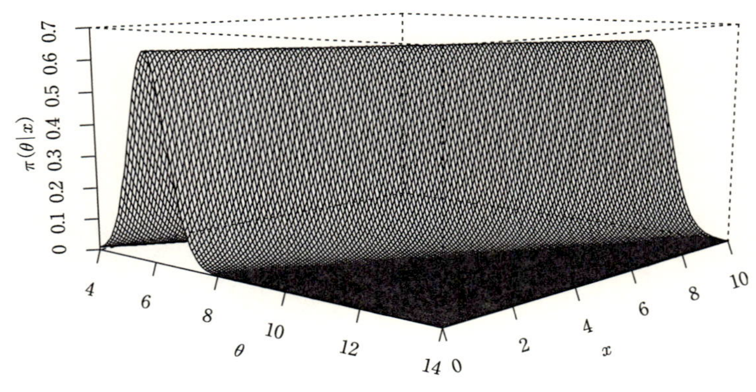

図 **32** $\pi(\theta\,|\,x)$

$$\pi(\theta\,|\,x) = \phi(\theta\,|\,0.58(x-5.4)+9.0, 0.39)$$

の積としても表せる，というのがベイズ定理のいうところである．事前分布に比べて事後分布の背が高いのは事後分布の方が巾が狭いことを意味している．巾が狭いということは，データ x の情報が入ることによって，θ の所在に関するあいまいさが減少することを意味している．

ベイズの定理自体は線形でなかろうとガウスでなかろうと成立する．x の条件付分布が θ に非線形に依存する

$$P(x\,|\,\theta) = \phi(x\,|\,-0.35(\theta-10.0)^2+8.0, 0.4)$$

のような場合(図 33)に，これと上記の「事前分布」を組み合わせると図 34 のような同時分布が得られる．同じ同時分布を与える x の周辺分布と θ の事後分布の組を解析的に求めるのは困難である．この場合，粒子ベイズを用いると，事前分布に従う乱数の実現値(図 35)から事後分布に従う乱数の実現値(図 36)が求められる．

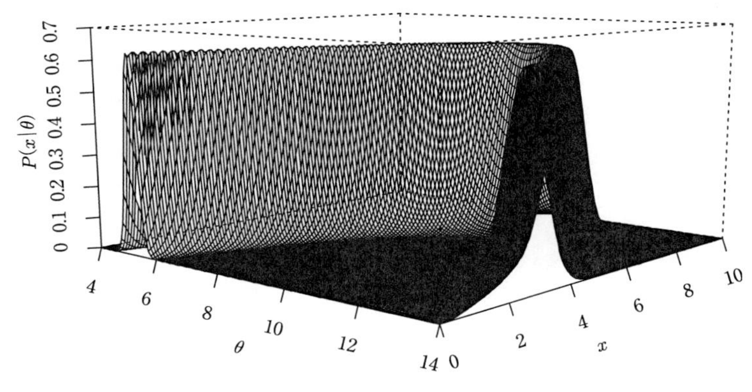

図 **33**　線形でない $P(x\,|\,\theta)$

グラフがギクシャクしているのは，まだ「粒子」数が少ないからである．ギクシャクの具合は当然その時の乱数の出方によって変る．この絵は θ が 1 次元空間だから実はまだましなのであって，ちょっと次元が高ければ点のちらばりはかなり「バラバラ」になるはずである．そういうものだと思っていた方がいい．

粒子ベイズで求めた「事後分布」はそれを重みとして積分するには便利

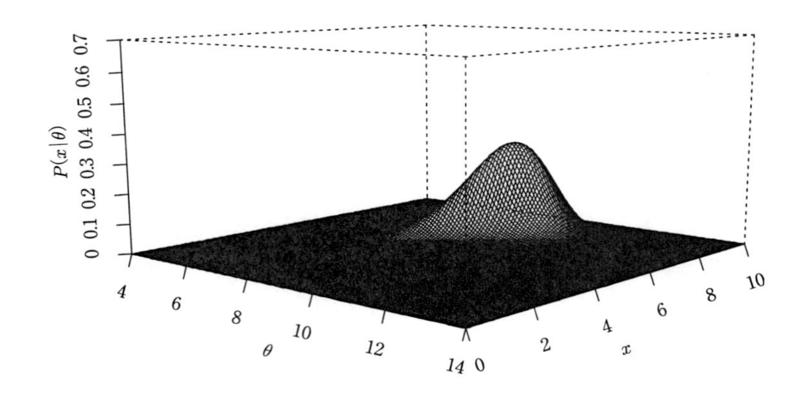

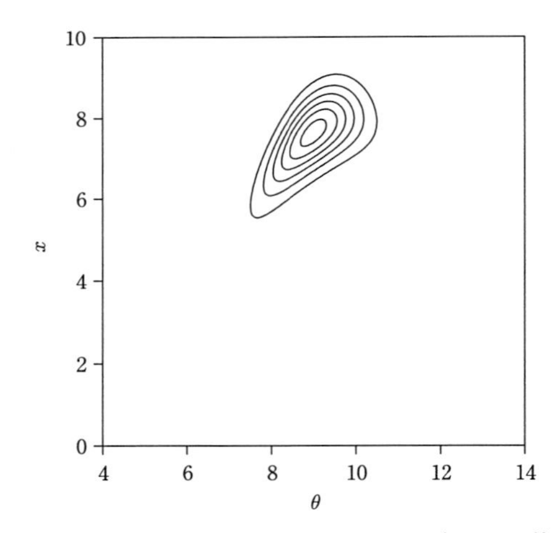

図 34 $P(x|\theta)$ が非線形な場合の同時分布，下は等高線

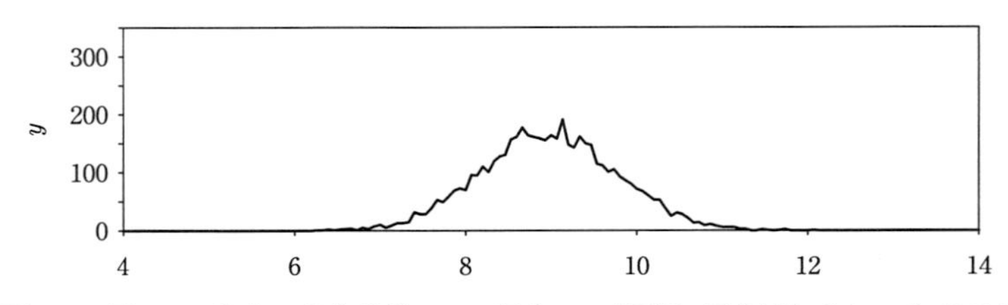

図 35 図 29 の分布に従う乱数 5000 個を 150 階級に区分けしたヒストグラム

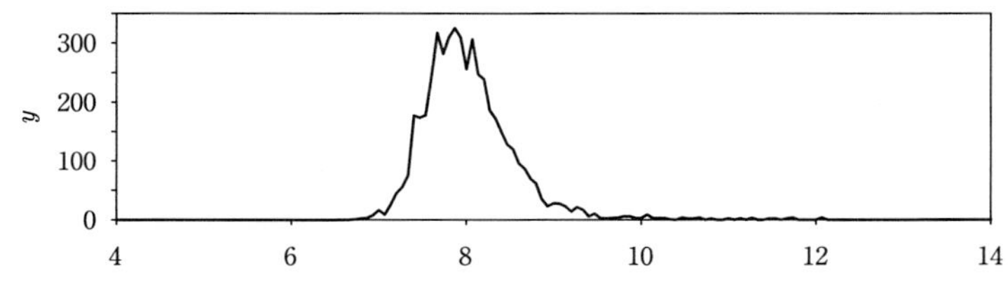

図 **36**　$x=6.0$ が観測された場合の事後分布に従う乱数のヒストグラム

であるが，事後分布の平均や，モード（最頻値）を求めるには「統計解析」，たとえば図 36 のようにヒストグラムを作るような，が必要である:-).

6　最後に

6.1　「滑らかさ」以外の「事前情報」

AIC 最小化法の使い方を大きく 2 つ「変数選択問題」と「次数選択問題」に分類できる．代表的な例として重回帰モデルにおける変数選択と時系列解析における次数選択をあげることができる．形式的には次数選択は変数選択の特殊な場合と考えることができるが，使われる場面が違う．例えば，AR モデルの次数選択は，その時系列の周波数空間におけるパワースペクトル密度関数の複雑さ(＝ピークの数，とがり具合い＝滑らかさ)，の選択にあたっていて，パラメータの「滑らかな変化」を利用するベイズ型モデルの守備範囲とほとんど一致するのである．変数選択問題の守備範囲はこれとはだいぶ違う．では変数選択問題に対応する事前分布はあるのだろうか？　ある，と思われる．準ガウス型事前分布というのを考えてみたことがある．これはいわゆる「正則化」の話に近い．これに関しては別の機会に改めて考えてみたい．

6.2 能動的解析/実験計画との接点

事前情報を単に解析段階で利用するのは現実的でない．これからデータをとろうとするときには事前情報に基づいてどういうデータの取り方が適当であるか，合理的に考えることができるのではないか．たとえば関数 $f(x)$ の $x_1, x_2, \cdots, x_n$ の点における値，$y_1, y_2, \cdots, y_n$ を調べて解析した後で，さらに m 箇の点で測定するとしたら，$x_{n+1}, x_{n+2}, \cdots, x_{n+m}$ をどうとったらいいのだろうか，という類の問題である．$f(x)$ の形について全く無知である場合には問題がむしろ簡単になって，いわゆる実験計画で扱われる問題になるはずであるが，対象に関する部分的な知識がある時に，これを利用してデータの取り方を「最適化」する問題は十分に論じられていないと思われる．難しいからに違いない．しかしでき上がれば役に立つはずである．

謝　辞

数え切れない人々との共同研究や共同作業や雑談の積み重ねの上に成った稿である．情報量規準というものを教えて下さった赤池博士，紹介した研究の大半で共同研究者であったし現在でもそうである坂元博士，このシリーズへの参加を呼びかけて下さった伊庭博士，とめどのない原稿ソースファイルの修正をこなしていただいた村岡さんの名を挙げるだけで，あとは黙礼とさせていただく．原稿の遅れでたいへんご迷惑をかけた岩波書店編集部の皆様にはこころからお詫びもうしあげたい．家事をさぼらせてくれた妻千恵子には頭が上がらない．これからもよろしく．

A 付　録

A.1 *AIC* 最小化法の論理

(53)式において P がパラメトリックに $P(y|\theta)$ という関数で書け，そのパラメータ θ の値を，データ x にもとづく推定値 $\hat{\theta}(x)$ とした場合のモデルを x を式中に明示して

$$P(y\,|\,x) = P(y\,|\,\hat{\theta}(x))$$

と書く．情報量規準の立場では，このモデルの良さを平均対数尤度

$$E_X\left\{\log P(Y\,|\,\hat{\theta}(x))\right\}$$

で評価できる．モデル群 $P_k(y\,|\,\hat{\theta}_k)$ のなかでは

$$E_X\left\{\log P_k(Y\,|\,\hat{\theta}_k(x))\right\}$$

が大きいモデルが最もよい．この論理においてモデル群が真の構造を含んでいなくていい点が重要である．

情報量規準

$$\begin{aligned} AIC_k &= -2\log P_k(\boldsymbol{x}\,|\,\hat{\boldsymbol{\theta}}_k(\boldsymbol{x})) + 2\times\dim(\boldsymbol{\theta}_k) \qquad (66) \\ &= -2\log\max_{\theta_k} P_k(\boldsymbol{x}\,|\,\boldsymbol{\theta}_k) + 2\times\dim(\boldsymbol{\theta}_k) \end{aligned}$$

は平均対数尤度のマイナス2倍を推定しようとするものであり，これを最小化する $P_k(y\,|\,\hat{\theta}_k)$ を最適なモデルとして選ぶのはモデル群が真の構造を含む，含まないにかかわらずに正当な選択である．ただし，*AIC* が偏り無く平均対数尤度のマイナス2倍を推定するのは，パラメータの推定が最尤法でなされた場合にかぎることに留意する必要がある．

A.2 Householder 法

長さ1の複素数縦ベクトル $\boldsymbol{w}$ から

$$U \equiv I - 2\boldsymbol{w}\boldsymbol{w}^*$$

を定義すると，ユニタリ行列となる．

$$UU^* = U^*U = I - 4\boldsymbol{w}\boldsymbol{w}^* + 4\boldsymbol{w}\boldsymbol{w}^*\boldsymbol{w}\boldsymbol{w}^* = I$$

$\|\boldsymbol{a}\|^2 = \|\boldsymbol{b}\|^2$ であり，$\boldsymbol{b}^*\boldsymbol{a}$ が実数になるとすると，

$$\boldsymbol{w} = \frac{\boldsymbol{a} - \boldsymbol{b}}{|\boldsymbol{a} - \boldsymbol{b}|}$$

から導かれる U は

$$\begin{aligned} U\boldsymbol{a} &= \boldsymbol{a} - 2\frac{(\boldsymbol{b} - \boldsymbol{a})(\boldsymbol{b}^* - \boldsymbol{a})}{|\boldsymbol{b} - \boldsymbol{a}|^2}\boldsymbol{a} \\ &= \boldsymbol{a} - \frac{(\boldsymbol{b} - \boldsymbol{a})(\boldsymbol{b}^* - \boldsymbol{a}^*)}{|\boldsymbol{b} - \boldsymbol{a}|^2}(\boldsymbol{a} + \boldsymbol{b} + \boldsymbol{a} - \boldsymbol{b}) \\ &= \boldsymbol{b} - \frac{(\boldsymbol{b} - \boldsymbol{a})(\boldsymbol{b}^*\boldsymbol{a} - \boldsymbol{a}^*\boldsymbol{b})}{|\boldsymbol{b} - \boldsymbol{a}|^2} \\ &= \boldsymbol{b} \end{aligned}$$

という性質を持つ．

もし $\boldsymbol{b}$ が $(b + id, 0, \cdots, 0)^{\mathrm{T}}$，という形であるという条件のもとで，$|\boldsymbol{b} - \boldsymbol{a}|$ を最大化する b と d はユニークに

$$b = \frac{-a_1 h}{\sqrt{a_1^2 + c_1^2}}, \quad d = \frac{-c_1 h}{\sqrt{a_1^2 + c_1^2}}$$

と決まる．ここで $\boldsymbol{a} = (a_1 + ic_1, \cdots)$, $h = \sqrt{\boldsymbol{a}^*\boldsymbol{a}}$ である．任意の $n \times k$ 行列

$$X = \begin{bmatrix} x_{11} & x_{12} & \cdots & x_{1k} \\ x_{21} & x_{22} & \cdots & x_{2k} \\ \vdots & \vdots & \ddots & \vdots \\ x_{n1} & x_{n2} & \cdots & x_{nk} \end{bmatrix}$$

が与えられた．U_n をベクトル $(x_{11}, x_{21}, \cdots, x_{n1})^{\mathrm{T}}$ から導かれる Householder 変換とすると

$$
U_n X = \begin{bmatrix} x_{11}^{(1)} & x_{12}^{(1)} & \cdots & x_{1k}^{(1)} \\ 0 & x_{22}^{(1)} & \cdots & x_{2k}^{(1)} \\ \vdots & \vdots & \ddots & \vdots \\ 0 & x_{n2}^{(1)} & \cdots & x_{nk}^{(1)} \end{bmatrix}
$$

となる．同様に $(x_{22}^{(1)}, x_{32}^{(1)}, \cdots, x_{n2}^{(1)})^{\mathrm{T}}$ から導かれる U_{n-1} を用いて

$$
\begin{pmatrix} 1 & \mathbf{0}^{\mathrm{T}} \\ \mathbf{0} & U_{n-1} \end{pmatrix} UX = \begin{bmatrix} x_{11}^{(1)} & x_{12}^{(1)} & x_{13}^{(1)} & \cdots & x_{1k}^{(1)} \\ 0 & x_{22}^{(2)} & x_{23}^{(2)} & \cdots & x_{2k}^{(2)} \\ 0 & 0 & x_{33}^{(2)} & \cdots & x_{3k}^{(2)} \\ \vdots & \vdots & \vdots & \ddots & \vdots \\ 0 & 0 & x_{n3}^{(2)} & \cdots & x_{nk}^{(2)} \end{bmatrix}
$$

さらに同様に続けて

$$
U = \begin{pmatrix} I_{k-1} & \mathbf{0} \\ \mathbf{0} & U_{n-k+1} \end{pmatrix} \cdots \begin{pmatrix} 1 & \mathbf{0}^{\mathrm{T}} \\ \mathbf{0} & U_{n-1} \end{pmatrix} U_n
$$

$$
UX = \begin{bmatrix} x_{11}^{(1)} & x_{12}^{(1)} & x_{13}^{(1)} & \cdots & x_{1k}^{(1)} \\ 0 & x_{22}^{(2)} & x_{23}^{(2)} & \cdots & x_{2k}^{(2)} \\ 0 & 0 & x_{33}^{(3)} & \cdots & x_{3k}^{(3)} \\ \vdots & \vdots & 0 & \ddots & \vdots \\ \vdots & \vdots & \vdots & \ddots & x_{kk}^{k} \\ \vdots & \vdots & \vdots & 0 & 0 \\ \vdots & \vdots & \vdots & \vdots & \vdots \end{bmatrix}
$$

となる．U は直交行列であり，UX は上 3 角行列となる．

参考文献

Akaike, H. (1973): Information theory and an extension of the maximum likelihood principle. *2nd Inter. Symp. on Information Theory* (Petrov, B. N. and Csaki, F. eds.), Akademiai Kiado, Budapest, pp. 267–281 (Reproduced in *Breakthroughs in Statistics*, Volume 1, Kotz, S. and Johnson, N. L. eds., Springer Verlag, New York (1992)).

Akaike, H. (1980): Likelihood and the Bayes procedure. *Bayesian Statistics* (Bernardo, J. M., De Groot, M. H., Lindley, D. U. and Smith, A. F. M. eds.). University Press, Valencia, pp. 143–166.

Efron, B. (1979): Bootstrap methods: Another look at the jackknife. *The Annals of Statistics*, **7**, 1, pp. 1–26.

Gauss, C. F. (1809): Theoria Motus Corporum Coelestium in Sectionibus Conicis Solem Ambienitum (English translation by C. H. Davis, 1857, Little, Brown and Co. , Boston).

Good, I. J. and Gaskins, R. A. (1980): Density estimation and bump-hunting by the penalized likelihood method exemplified by scattering and meteorite data. *JASA*, **75**, No. 369, pp. 42-73.

Ishiguro, M. (1982): On the Compatibility of ABIC and AIC, Research Memorandum No. 221, The Institute of Statistical Mathematics, Tokyo.

Ishiguro, M. (1984): On the Use of Multiparameter Models in Statistical Measurement Techniques, Doctoral Dissertation , Univ. of Tokyo.

Ishiguro, M. and Akaike, H. (1985): BAYSEA, a BAYsian SEasonal Adjustment Procedure, in *TIMSAC-84, Computer Science Monographs*, No. 22, The Institute of Statistical Mathematics, Tokyo, pp. 1–55.

Ishiguro, M. and Akaike, H. (1989): DALL: Davidon's Algorithm for Log Likelihood Maximization. *Computer Science Monographs*, No. 25.

Ishiguro, M., Morita, K. I. and Ishiguro, M. (1991): Application of an Estimator-Free Information Criterion (WIC) to Aperture Synthesis Imaging, in Radio Interferometry: Theory Techniques and Applications (Cornwell, T. J. and Perley, R. A.), Conference Series, Vol. 19, pp. 243–247, Astronomical Society of the Pacific.

Ishiguro, M. and Sakamoto, Y. (1991): WIC: An Estimator-Free Information Criterion, Research Memorandum No. 410, The Institute of Statistical Mathematics, Tokyo.

Ishiguro, M., Ishiguro, M. and Morita, K. and Murata, Y. (1994): Statistical Comparison of CLEAN and MEM , in Astronomy with Millimeter and Submillimeter Wave Interferometry IAU Colloquium 140 (Ishiguro, M. and Welch, Wm. J.), Conference Series, Vol. 59, pp. 125–126, Astronomical Society of the Pacific.

Ishiguro, M., Sakamoto, Y. and Kitagawa, G. (1997): Bootstrapping log likelihood and EIC, an extension of AIC. *Annuals of the Institute of Statistical Mathematics*, Vol. 49, pp. 411–434.

Kashiwagi, N., Ninomiya, K., Ando, H. and Ogura, H (2003): A space-time state-space modeling of Tokyo Bay pollution. *Sustainable Environments: A Statistical Analysis* (eds. Ghosh, A. K., Ghosh, J. K. and Mukhopadhyay, B.). Oxford University Press: New Delhi, pp. 42–62.

Kato, H. (1995): A study of multivariate mean-nonstationary time series model for estimating mutual relationships, unpublished Ph. D. dissertation, The Graduate University for Advanced Studies, Department of Statistical Science, Tokyo.

Kato, H., Naniwa, S. and Ishiguro, M. (1996): A Bayesian Multivariate Nonstationary Time Series Model for Estimating Mutual Relationships among Variables. *Journal of Econometrics*, Vol. 75, pp. 147–161.

Kitagawa, G. (1981): A nonstationary time series model and its fitting by a recursive filter. *Journal of Time Series Analysis*, Vol. 2, pp. 103–116.

Ogata, Y. and Katsura, K. (1988): Likelihood analysis of spatial inhomogenity for marked point patterns. *Annals of the Institute of Statistical Mathematics*, Vol. 40, No. 1, pp. 29–40.

Sakamoto, Y., Ishiguro, M. and Kitagawa, G. (1986): Akaike Information Criterion Statistics, D. Reidel Publishing Company, Dordrecht/Tokyo.

Sakamoto, Y. and Ishiguro, M. (1988): A Bayesian Approach to Nonparametric Test Problems. *Ann. Inst. Statist. Math.* , Vol. 40, No. 3, pp. 587–602.

赤池弘次(1976): 情報量規準とは何か. 数理科学, No. 153, pp. 5–11.

石黒真木夫(1981): ベイズ型季節調節モデル. 数理科学, No. 213, pp. 57–61.

石黒真木夫(1985): 複雑すぎる現象をどう把えるか——大規模なパラメトリックモデル. 統計数理(統計数理研究所彙報), 33 巻, 2 号, pp. 251–256.

石黒真木夫(1985): ベイズ型重回帰モデル. 統計数理(統計数理研究所彙報), Vol. 33, No. 1, pp. 8–10.

石黒真木夫(1990): 電波望遠鏡データ解析. 統計数理, 第 8 巻, 第 2 号, pp. 281–290.

石黒真木夫(1991): 情報量規準とブートストラップ法と時系列解析. 統計数理研究所共同研究リポート, No. 31 (1991.9), pp. 155–159.

Ishiguro, M. and Sakamoto,Y. 1991: 情報量規準とブートストラップ法. 日本統計学会報告集(日本統計学会), pp. 156–158, 日本統計学会.

石黒真木夫(1994): AIC はなぜ役に立つのか?. 応用数理, Vol. 4, No. 2, pp. 125–138.

伊庭幸人(2003): ベイズ統計と統計物理. 岩波書店.

貝瀬徹, 石黒真木夫(1996): EIC によるハザード推定量の比較. 日本統計学会報告

集(日本統計学会), pp. 94-95, 日本統計学会.
北川源四郎(2005): 時系列解析入門. 岩波書店.
北川源四郎, 石黒真木夫, 坂元慶行(1994): 情報量規準 AIC と EIC. 電子情報通信技術研究報告(信学技報), Vol. 92, No. 503, IT92-133, pp. 49-62.
小西貞則, 北川源四郎(2004): 情報量規準. シリーズ予測と発見の科学. 朝倉書店.
坂元慶行, 石黒真木夫, 北川源四郎(1992): ABIC 最小化法と EIC. 日本統計学会報告集(日本統計学会), pp. 261-263, 日本統計学会.
坂元慶行, 石黒真木夫(1997): EIC による密度関数推定法の再構成. 日本統計学会報告集(日本統計学会), pp. 363-364, 日本統計学会.
砂原善文(1982): 確率システム理論 I, II, III. 朝倉書店.
中村隆(1982): ベイズ型コウホート・モデル——標準コウホート表への適用. 統計数理研究所彙報, **29** (2), pp. 77-97.
Nakamura, T. (1986): Bayesian cohort models for general cohort table analyses. *Annals of the Institute of Statistical Mathematics*, **38** (2, B), 353-370.
中村隆(2000): 質問項目のコウホート分析——多項ロジット・コウホートモデル. 統計数理, **48** (1), pp. 93-119.
Nakamura, T. (2002): Cohort analysis of data obtained using a multiple choice question, Measurement and Multivariate Analysis (Eds. Nishisato, S., Baba, Y., Bozdogan, H., and Kanefuji, K.), Springer-Verlag, 241-248.

II

非線形ダイナミカルシステムの再構成と予測

松本隆

目　次

1　問題提起と導入

1.1　問題提起

時間の経過とともに変動する現象の記録を時系列，あるいは時系列データと呼ぶ．科学技術のそしてそれ以外の分野で文字通り普遍的に存在するといってよい．気温，湿度，気圧，風速などの気象データ，海洋・河川水位変化，環境汚染指標，エネルギー消費量，経済指標，交通量，音声，EEG(electroencephalogram, 脳波)，心電図，化学プロセスの温度変化，等々である．これらの各々を生の形で眺めるのは極めて興味深いが，ここであえてこれらを図示することはせず，読者各自が適当な Web サイトなどで，実物に触れていただくのが近道と思う．図 1 は，空気の対流の研究を進める過程で，米国の気象学者ローレンツ(Lorenz)が考えた微分方程式の解のプロットである．

ローレンツ方程式の解を含め，これらのデータの多くに共通している事が二つあると思う．ひとつは“乱雑さ”であろう．これらの多くはデタラメに見える．もうひとつは，その乱雑さの中に潜んでいるかもしれない“法則”あるいは“構造”である．本当にデタラメならば予測する気が起きないであろうし，実際予測は無駄であろう．時系列に限らず，乱雑さの中に何らかの法則あるいは構造を見出したいと思うことは人間が持つ本性のひとつであって，そのような本性が科学技術を進歩させてきたといってよいであろう．そして構造を捉えるに留まらず，そのような構造をもとに将来値を予測することも多くの人々にとって興味深い問題である．

与えられた時系列データから，その背後に潜む構造を捉え，それをもとに予測を行う手法は，大きく分けて 2 つある．ひとつは，データの発生機構を，例えば物理的考察に基づいてダイナミカルシステム(dynamical system)としての微分方程式を書き下した上で，付随するパラメータを推

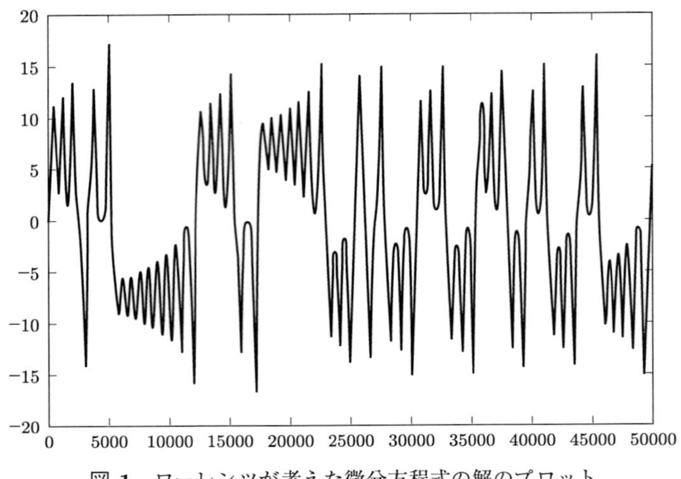

図 1 ローレンツが考えた微分方程式の解のプロット

定し，出来上がった方程式を用いて予測を行う方法である．そのような物理的考察による微分方程式の導出が原理としては可能であっても，現実問題として困難，あるいはほとんど不可能な問題も沢山ある．たとえばローレンツを含め気象学者の研究対象は空気の対流であるから，一般にナヴィエ–ストークス(Navier-Stokes)方程式で記述されるが，これは空間変数が3つの非線形偏微分方程式である．二つ目の手法は，純粋にあたえられた時系列データのみから背後に潜むダイナミカルシステムとしての構造を"等価的"に抽出し，それに基づいて予測を行う方法である．前者の手法を"モデル準拠型"(model base)，後者を"データ準拠型"(data based)と呼んでもよいであろう．いずれの手法を用いるにしても背後のダイナミカルシステムが線形であることを仮定できない場合，難しいことが多い．

ここでの問題は次のように述べることができる．

『問題』 現在までの時系列データから将来値を予測せよ．

本稿は上記第2の立場を取り，背後のダイナミカルシステムが非線形である場合であっても機能する予測手法をベイズ(Bayes)的枠組みから定式化して具体的問題に適用する事である．図2はここでの考え方をひとつの模式図にしたものである．左側にある時系列をもとに中央にあるモデルを構

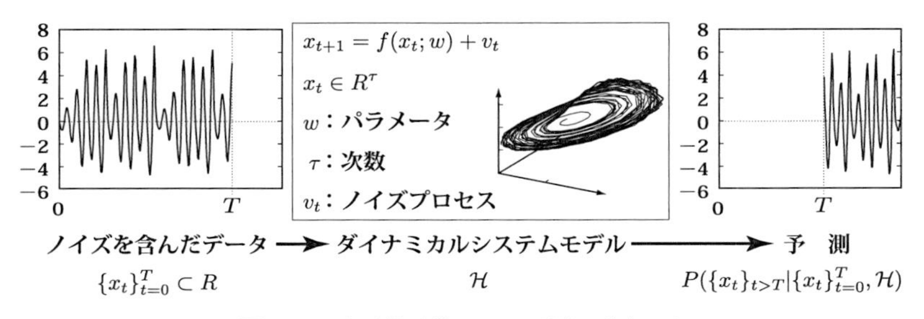

図 2 ベイズ的手法による予測の考えかた

築した上，そのモデルを用いて将来値を予測しようとするものである．中央のモデルに付随するパラメータ，システムの次数(order)，ノイズプロセス，などは後述する．

2章でいわゆるニューラルネットワークの一部を紹介した後，教師付学習のベイズ的枠組みでの定式化を述べる．これを踏まえ3章では非線形ダイナミカルシステムの再構成と予測手法を詳述する．4章では具体的問題を取り上げ，3章で述べた手法がいかに適用可能かを説明する．5章では，ベイズ的手法に付随する尤度の周辺化と予測分布の計算をモンテカルロ(Monte Carlo)で遂行する手法を述べ，具体的問題に適用する．

1.2 時系列解析手法

時系列の法則性，構造を捕らえるというだけでは抽象的過ぎる．時系列の背後に何をみるかによって手法が異なるであろうから典型的な手法を列挙する．

(a) パワースペクトル解析と予測

時間の関数を異なる周期をもつ無限個の周期関数の和で表現するフーリエ(Fourier)のアイデアを，ウィーナー(Wiener)は不規則に変動し続ける時間の関数の場合に拡張した．彼は大学の研究室からみえる川面の乱雑な波頭を眺め，このように乱雑な現象を捉える方法を創り出したいと考えた．生涯そのような乱雑さに惹きつけられ続けたが，いくつかの考察を経ていわゆるウィーナーフィルタの理論に到達した．そこではパワースペクトルが重要な役割を演じる．これは時系列に含まれる周波数成分の大きさを表す量であって，対象としている信号と雑音のパワースペクトルがわかれば2乗誤差最小の意味で最適なフィルタを構成できることを示した．

パワースペクトルは自己共分散関数と密接に関係しており，時系列のある時刻における値と，その値から一定の時間差にある値との積を考え，これを全時刻にわたって積分し，その時間平均をとるものである．従って，この概念は，時系列の中で一定の時間差をもつ2つの値が平均的にどの程度似ているかを表す量であり，予測問題に重要な役割を演じるであろうことが予想されよう．

(b) ダイナミカルシステムモデル構築と予測

ウィーナーの理論は素晴らしいものではあったが大きな困難をもつ．パワースペクトルが無限に長い観測データに対して定義されているから，与えられた有限個のデータから何らかの形で推定しなければならない．それなりの手法はいくつかあり，機能する場合もあるが困難な場合もままある．この困難を克服するため「時系列データの背後に潜む構造をダイナミカルシステムとして捉える」ことを考える．ダイナミカルシステムは，何らかの形で時間と共に発展する量を記述する手法のひとつであり，具体的には微分方程式，差分方程式などで表現される．

与えられた時系列データからそれに良く適合するダイナミカルシステムモデルを推定し，それを用いて予測を行うことが考えられる．「推定」や「予測」を行うということであれば何らかの形で不確定性を記述する枠組みが必要であり，恐らく確率・統計的アプローチは自然であろう．確率・統計の概念が導入されると誤差とその期待値，分散などを評価することができる．例えば最良の線形予測問題についていえば，過去の値に適当な係数を乗じて加えたものを予測値として用いる場合，その予測誤差の2乗の期待値を最小にするものを求める問題として定式化できる．

1.3　ダイナミカルシステム

(a)　自律ダイナミカルシステム

典型的なダイナミカルシステムのひとつとして，ある量 x の時刻 t における値 x_t が時間とともに発展する仕組みを

$$\boldsymbol{x}_{t+1} = F(\boldsymbol{x}_t)\ ,\quad t = 0, 1, 2, \cdots \tag{1}$$

で捕らえることを考える．一般に $\boldsymbol{x}_t$ はベクトル，従って $F(\cdot)$ も $\boldsymbol{x}_t$ と同じ次元のベクトルである．時間を示すパラメータ t が(1)のように離散的でなく連続値をとる場合，

$$\frac{d\boldsymbol{x}_t}{dt} = F(\boldsymbol{x}_t) \tag{2}$$

のような微分方程式で記述することも自然であろう．

このような仕組みを明確な問題意識のもとに定式化したのはニュートン(Newton)であり，惑星の運動に関する基本原理の第一歩を築いた．ニュートン以後の人々は，いわゆる2体問題(2つの惑星の運動)に対する「不変量」，時間の経過とともに変化しない量，を計算することに専念した．エネルギー(energy)，慣性モーメント(momentum)，等々である．不変量を次々に計算できれば，惑星の動きを完全に記述できると考えたからである．具体的な個々の(2)は次々と解かれていったが，一方場合によっては途方もなく複雑で難しい問題も内包していることが明らかになった．太陽とその周りを回る2個の惑星の運動は3体問題と呼ばれるが，一般に3体問題の解析解は存在しないばかりでなく，単純化された，いわゆる「制限3体問題」においてさえも一般に解析解は存在せず，とても複雑な振る舞いを示しうる事が明らかになった．

このような複雑な振る舞いを引き起こす理由，それは例えば(1)が「繰り返し」操作を含むからである．今，量 $\boldsymbol{x}$ の時刻0における値 $\boldsymbol{x}_0$ が与えられた時，時刻 $t=1$ における値 $\boldsymbol{x}_1$ は

$$\boldsymbol{x}_1 = F(\boldsymbol{x}_0)$$

で与えられ，従って

$$\boldsymbol{x}_2 = F(\boldsymbol{x}_1) = F(F(\boldsymbol{x}_0))$$
$$\boldsymbol{x}_3 = F(\boldsymbol{x}_2) = F(F((\boldsymbol{x}_0)))$$
$$\vdots$$
$$\boldsymbol{x}_{t+1} = F(\boldsymbol{x}_t) = F(F(F(\cdots F(\boldsymbol{x}_0))))$$

が得られる．関数 F が線形なら，話は比較的単純である．例えば，簡単のため，$\boldsymbol{x}$ が 1 次元，すなわちスカラー量の場合を考えると，

$$x_2 = F(x_1) = ax_1 = a^2x_0$$
$$x_3 = F(x_2) = F(F(F(x_0))) = a^3x_0$$
$$\vdots$$
$$x_{t+1} = F(x_t) = F(F(F(\cdots F(x_0)))) = a^{t+1}x_0 \qquad (3)$$

この解 a^t は，a の値により図 3(a)–(g)のような軌跡を描く．時間が離散的なので見やすくするため各値を直線で結んである．線形の，しかも 1 次元の場合を若干こまごまと説明した理由は，このように最も単純と思われる場合でも解軌道は比較的多様でありえ，少しでも非線形性が含まれると著しく複雑な振る舞いになりうる事を示すためである[*1]．線形の次に単純なのは 2 次の系であろうから次の系を考える：

$$x_{t+1} = ax_t(1 - x_t) \qquad (4)$$

図 4 は $a = 4.0$ の場合適当な初期値から出発する解軌道である．式の単純さにもかかわらず極めて複雑な振る舞いを示すことは理論的にもわかっている．

これの技術的側面及び，ダイナミカルシステムに関する若干の困難な事実については付録で説明したいと思う．

---

*1　この図から $a = \pm 1$ は特別な場合であることがわかる．ほんのわずかではあってもａの値が ±1 からずれると，定性的にはまったく異なる軌道を描く．本稿ではふれないが，いわゆる「分岐」現象は，非線形系の線形化，図 3(b)，(f)に対応する場合を含む(Matsumoto *et al.*, 1993)．

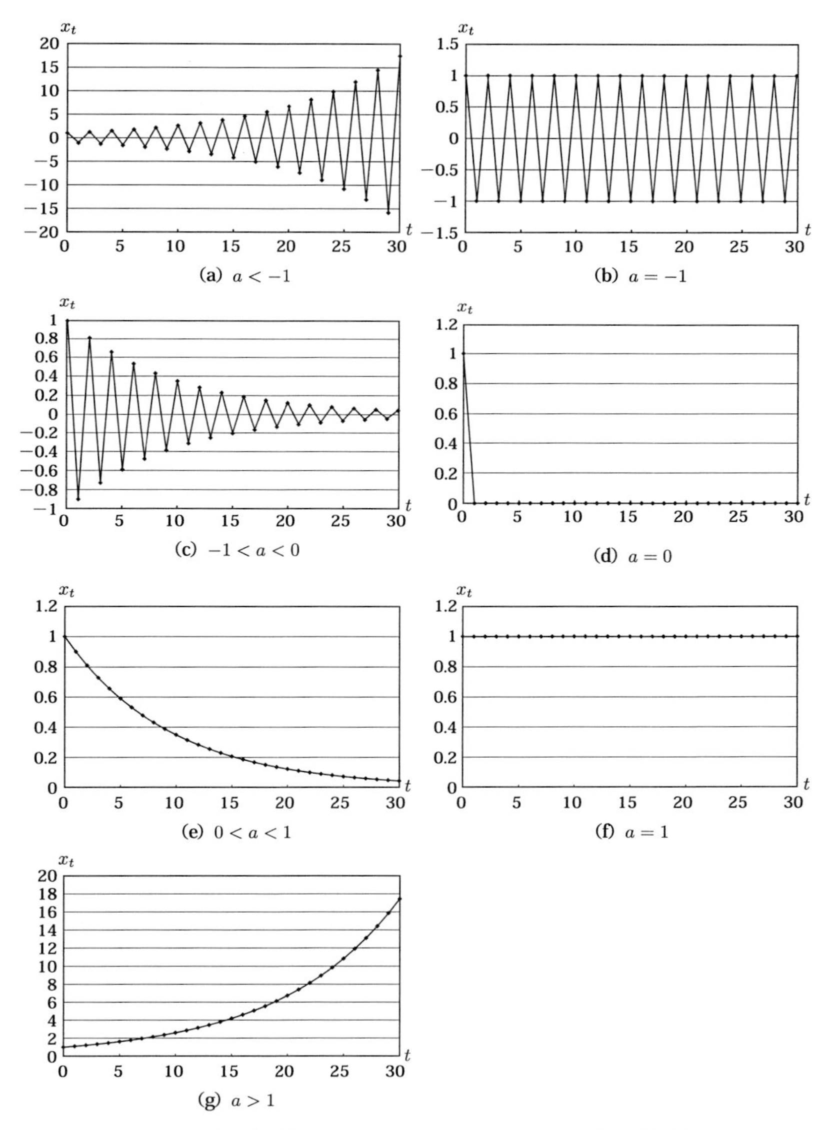

図 3　1次元線形ダイナミカルシステム．このように単純な場合でもパラメータ a により，振る舞いが大きく異なりうる．

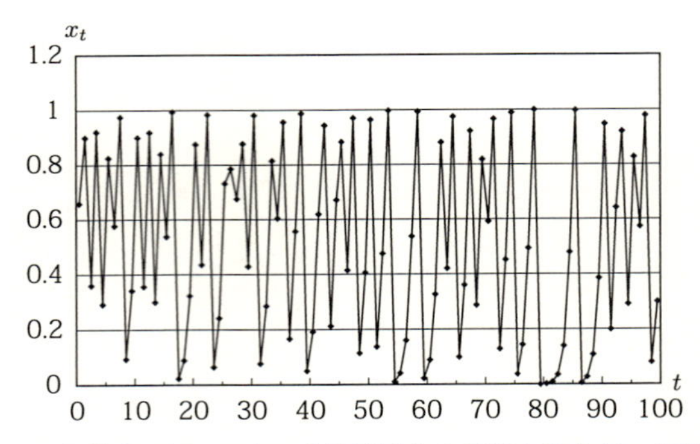

図 4 Logistic 方程式の解．2 次の非線形性から複雑な振る舞いが観測される．

(b) 非自律的ダイナミカルシステム

ダイナミカルシステムが非自律的と呼ばれるのは，

$$\boldsymbol{x}_{t+1} = F(\boldsymbol{x}_t, u_t), \quad \boldsymbol{x}_t \in R^K, \quad t = 0, 1, 2, \cdots \tag{5}$$

で記述される場合である．右辺に独立な変数 u_t がある点が式(1)との相違点である．これは例えば，第 4 章で詳述される具体的問題のひとつ，空調熱負荷予測問題における気温，湿度，太陽光線などの変数に対応する．また，制御系では，状態 $\boldsymbol{x}_t$ を制御変数 u_t でコントロールする場合に対応する．

1.4 非決定論的ダイナミカルシステム

ニュートンが考えたのは，決定論的ダイナミカルシステムである．方程式そのものに非決定論的な要素はない．一方，本稿で扱うのはデータに非決定論的要素(典型的にはノイズ)が含まれている問題であり，何らかの形で非決定論的要素を捉える枠組みが必要である．上述したように確率・統計的に問題を捉えることは自然であろう．時間に依存する確率変数の列は確率過程とよばれていて，特に線形の場合は膨大な量の結果がある．いくつかの手法を概観してみる．

(a) AR モデル

背後に潜むダイナミカルシステムが線形であると仮定できたとしよう．直感的に，過去の値を十分沢山用いれば予測誤差は全ての過去の値と無関係になることが予想されよう．これを確率の枠組みで記述してみる．時刻 t における量を x_t とする時

$$x_{t+1} = a_1 x_t + a_2 x_{t-1} + \cdots + a_\tau x_{t-\tau+1} + \nu_t \tag{6}$$

と表現できたとする．ν_t は予測誤差である．このとき，“時間を十分遡れば，誤差 ν_t が x_t の過去の値と無関係になる”ことを確率の言葉で言えば，“誤差 ν_t と x_t の過去の値を二つの確率変数と考えたとき両者が独立である”と記述することができよう．この式は x_t が確率変数 ν_t で駆動された τ 次の線形システムから作り出されていると考えてもよい．このようなダイナミカルシステムは AR 過程(Autoregressive Process)と呼ばれる．ある時系列データが AR 過程からの実現値とみなすことができれば，一般的な統計的手法により係数 $a_1, a_2, \cdots, a_\tau$, のよい推定値を求めることができる．

このように，あるデータが何らかの確率構造からつくりだされたものとみなしてその統計的処理を実現する場合，そのような確率構造を統計モデルと呼ぶ．このような枠組みで問題を設定すると，パラメータ $a_1, a_2, \cdots, a_\tau$, の推定値と誤差 ν_t の分散の推定値からパワースペクトルの推定ができるようになる．この考え方はウィーナーとは逆であって，多くの具体的問題に成功裏に適用されている．

ただし，ひとつ大問題がある．AR モデルの次数 τ の推定である．τ を大きくすれば与えられた時系列データへ適合する際の誤差は減少していくであろうが，データは一般に雑音を含むから，τ を大きくしすぎるといわゆる過適合(Overfitting)がおき，予測誤差は逆に増加してしまう．AR モデルでは τ がモデルの複雑さを表す量と考えられるから「データ適合とモデルの複雑さ」という互いに相反する根本問題がここにも現れる．情報量規準 AIC(Akaike, 1977)は期待する予測誤差の 2 乗を最小にするよう τ を推定するものであり，多くの問題に適用されている．この考えは AR モデ

ルに限らず，もっともよいモデルを選択する規準をあたえるものとして一般的なモデル評価規準へと議論が展開されている．

(b) 線形状態空間モデル

AR モデルは次のように一般化することができる．x_t をスカラー量でなく τ 次元のベクトルと考え：

$$\boldsymbol{x}_t := (x_t^1, x_t^2, \cdots, x_t^\tau), \quad t = 0, 1, 2, \cdots$$

ベクトル形式の線形ダイナミカルシステム

$$\begin{aligned} \boldsymbol{x}_{t+1} &= F\boldsymbol{x}_t + H\nu_t \\ y_t &= G\boldsymbol{x}_t \\ \nu_t &:= (\nu_t^1, \nu_t^2, \cdots, \nu_t^\tau), \quad t = 0, 1, 2, \cdots \end{aligned} \tag{7}$$

を考えると AR モデルは式(7)の特別な場合になっている．記号“:=”は，左辺を右辺で定義することを示す．

(c) 非線形ダイナミカルシステムモデル

時系列の背後に潜む構造が線形なダイナミクスを仮定できる場合，上記の手法は極めて有効に働き，多くの具体的問題に貢献している．一方，線形性が仮定できない問題に対しては線形手法に限界が生じるのは当然であろう．正面から非線形性に取り組むため，次のような構造を考える：

$$x_{t+1} = f(x_t, x_{t-1}, \cdots, x_{t-\tau+1}; w) + \nu_t \tag{8}$$

ここに，$f(x_t, x_{t-1}, \cdots, x_{t-\tau+1}; w)$ は $w := (w_1, w_2, \cdots, w_k)$ でパラメータ付けされた適当な非線形“基底”関数である．式(8)と式(6)は形式的に似た印象を与えるが本質的といってよいほどの違いがある．後者は線形性を仮定することにより自動的に構造が決まり，次数 τ と付随する係数 a_1, a_2, $\cdots$, a_τ の推定，そしてそれを踏まえての予測問題となる．一方前者では，関数 f の選び方が大問題となる．関数 f のクラスについて多くの人々が多くの提案をしてきたのは自然といえよう．いくつか例をあげてみる．

(d)　多項式モデル

上記式(8)で例えば $\tau=1$ の場合を考える．ワイアストラス(Weierstrass)近似定理から任意の連続関数は任意の精度で多項式近似可能であるから，適当な次数の多項式で適合，フィットすることを考えれば背後に潜むと仮定されている非線形関数を任意の精度で捉えられるであろう：

$$x_{t+1} = w_0 + w_1 x_t + w_2 x_t^2 + \cdots + w_k x_t^k + \nu_t \tag{9}$$

このような手法は恐らく誰でも考えたくなるもののひとつであろうが実際には使われなかった．理由は幾つかあるが，その第1はワイアストラス近似定理がコンパクト集合上の連続関数の近似定理であって，仮定されているコンパクト集合上での話だからである．ダイナミカルシステムでない場合，すなわち静的な入出力関係

$$y = w_0 + w_1 x + w_2 x^2 + \cdots + w_k x^k + \nu_t \tag{10}$$

であれば，比較的良好に働く場合も多い．しかし，考えているコンパクト集合を少しでも外れれば，関数が近似される保証はない．ダイナミカルシステムの場合は多項式演算が何度も何度も繰り返されるから背後に潜む真の関数が比較的穏やかに振る舞っていても，非自明な場合すなわち $k>1$ の場合，式(9)のノイズ過程 ν_t のサポートが有界でなければ x_t は仮定されているコンパクト集合から外れる可能性はいくらでもあり x_t が発散していくことが少なくない．

第2の問題は多項式の次数によるモデルの激変である．次数を k と仮定する場合と $k+1$ と仮定する場合ではモデルが定性的に激変するため，次数推定を誤れば，ダイナミカルシステムの繰り返し性により誤差が激増してしまう可能性がある．

第3の問題は x_t がベクトル

$$x_t = (x_{1t}, \cdots, x_{kt})$$

の場合多項式は多変数となり，係数の数が激増することである．

(e)　区分線形モデル

状態が属す τ 次元ユークリッド空間が有限個の超多面体 K_i の和で表わ

されているとする：

$$R^{\tau} = \bigcup_{i=1}^{I} K_i$$

各 K_i で線形性を仮定し，

$$x_{t+1} = a_1^{(i)} x_t + a_2^{(i)} x_{t-1} + \cdots + a_{\tau}^{(i)} x_{t-\tau+1} + \nu_t$$
$$(x_t, x_{t-1}, \cdots, x_{t-\tau+1}) \in K_i \qquad (11)$$

を考える．このモデルに付随するパラメータの推定は一般に見掛けより複雑である．考えている関数の連続性を仮定する場合，超多面体境界で
$a_1^{(i)} x_t + a_2^{(i)} x_{t-1} + \cdots + a_{\tau}^{(i)} x_{t-\tau+1} = a_1^{(j)} x_t + a_2^{(j)} x_{t-1} + \cdots + a_{\tau}^{(j)} x_{t-\tau+1}$
$(x_t, x_{t-1}, \cdots, x_{t-\tau+1}) \in K_i \cap K_j$
を満たす必要があり，従ってパラメータ $a_1^{(i)}, a_2^{(i)}, \cdots, a_{\tau}^{(i)}$ の推定の仕方に拘束条件が課せられるからである．$\tau = 1$ の場合は比較的直感的な議論が可能であるが $\tau \geq 2$ の場合，K_i の構成と境界条件が相当面倒になりうる(Matsumoto et al., 1993)．超多面体境界で連続性を仮定しない場合は不連続ダイナミカルシステムを扱うことになり，これは注意が必要である．

(f) 閾値モデル

超多面体を特別なものに限れば式(11)は若干ではあるが単純となり，境界に関する拘束も簡素化される．例えば，各超平面が第 j 番目の座標系の半空間，その他の座標については全空間と仮定すれば，すなわち，

$$K_i = (R, R, \cdots, R^{+}, R, \cdots, R), R^{+} := \{x_j \geq 0\}$$
$$K_j = (R, R, \cdots, R^{-}, R, \cdots, R), R^{-} := \{x_j \leq 0\}$$

のようなものに限定すれば比較的扱いやすくはなる．これを閾値モデル(threshold model)という．

(g) EXPAR モデル

EXPAR(Amplitude Dependent Exponential Autoregressive)モデル(Ozaki and Oda, 1978)は次の式で表現される．

$$x_{t+1} = \sum_{j=1}^{k_1} (a_j^1 + b_j^1 \exp(-c_j^1 x_t^2)) x_t + \sum_{j=1}^{k_2} (a_j^2 + b_j^2 \exp(-c_j^2 x_{t-1}^2)) x_{t-1}$$
$$+ \cdots + \sum_{j=1}^{k_\tau} (a_j^\tau + b_j^\tau \exp(-c_j^\tau x_{t-\tau+1}^2)) x_{t-\tau+1} + \nu_t \quad (12)$$

これは式(6)の係数 a_i が状態 x_t の大きさで制御され，しかも指数が必ず負になるため，式(12)右辺の雑音項以外は状態に関して一様有界となり多項式の場合にあるような発散が起きない．このモデルの背後にある考え方はとても面白いので簡単に紹介しておきたい．

2 次線形ダイナミカルシステム

$$x_{t+1} = a_1 x_t + a_2 x_{t-1} \quad (13)$$

を考える．特性方程式

$$\lambda^2 - a_1 \lambda - a_2 = 0$$

の根，すなわち固有値は

$$\lambda_1, \lambda_2 = \frac{1}{2}\left(-a_1 \pm \sqrt{a_1^2 - 4a_2}\right) \quad (14)$$

なので，

$$a_1^2 < 4a_2$$

であれば固有値は複素共役となり解は振動的となる．このままであれば，解は振動しながら原点に収束するか，あるいは振動しながら発散していくだけである．前者は

$$|\lambda_1|, |\lambda_2| < 1$$

の場合，そして後者は

$$|\lambda_1|, |\lambda_2| > 1$$

に対応する．この情況は一般の τ 次線形ダイナミカルシステムについてもいえ，τ 個の固有値の絶対値で，収束，発散が決まる．係数 a_1, a_2 が状態に依存して変化し，しかも，$a_1^2 < 4a_2$ が満たされるようになっていれば非線形の振動現象が起こると予想される．例えば，

$$x_{t+1} = (1.95 + 0.23 \exp(-x_t^2)) x_t - (0.96 + 0.24 \exp(-x_{t-1}^2)) x_{t-1}$$

の解は大きな初期値から出発しても小さな初期値から出発しても安定な周期解に収束する(図 5(a), (b))．

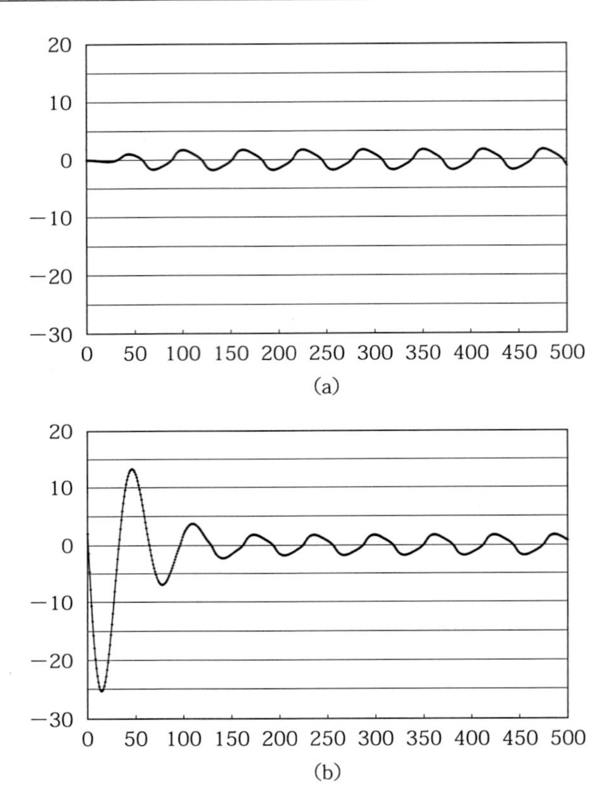

図 5 EXPAR モデルの解．初期値が小さい値(a)でも，大きい値(b)でも同じ周期解に近づく．

線形系に周期解は存在しえないか，と問えば，否である．一般の線形系

$$x_{t+1} = Ax_t, \quad x_t \in R^\tau$$

で x^* が周期 n の周期解であるとは

$$x^* = A^n x^* \tag{15}$$

を意味する．簡単のため，$n=1, \tau=2$ とし，式(13)を考えると，

$$x^* = Ax^*$$

だから A が実固有値 1 をもつことを意味する：

$$1 = \frac{1}{2}\left(-a_1 \pm \sqrt{a_1^2 - 4a_2}\right)$$

これは

$$a_1 + 2a_2 + 2 = 0 \tag{16}$$

を意味し，従って係数 a_1, a_2 が特別な関係(16)を満たす時に限り周期解を持つことを意味する．例えば a_1 はそのままである場合 a_2 がほんの僅か変化しただけでも周期解は存在しえず原点に収束するか ∞ に発散する．周期が1でなく n であっても同様である．このような周期解を「非双曲的」周期解と呼ばれている．特別な理由がない限り，より具体的には式(16)のような条件がつねに満たされるような拘束が対象としている系にビルトインされている場合以外は除外するのが普通である．係数の小さな摂動に関しても構造が変わらない解軌道は「構造安定」と呼ばれている．線形系では構造安定な振動現象はおきず興味深い振動現象をとらえることができない．

1.5　まとめ

EXPAR モデルは何らかの実在する現象のもつ性質を抽出し，それを基にモデルを構築するというひとつの素晴らしい行き方を示しており，問題に取り組むときまず検討してみる価値がある手法であろう．一方，そのような手法のみで全てが解決できるわけではないのは当然であろう．例えば EXPAR モデルは主として非線形の発振現象をとらえようとしたモデルであって，それ以外の一般的現象を捉えきれるか否かは不明である．一方，用いる関数族 f が一般的でありさえすればどのようなものでもよいかといえば勿論答えは否定的である．多項式モデルが使われなかった理由は上述した．

1980 年頃から関数近似の“基底”関数として，いくつか改めて提案された関数族があり，それらは 1990 年代をへて多くの人々が多様な問題に適用し，比較的安定した結果が報告されている．これがいわゆる「ニューラルネットワーク」であって，その幾つかを次章で紹介する．

2 ニューラルネットワーク

2.1 概 観

ニューラルネットワークは1980年代後半多くの学問領域を巻き込みながら爆発的活性化を起こした．当初はメディア報道も含め(本人達が実際そう思っていたか否かは別として)“魔法のパラダイム”的文脈で語る人々もいたためもあり，若干“胡散臭い”という印象もあった．しかし，1990年代をへて多くの理論，それを踏まえての多種多様な問題への適用が遂行されている．今世紀初頭の現在ではその理論的枠組みが比較的堅固に構築された上，具体的問題に対する有効性も検証され，更に発展している学問領域といえよう．熱病のように時代を風靡した新しいパラダイムが結局はさしたる実体や具体的問題への有効性がなく消え去ることもままあるが，ニューラルネットワークは科学技術の枠組みとしては定着したといってよいであろう．

ニューラルネットワークは漢字で書けば「神経回路網」なので，字義通りに解釈すれば生物・動物・ヒトの神経の回路網を指すが，そのような回路網の「構造」だけでなく「学習アルゴリズム」も含める場合が多く，1980年代後半から1990年代前半にかけては両者が錯綜している時期もあったが現在では比較的明快になっていると思う．

なんらかのデータが与えられたとき，それに基づいて予測を遂行する問題は前節で詳述した時系列予測に限らない．より一般的に「学習」と呼ばれるパラダイムのひとつと考えることができる．この節では学習の観点からニューラルネットワークを説明し，次節以後への導入を試みる．

日常使われる用語としての「学習」は“嘗て遭遇し，あるいは未だ遭遇しない状態に適応する能力を修得する過程”と考えることができよう．なんらかのデータが与えられたとき，それから情報を抽出して予測する問題はもともと統計科学の主要問題の一つと言って良いし，より具体的には機械学習(Machine Learning)と呼ばれる分野で研究されている問題である．

ニューラルネットワークを学習アルゴリズムで特徴づけると大きく分けて3種類ある：

(a) **教師付学習**：入出力関係

$$y = F(x)$$

が未知のシステムを考える．x は入力，y は出力である．関数 F は未知だが入力 x^m に対して，望ましい出力(教師データ)y^m の組 $D := \{(x^m, y^m)\}, m = 1, \cdots, N$，が与えられたとき未知の入出力関係を学習するパラダイム．

(b) **教師なし学習**：学習データ $D := \{x^m\}, m = 1, \cdots, N$，が与えられるが，教師信号はない．このデータから何らかの構造を学び取るパラダイム．

(c) **強化学習**：教師データは明示的に与えられず，何らかの行動を起こした時に得られるスカラー値の報酬 $D := \{r^m\}, m = 1, \cdots, N$，が与えられ，それに基づいて行動を学ぶパラダイム．

一方ニューラルネットワークを回路網構造で特徴づけると，例えば次のようなものがある：

- 3層パーセプトロン(3-Layer Perceptron)，動径基底関数 (Radial Basis Function) 等のフィードフォワード(feed forward)型回路網
- ホップフィールド(Hopfield)回路網に代表されるフィードバック(feed-back)付回路網
- コホーネン(Kohonen)回路網に代表される自己組織化 (Self Organizing Map) 回路網

これらの学習アルゴリズムや回路網が生物のどこに見られ得るかは興味深いテーマであり，また多くの議論があるが本稿の目的からは外れると思う．

2.2 教師付学習

ここでは教師付学習とそれにしばしば用いられるネットワーク構造の一部を紹介する．ニューラルネットのネットワーク構造は多数あり，ここで述べるものはほんの一部であることを了としていただきたいと思う．網羅的書物としては Arbib(1995)があり参考になると思う．

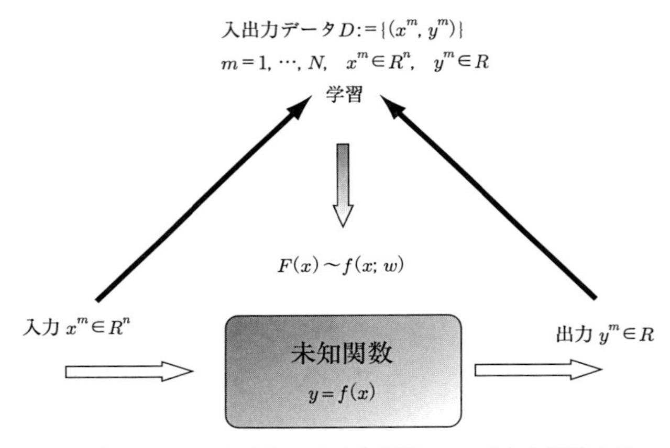

図 6 学習データから未知の入出力関係 $y = F(x)$ を学習する．

図 6 で与えられた学習データ $D := \{(x^m, y^m)\}$, $m = 1, \cdots, N$，から未知の入出力関係

$$y = F(x)$$

を学習することを考える．入出力ともベクトルでよいが記号の混乱を避けるため入力は n 次元，出力は 1 次元の場合を考える．関数 $F(x)$ が未知なので何らかのパラメータ付けされた関数族 $f(x; w)$ を用意し，

$$F(x) \sim f(x; w)$$

となるようパラメータ w を調整することが考えられる．記号 "∼" は "近似的に等しい" の意味である．ここでは関数族 $f(x; w)$ として 3 層パーセプトロンと動径基底関数 (Radial Basis Function) を説明する．

（a）　3 層パーセプトロン

3 層パーセプトロンは，ベクトル変数 x の線形結合を適当な非線形関数 $\sigma(\cdot)$ で変換したものを複数個考え，それら複数個の値をさらに線形結合したものを値とする関数族である：

$$f(x;w)=\sum_{k=1}^{h}a_k\sigma\Bigl(\sum_{i=1}^{\tau}b_{ki}x_i+\theta_k\Bigr) \tag{17}$$

$$x:=(x_1,x_2,\cdots,x_\tau),\quad w:=(a_1,\cdots,a_h,b_{11},\cdots,b_{h\tau},\theta_1,\cdots,\theta_h)$$

ここで b_{ki}, θ_k を固定すると h 個の“基底”関数 $\sigma(\cdot)$ の線形和なので推定・予測問題としては線形の問題となるが，ここでは b_{ki}, θ_k は固定しないため本質的に非線形の問題となる．これが重要なポイントのひとつである．σ は一様有界，単調増加関数であり，連続性を仮定することが多い．例えば次のような関数がよく用いられる：

$$\sigma(u)=\frac{1}{1+\mathrm{e}^{-u}},\quad \text{あるいは}\quad \sigma(u)=\tanh(u)$$

この関数族は上述のような式による記述で十分わかり易い人と図にする方がわかり易い人といるので図も示す(図 7，図 8(a))．

“3 層”の由来は図から明らかであろう．第 1 層を“入力層”，第 2 層を“中間層”，あるいは“隠れ層”，そして第 3 層は“出力層”と呼ばれることが多い．隠れ層の意味は入力でも出力でもない，外からは見えない，の意

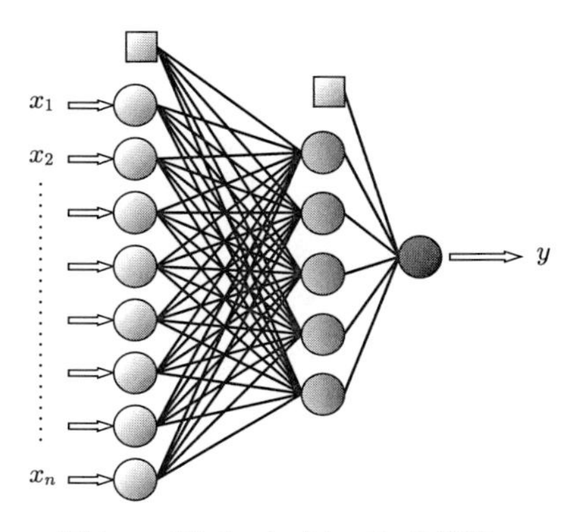

図 7　3 層パーセプトロンの構造．

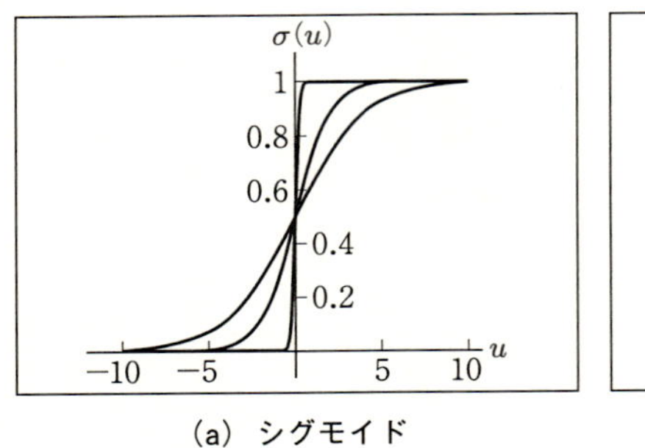

(a) シグモイド

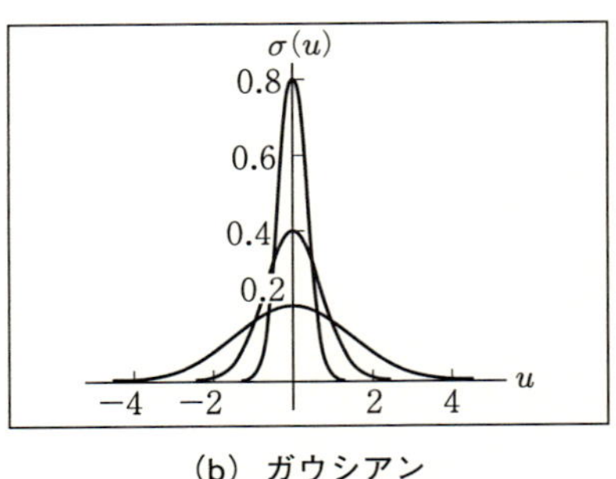

(b) ガウシアン

図 8 (a)3 層パーセプトロン中間素子での典型的入出力関係アクティベーション関数．(b)典型的動径基底関数．

味である．各層のノードに対応する部分を“ニューロン”，“素子”，“ユニット”等と呼ぶ人もいる．またユニットからの出力を与える関数 σ をアクティベーション(activation)関数と呼ぶ人々もいる．

この関数族に関して次のような近似定理が示されている(Cybenko, 1989 ; Hornik et al., 1989 ; Funahashi, 1989)：

パーセプトロン近似定理

無限個の中間素子を持つ 3 層パーセプトロンは，n 次元ユークリッド空間 R^n のコンパクト部分集合 K 上の連続関数

$$F : K \to R$$

を任意の精度で一様に近似できる．

上記以外に多くの理論的成果がある．例えばアクティベーション関数 σ に連続性を要請しなくてもある意味の近似定理が成立すること，また F が滑らかなら σ の滑らかさを仮定して関数 F の一様近似のみならず微分の近似も可能であること，等である．

パーセプトロンのコンセプトは McCullogh と Pitts(1943)による．最初提案されたパーセプトロンは 2 つの入力 x_1，x_2，一つの出力 y を持つ．+1 あるいは −1 の入力に対して，

$$y := \mathrm{sgn}(x_1 + x_2 + \theta)$$

を考える．$\theta = -2$ にすると $\{+1, -1\}$ の binary 値に対する“AND”演算が可能であるし $\theta = -1$ にとれば“OR”ができる．Rosenblat(1958)はパラメータ w_1, w_2 が調整可能な

$$y := \mathrm{sgn}(w_1 x_1 + w_2 x_2 + \theta)$$

を考え，学習データが与えられたとき，入出力間パラメータ w_1, w_2 の学習アルゴリズムを提案して学習を遂行して見せた．しかしその後 Minsky と Papert(1969)は“Exclusive OR”の遂行不可能性を証明したためもありパーセプトロンの，ひいては学習というパラダイム全体の不活性化が招来された．McCullogh–Pitts–Rosenblat のパーセプトロンは，より正確には2層，そしてアクティベーション関数がステップ関数であった．1980年代中盤パーセプトロンを3層にすることにより“Exclusive OR”遂行が可能になることが示され，さらにアクティベーション関数を連続，多入力の場合も考えることにより上述のような論理演算のみならず，いわゆる回帰問題を含む多くの問題への適用可能性が指摘され(McClelland and Rumelhart, 1986)，上記一様近似定理が証明された．

この部分の記述はパラダイムの流れに関するものなので，正確には各記述に「と言われている」を付け加える必要があろう．筆者が調べたのは比較的入手容易な文献を中心にしたものであり，別の文献群を詳細に調べれば異なる歴史になり得よう．

(b) 動径基底関数

(17)式の $\sigma(\cdot)$ を独立変数のノルムのみに依存する実数値関数とするクラスの関数である．例えば

$$\sigma(B_k \boldsymbol{x} + \boldsymbol{\theta}_k) = \mathrm{const.}\exp\Bigl(-\frac{1}{\hat{\sigma}^2}\|B_k \boldsymbol{x} + \boldsymbol{\theta}_k\|^2\Bigr)$$

が用いられる(図8(b))．ただし $\boldsymbol{\theta}_k$ はベクトルである．これの図式表現は前述の図7と同様である．この関数族の近似定理も可能である．

用いる関数族 f が一般的であり，近似定理が成立しさえすればどのようなものでもよいか，といえば勿論答えは否定的である．多項式モデルが使

われなかった理由は前章で述べた．上記 2 つの関数族は多くの具体的問題への適用を経て比較的定着している．

以上を踏まえて問題をまとめると，次のように述べることができる：

（1） どのような関数族 $f(x;w)$ が良いか；

（2） パラメータ w をどのように調整するか；

（3） パラメータ h(3 層パーセプトロンの場合中間素子数)をどのように選ぶか．

問題(1)は第 1 章後半で述べた関数族の選択の問題である．問題(2)はパラメータの学習に対応し，問題(3)は関数族を記述する“基底”関数の数の学習であり，これは注意深い考察が必要である．原理的には問題(1)も学習の範疇に入る．すなわち，与えられた学習データに対してどのような関数族が相応しいかを学習するアルゴリズムは十分検討する価値のある問題であり，それを追求することは不可能ではないが，ここでは(1)はすでに選ばれたとして(2)，(3)の学習を考える．

問題(1)の関数族が準備できたとして，問題(2)に対するアルゴリズムとしてパラメータ w の調整を例えば，

$$\min_{w}\left(\sum_{m=1}^{N}(y^m - f(x^m;w))^2\right) \tag{18}$$

で行うことは自然ではある．これはいわゆる最小 2 乗法であって，例えばパーセプトロンでは誤差逆伝播(back propagation)学習という言い方がしばしば用いられる．それは，式(18)を勾配(gradient)を用いた山登りで遂行する際，微分を計算すると鎖公式から誤差

$$y^m - f(x^m;w)$$

が出力層，隠れ層，入力層，と順番に逆方向に伝播していくからである．具体的には例えば式(18)の内側にある 2 乗誤差のパラメータ b_{ki} に関する勾配は次のようになる：

$$\frac{\partial}{\partial b_{ki}}\sum_{m=1}^{N}(y^m - f(x^m;w))^2$$
$$= 2\Big(\sum_{m=1}^{N} y^m - f(x^m;w)\Big)\Big(-\frac{\partial f(x^m;w)}{\partial b_{ki}}\Big)$$
$$= 2\Big(\sum_{m=1}^{N} y^m - f(x^m;w)\Big)\Big(-\frac{\partial}{\partial b_{ki}}\sum_{k=1}^{h} a_k\sigma\Big(\sum_{i=1}^{\tau} b_{ki}x_i + \theta_k\Big)\Big)$$
$$= -2\Big(\sum_{m=1}^{N} y^m - f(x^m;w)\Big)a_k\sigma'\Big(\sum_{i=1}^{\tau} b_{ki}x_i + \theta_k\Big)x_i$$

ここに σ' は σ の微分を意味する．

このような単純最小2乗法は便利ではあるが，しばしば過適合(overfitting)をおこす．すなわち学習データ $D:=\{(x^m, y^m)\}$, $m=1,\cdots,N$，に対しては良く適合するが新しいデータ x^{test} に対しては良い予測ができないことがままある．過適合を避けるため適当な手法で適合の度合いを押さえようとすれば逆にアンダーフィッティング(underfitting)も問題になり得よう．つまり過適合でおきた予測値の“滑らかさ”の欠如は解決されるかもしれないが肝心のデータへの適合がおろそかになり得る．これらはもちろんデータに不確定性が含まれているからであって，学習アルゴリズムは，何らかの形で不確定性を考慮する方策が必要になる．

パラメータ w 以外に，関数族 f に付随する量として h(3層パーセプトロンで言えば中間素子数)があり，これが問題(3)であるが，この選択も大問題となる．

過適合やアンダーフィッティングを防ぐ方法はいくつか考えられる．一つは式(18)の代わりに罰則付き最小化を行う手法である：

$$\min_{w}\Big(\sum_{m=1}^{N}\Big(y^m - f(x^m;w)\Big)^2 + \alpha\|w\|^2\Big) \tag{19}$$

また，3層パーセプトロンでいえば中間素子数 h を調整する方法が考えられる．後者はパラメータの数の選択の問題，より正確には関数族の複雑度(complexity)の問題，前者は複雑度が選択された上でのパラメータ調整の問題である．

罰則付き評価関数の最小化(式(19))はなかなかよさそうに思えるし，実際 α が適当に選ばれるとかなりよく働く．したがって，過適合を回避する方策は，必ずしもパラメータ数を減らすことのみではないことがわかる．だが，α はどう調整するのか．α が小さいと罰則は上手くかからないであろうし，逆に大きくなりすぎると罰則ばかりが重要となり，肝心のデータへの適合がおろそかになるであろう．もちろんパラメータ h の選択も大きな問題となる．

要するに学習アルゴリズムの良し悪しは，新しいデータ x^{test} が与えられたとき，どのくらい予測性能があるかで評価されるべきである．上述した問題に関する学習アルゴリズムは多数あるが，ここでの目的は，ベイズ的枠組みで問題を定式化し，学習データ $D:=\{(x^m, y^m)\}, m=1,\cdots,N$，に α や h について語らせ，それを踏まえて学習・予測を遂行するアルゴリズムを解説した上で，具体的時系列問題でどのように働くかを説明することである．

3 ダイナミカルシステムの学習と予測

第 1 章で提起した問題をあらためて述べる．

> **基本問題**：時系列データ $\{x_t\}, t=0,1,\cdots,N$，が与えられたとき，将来値 $\{x_t\}, t>N$，を予測せよ．

問題の記述が単純であるだけ実際に働くアルゴリズム構築は難しい．少なくとも三つの困難がある：

(1) 背後に非線形なダイナミカルシステムが潜んでいる可能性があるにも拘らずそれを記述する式は未知，従ってダイナミカルシステムの次数，関数形とも未知；

(2) データには何らかの形の雑音が含まれている；

(3) 観測データが 1 次元(スカラー)である場合であっても背後のダイナミカルシステムは 2 以上の次元を持つ可能性が十分ある．

ここでの基本的考え方は次のようなものである：

（i）パラメータ付けされた関数族を考え，与えられた時系列データに適合，フィットさせる；

（ii）データへの過適合を防ぐ；

（iii）極力 *ad hoc* でない評価基準のもと，モデルを選択する；

（iv）その上で将来値 $\{x_t\}, t > N$，を予測する．

このような問題と第1章で述べた線形ARモデルとの場合の大きな違いは，後者の場合モデル次数が仮定されるとモデルとなるダイナミカルシステムは自動的に式(6)となり，あとはパラメータ a の推定と将来値の予測問題となるが，前者の場合モデル次数が仮定されてもどのような関数族でデータに適合，フィットするかの任意性があり，これが大問題のひとつとなり得ることである．

ここではベイズ的枠組みからパラメータの事前分布を考えるが，事前分布自身も他のパラメータ(後述の議論ではハイパーパラメータ)でパラメータ付けされた事前分布族を考え，与えられたデータからハイパーパラメータの事後分布も計算しようとするものである．同様の考えからダイナミカルシステムの次数についても事後分布を計算してよいモデルを選択することを目指す．

3.1　モデル定式化

時系列からダイナミカルシステムの再構成に基づいて予測を行う手法では3つの不確定性が考えられる．第1はシステム雑音，第2はシステムの初期状態の不確定性，そして第3は観測雑音である．再構成・予測手法により困難さは異なるのは当然であるが，本稿の手法ではカオス的ダイナミカルシステムが関与する場合，第2，第3は極めて困難な問題に属する．筆者は第1の不確定性さえも十分困難な問題と考えており本稿ではシステム雑音のみを考慮する．従って状態変数は誤差なしで観測可能，そして初期状態も観測可能と仮定している．第2，第3の不確定性は今後の検討課題である．

モデルあるいは仮定を $\mathcal{H}$ で表す．これは次のような項目からなる：

(i)アーキテクチャ

与えられたデータに適合するためパラメータ付けされた関数族を仮定する．比較的一般的に使われるものとしては2章で述べた3層パーセプトロン，動径基底関数等がある．

(ii)尤度

与えられた学習データ $\{x_0, \cdots, x_N\}$ を D と書き，その条件付確率分布密度が次式で表されると仮定する：

$$P(D|w,\beta,\mathcal{H}) := \prod_{t=0}^{N-\tau} \frac{1}{Z_D(\beta)} \exp\Big(-\frac{\beta}{2}(x_{t+\tau} - f(x_{t+\tau-1}, \cdots, x_t; w))^2\Big)$$
$$\times P(x_{\tau-1}, \cdots, x_0|\mathcal{H}) \tag{20}$$

ここに $f(\cdot)$ は，仮定されている関数族，w はそのパラメータである．

式(20)は時系列データ D の結合確率分布密度を，状態遷移確率密度関数

$$\frac{1}{Z_D(\beta)} \exp\Big(-\frac{\beta}{2}(x_{t+\tau} - f(x_{t+\tau-1}, \cdots, x_t; w))^2\Big) \tag{21}$$

としてもつ，τ 次マルコフ(Markov)過程と考えることを意味する．これは平均 $f(x_{t+\tau-1}, \cdots, x_t; w)$，分散 $1/\beta$ の正規分布を意味し，$Z_D(\beta)$ は規格化定数である．τ, β とも未知である．

(iii)w の事前分布密度

パラメータ $w=(w_1, \cdots, w_k)$ を C 個の部分ベクトルに分割し：

$$w = (w_1, ..., w_C), \quad w_c \in R^{k_c}$$

各部分ベクトルパラメータ w_c が正規分布していると仮定する：

$$P(w|\alpha,\mathcal{H}) = \prod_{c=1}^{C} \frac{1}{Z_W(\alpha_c)} \exp(-\frac{\alpha_c}{2}\|w_c\|^2),$$
$$\alpha = (\alpha_1, \cdots, \alpha_C), \quad \alpha_c \in R \tag{22}$$

各部分ベクトルパラメータ w_c の大きさが小さいものの方が大きいものより多い，という仮定を正規分布で表現したものである．これは前章で紹介したパラメータに罰則をかける手法のひとつであるといえよう．従って過適合を回避する方策は必ずしもパラメータ数を減らすことのみではないことを意味してもいる．なぜ部分ベクトルに分割するか，そして具体的な

分割方法については後述する．式(22)の規格化定数はデータ D に関連する量と区別するため添字 W をつけた．

(iv)ハイパーパラメータ α, β の事前分布密度 $P(\alpha, \beta|\mathcal{H})$

後述する具体的問題では，一様分布あるいはガンマ分布を考える．

(v)モデル $\mathcal{H}$ の事前分布 $P(\mathcal{H})$

一様分布

パラメータ $\boldsymbol{w}$ の分割とその事前分布

w の分割の仕方は種々考えられるが，次章で述べる具体例への適用ではデータフィット用に3層パーセプトロンを用いる．マルコフ過程の次数を τ，遅延座標 $x_t, x_{t-1}, \cdots, x_{t-\tau+1}$ おのおのを入力とし，各入力から中間層へのパラメータの組みとして w_{ci} を考える．それ以外に中間層ユニットへのバイアス θ，出力ユニットへのバイアス θ_{ci}，おのおの1つずつ，合計 $\tau+2$ のグループに分割する(図9)．従ってもしある α_{ci} の推定値が非常に大きいと，それは w_{ci} が原点近くに集中しており，対応する分布はモデル構成に必要とされる度合が低いことを意味する(図10)．後に見るようにこの分割は τ の推定に本質的役割を演じる．

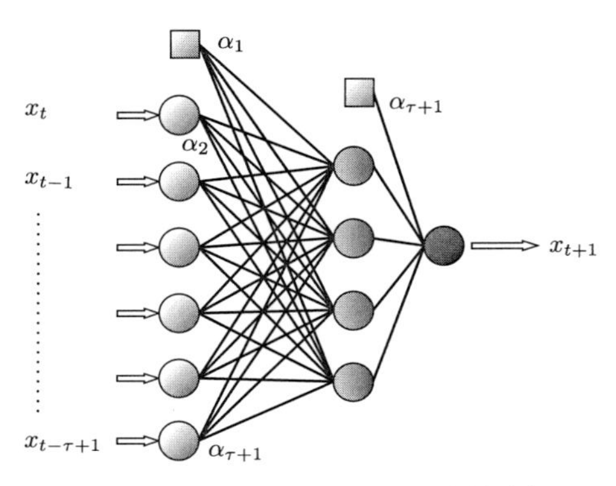

図9　3層パーセプトロンのパラメータの先見分布．パラメータをグループ化し，グループごとに先見分布を仮定する．

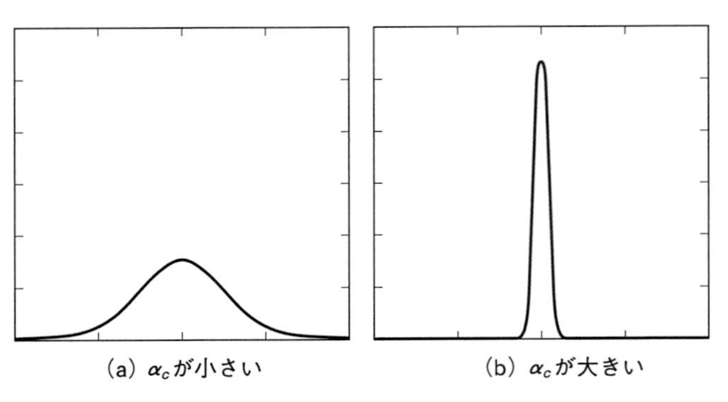

図 10 パラメータの先見分布を特徴づけるハイパーパラメータ α_c により分布の様子が変わる．(a)α_c が小さく対応するパラメータ w_c は比較的広く分布する．(b)α_c が大きいので対応するパラメータ w_c は原点近くに集中する．

3.2 非自律的ダイナミカルシステムの場合

非自律的ダイナミカルシステムの場合上記式(20)は次のように定式化可能である：

$$P(D|w, u_t, \beta, \mathcal{H}) := \prod_{t=0}^{N-\tau} \frac{1}{Z_D(\beta)} \exp\Big(-\frac{\beta}{2}(x_{t+\tau} - f(x_{t+\tau-1}, \cdots, x_t; w, u_t))^2\Big) \times P(x_{\tau-1}, \cdots, x_0|\mathcal{H}) \tag{23}$$

3.3 予測アルゴリズム

(a) 事後分布と予測分布

以上の設定に基づき予測分布を計算するのがここでの目的である．推定すべきパラメータは 5 種類ある．

連続パラメータ：データ適合用関数族パーセプトロンのパラメータ w，ハイパーパラメータ α, β

離散パラメータ：マルコフ過程の次数 τ，パーセプトロンの中間素子数 h

ベイズ公式を使って推論を進めていくのが本稿の立場である．

ベイズ公式

考えている空間 Ω を排他事象 $\{A_i\}_{i=1}^{n}$, $A_i \cap A_j = \phi$, $i \neq j$，で覆い，任意の事象 B の条件付確率 $P(B|A_i)$ が与えられているとする．また，各事象 A_i に関する先験的情報

$$P(A_i)$$

が与えられている時，事前分布，あるいは先験分布（prior distribution, *a priori* distribution）と呼ぶ．この時，「事象 B を観測したときの，各事象 A_i の条件付確率」すなわち，事後確率（posterior probability, *a posteriori* probability）は次で与えられる：

$$P(A_i|B) = \frac{P(B|A_i)P(A_i)}{\sum_{i=1}^{n} P(B|A_i)P(A_i)} \tag{24}$$

連続確率変数（x と w と書く）については次式のように和でなく積分となる：

$$P(w|x) = \frac{P(x|w)P(w)}{\int P(x|w)P(w)dw} \tag{25}$$

上述の式(20)あるいは式(21)，そして式(22)を用いるとベイズ公式から次を得る：

$$P(w|D, \alpha, \beta, \mathcal{H}) = \frac{P(D|w, \beta, \mathcal{H})P(w|\alpha, \mathcal{H})}{P(D|\alpha, \beta, \mathcal{H})} \tag{26}$$

$$P(\alpha, \beta|D, \mathcal{H}) = \frac{P(D|\alpha, \beta, \mathcal{H})P(\alpha, \beta|\mathcal{H})}{P(D|\mathcal{H})} \tag{27}$$

$$P(\mathcal{H}|D) = \frac{P(D|\mathcal{H})P(\mathcal{H})}{P(D)} \tag{28}$$

従って学習データ D が与えられたときの予測分布

$$
\begin{aligned}
&P(\{x_{N+t}\}|D) \\
&\quad = \sum_{\mathcal{H}} \iiint P(\{x_{N+t}\}|\beta,\mathcal{H})P(w,\alpha,\beta,\mathcal{H}|D)dwd\alpha d\beta \\
&\quad = \sum_{\mathcal{H}} \iiint P(\{x_{N+t}\}|\beta,\mathcal{H})P(w|D,\alpha,\beta,\mathcal{H})P(\alpha,\beta|D,\mathcal{H})P(\mathcal{H}|D)dwd\alpha
\end{aligned}
\tag{29}
$$

を計算できる．

本稿で考えている時系列に限らず予測問題の最終目的は興味をもつ変数，本稿の場合時系列の将来値 $\{x_t\}$, $t>N$，の何らかの基準に基ずく予測値を計算することである．基準として比較的自然な量は，たとえば予測値と真値の 2 乗誤差の期待値がある．そしてそれを最小にする予測値は予測分布に関する期待値であり，本稿でもこれを予測値とする．

式(26)の意味を見るため模式的な図 11 を考える．ここではパラメータ w もデータ D も 1 次元で表現してある．等高線はモデル $\mathcal{H}$ とハイパーパラメータ α, β が与えられた時の結合分布密度

$$P(D,w|\alpha,\beta,\mathcal{H}) = P(D|w,\beta,\mathcal{H})P(w|\alpha,\mathcal{H}) \tag{30}$$

である．一方データ D(1 点で表現してある)が与えられると，パラメータ w

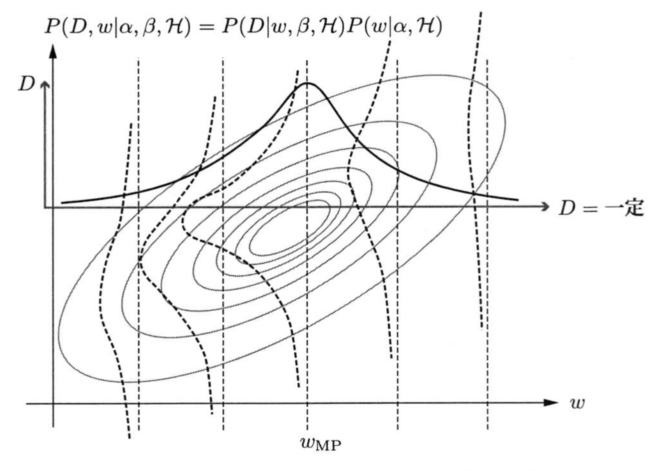

図 11　データ D とパラメータ w の結合分布．

に関して何らかの情報が得られるであろう．結合密度関数 $P(D, w|\alpha, \beta, \mathcal{H})$ を

$$D = \text{const.}$$

の断面で眺めると 1 次元曲線が得られる．図 11 では実線で示してある．これを w の関数とみたとき，最大値を与える

$$w_{\mathrm{MP}} := \arg\max_{w} P(D|w, \beta, \mathcal{H})P(w|\alpha, \mathcal{H}) \tag{31}$$

は事後確率最大を与え MAP（Maximum *A Posteriori*）推定値と呼ばれる．

式(26)の分母 $P(D|\alpha, \beta, \mathcal{H})$ について考えるため図 11 をもとに図 12 を眺めると，式(26)の分母

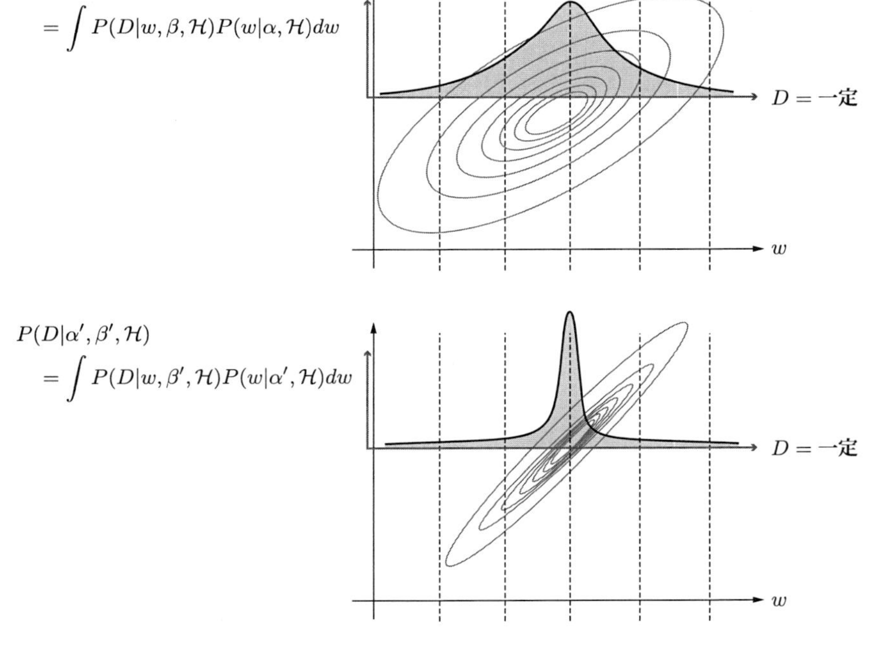

図 12　灰色の部分の面積がハイパーパラメータ周辺尤度を表す．大きい場合のほうがデータをより忠実に表現していると考えられる．

$$P(D|\alpha,\beta,\mathcal{H}) = \int P(D|w,\beta,\mathcal{H})P(w|\alpha,\mathcal{H})dw \tag{32}$$

が w_{MP} の値だけに注目するのでなく w の分布全体を眺め，それを周辺化した量であって，図 12 でいえば破線の下にある部分の面積に相当することがわかる．下図はピーク値は上図のそれより高いが面積は小さい．本稿では上図と下図を比較した場合上図を選ぶことになる．この量(式 32)は「ハイパーパラメータ周辺尤度(hyperparameter marginal likelihood)」と呼べるであろう．これは ABIC(赤池，1980)に相当する量であり，Evidence(MacKay, 1991, 2003)と呼ばれることもある．

式(27)について考えると，分子第 1 項 $P(D|\alpha,\beta,\mathcal{H})$ は上記のハイパーパラメータ周辺尤度であり，第 2 項はハイパーパラメータの事前分布である．従って

$$(\alpha_{\mathrm{MP}},\beta_{\mathrm{MP}}) := \arg\max_{\alpha,\beta} P(\alpha,\beta|D,\mathcal{H})$$

はハイパーパラメータの MAP 推定値である．

式(28)の分子第 1 項，あるいは式(27)の分母：

$$P(D|\mathcal{H}) = \int P(D|\alpha,\beta,\mathcal{H})P(\alpha,\beta|\mathcal{H})d\alpha d\beta$$

を考える．これはハイパーパラメータ周辺尤度を事前分布を考慮して周辺化した量であって「モデル周辺尤度(model marginal likelihood)」と呼んでも良いであろう．モデルに関しても，

$$\arg\max_{\mathcal{H}} P(\mathcal{H}|D) = \arg\max_{\mathcal{H}} P(D|\mathcal{H})P(\mathcal{H})$$

は MAP 推定値を与える．モデルの事前分布 $P(\mathcal{H})$ が一様であればモデル周辺尤度はモデルの良さを評価する量となり得るであろう．図 13 は，2 つの異なるモデルのモデル周辺尤度を模式的に表したものである．ここでも，モデル周辺尤度は曲線の下側の面積に相当する．

パラメータ w の事後分布を求める方法として次のようなものも考えることもできよう．議論を簡単にするためハイパーパラメータが α のみの場合を考える．まず α を積分してしまい：

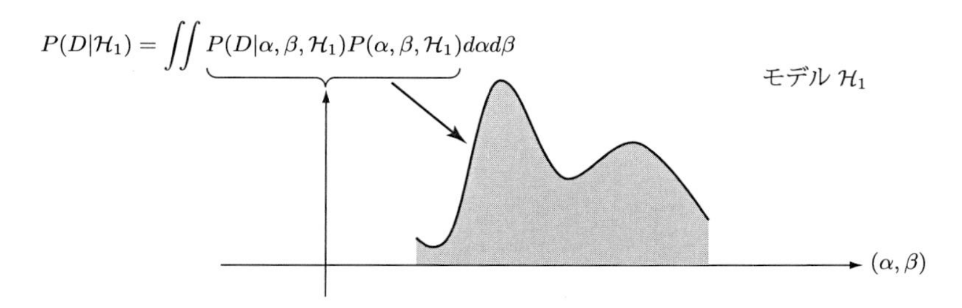

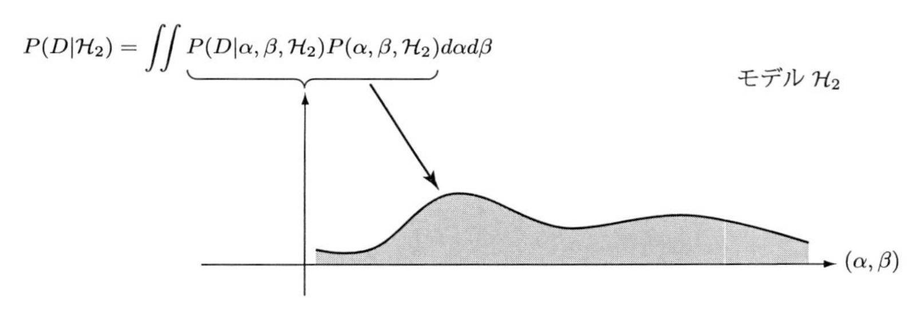

図 13　灰色の部分の面積がモデル周辺尤度を表し，大きい場合のほうがデータをより忠実に表現していると考えられる．

$$P(w|\mathcal{H}) = \int P(w|\alpha,\mathcal{H})P(\alpha|\mathcal{H})d\alpha$$

その上で，

$$P(w|D,\mathcal{H}) \propto P(D|w,\mathcal{H})P(w|\mathcal{H})$$

から MAP 推定を考えてもよさそうに思われるし，実際そのような試みも行われている．が，近似に基づいた推定の良さは上記(26),(27),(28)の方が優れているとの議論がある(MacKay, 1994, 1999)．

(b)　近似

式(29)の結合事後分布 $P(w,\alpha,\beta,\mathcal{H}|D)$ が計算できれば問題はないが，一般には不可能に近いことが多い．非自明な具体的問題に取り組もうとすると当然近似，しかも思いきった近次が必要となる．この章では式(27)を用い，ハイパーパラメータ (α,β) については事後分布最大値に固定，式(26)のパラメータ w については，事後分布最大値における 2 次近似を用いて積分す

る．式(28)のモデルについても事後分布最大を与えるものを用いる．より具体的には以下の近似 A〜近似 D を用いる．

［近似 A：パラメータ事後分布の 2 次近似］

まず式(26)をより具体的に書き下す：

$$P(w|D,\alpha,\beta,\mathcal{H}) = \frac{P(D|w,\beta,\mathcal{H})P(w|\alpha,\mathcal{H})}{P(D|\alpha,\beta,\mathcal{H})} = \frac{\dfrac{1}{Z_W(\alpha)Z(\beta)}\exp(-M(w))}{\displaystyle\int \frac{1}{Z_W(\alpha)Z(\beta)}\exp(-M(w))dw} \tag{33}$$

$$M(w) := \sum_{t=1}^{N-\tau}\left(-\frac{\beta}{2}(x_{t+\tau} - f(x_{t+\tau-1},\cdots,x_t;w))\right)^2 + \sum_{c=1}^{C}\frac{\alpha_c}{2}\|w_c\|^2 \tag{34}$$

$$Z_W(\alpha) := \prod_{c=1}^{C} Z_W(\alpha_c), \quad Z(\beta) := Z_D(\beta)^{N-\tau}$$

その上で分母の対数を次の 2 次式で近似する：

$$\log P(D|\alpha,\beta,\mathrm{H}) \approx -M(w_{\mathrm{MP}}) - \frac{1}{2}\log\det A + \frac{N}{2}\log\frac{\beta}{2\pi} + \sum_{c=1}^{C}\frac{k_c}{2}\log\alpha_c \tag{35}$$

ただし，

$$A := \frac{\partial^2}{\partial w^2}M\bigg|_{w=w_{\mathrm{MP}}}$$

である(w_{MP} は式(31)を参照)．

式(35)は次のように理解される．

$$M(w) \approx M(w_{\mathrm{MP}}) + \frac{1}{2}(w-w_{\mathrm{MP}})^{\mathrm{T}}A(w-w_{\mathrm{MP}})$$

を考慮すると

$$\log\int\exp(-M(w))dw \approx -M(w_{\mathrm{MP}}) - \frac{1}{2}\log\det\frac{\partial^2}{\partial w^2}\bigg|_{w=w_{\mathrm{MP}}}$$

また規格化定数は

$$\log Z(\beta) = \frac{N-\tau}{2}\log\frac{\beta}{2\pi}, \quad \log Z_W(\alpha) = \sum_{c=1}^{C}\frac{k_c}{2}\log\alpha_c$$

であることから式(35)が従う．

［近似 B：ハイパーパラメータ周辺尤度の先鋭性］

ハイパーパラメータ周辺尤度 $P(D\,|\alpha,\beta,\mathcal{H})$ は (α,β) の MAP（Maximum A Posteriori）推定値 $(\alpha_{\mathrm{MP}}$，$\beta_{\mathrm{MP}})$ 付近で鋭いピークを持ち

$$\arg\max_{\mathcal{H}} P(D|\mathcal{H}) = \arg\max_{\mathcal{H}} P(D|\alpha_{\mathrm{MP}},\beta_{\mathrm{MP}},\mathcal{H})$$

が成立することを仮定する．

データ適合用関数族 f を指定すれば $\mathcal{H}$ はマルコフ過程の次数 τ とパーセプトロンの中間素子数 h を意味する．

これらの近似は相当大胆ではあるが，次節で示すように実問題に対して十分機能する場合もある．

［近似 C：パラメータの MAP 推定値 w_{MP} の計算］

$P(w|D,\alpha,\beta,\mathcal{H}) \propto \exp(-M(w))$ なので，関数 $M(w)$ の最適化に帰着される．最適化手法は数多くあり，例えば共役勾配法あるいはその変形は比較的有効に機能する．

ハイパーパラメータの MAP 推定値 $\alpha_{\mathrm{MP}}, \beta_{\mathrm{MP}}$ の計算

事前分布 $P(\alpha,\beta|\mathcal{H})$ が一様であってもハイパーパラメータ MAP 推定値計算は非自明である．ハイパーパラメータ対数周辺尤度 (α,β) に関する微分公式を用いる：

$$\frac{\partial}{\partial\beta}\log P(D|\alpha,\beta,\mathcal{H}) = -\sum_{t=1}^{N-\tau}\Big(-\frac{1}{2}(x_{t+\tau}-f(x_{t+\tau-1},\cdots,x_t;w_{\mathrm{MP}}))\Big)^2 - \frac{1}{2}\mathrm{Tr}A^{-1}B_D - \frac{\partial}{\partial\beta}\log Z_D(\beta) \quad (36)$$

$$\frac{\partial}{\partial\alpha_c}\log P(D|\alpha,\beta,\mathcal{H}) = -\sum_{c=1}^{C}\frac{1}{2}\|w_{c_{\mathrm{MP}}}\|^2 - \frac{1}{2}\mathrm{Tr}A^{-1}B_c - \frac{\partial}{\partial\alpha_c}\log Z_W(\alpha) \quad (37)$$

$$B_D := \frac{\partial^2}{\partial w^2} \sum_{t=1}^{N-\tau} \Big(-\frac{\beta}{2}(x_{t+\tau} - f(x_{t+\tau-1}, \cdots, x_t; w_{\mathrm{MP}})) \Big)^2,$$

$$B_C := \frac{\partial^2}{\partial w^2} \sum_{c=1}^{C} \frac{\alpha_c}{2} \|w_{c_{\mathrm{MP}}}\|^2$$

Tr は行列のトレースを意味する．この微分公式は一般にパラメータ a に依存する行列 $X(a)$ の行列式

$$\frac{\partial}{\partial a} \log \det X(a) = \mathrm{Tr}\Big(X(a)^{-1} \frac{\partial}{\partial a} X(a) \Big)$$

に関する微分公式から従う．ただし，

$$\frac{\partial}{\partial \beta} B_D(w_{\mathrm{MP}}) = 0, \quad \frac{\partial}{\partial \alpha_c} B_c(w_{c_{\mathrm{MP}}}) = 0$$

を仮定している．一般に w_{MP} は α, β の関数なので B_D, B_c とも，α, β に依然として依存する可能性があるからである．

近似 D：近似予測分布

式(29)は変数 x_t の予測分布を与えるが実際の予測問題には例えば予測平均(Predictive Mean)を用いることが多い．これについても厳密には尤度と事後分布密度の積の積分が必要であるが，ここでは思いきった近似を用いる：

$$x_{t+1,\mathrm{MP}} = f(x_{t,\mathrm{MP}}, \cdots, x_{t-\tau,\mathrm{MP}}; w_{\mathrm{MP}})$$

ここに $t > N$ であり τ_{MP} は最も確からしい τ の値である．

すでに述べたようにここでは 1 次元データから背後に潜むダイナミカルシステムを捉え，再構成した上予測を行うが，その背後にある考えは，いわゆる「埋め込み定理」である．これについては付録で，ある程度詳しく説明する．この原理の理論的背景はダイナミカルシステム全体を記述する関数空間における埋め込み写像の適当な位相に関する genericity(開，かつ稠密な集合)に基づくものである．

4　具体的問題

この章の目的は前章までに定式化して提案した予測手法を具体的問題に適用することである．

ふたつのクラスの問題を考える．ひとつは背後にカオス的ダイナミカルシステムが潜む時系列予測問題である．筆者はこの問題を極めてチャレンジングと考えている．理由は3つある．第1は本質的に非線形な問題だからである．線形システムからはカオスは発生しない．理由の第2はカオス的ダイナミカルシステムの軌道誤差拡大性である．いわゆるカオス的アトラクタはサドル形周期解の不安定多様体の閉包になっていることが多く，従って常に軌道誤差が指数的に拡大していくため，長期予測が原理的に不可能であるからである．第3の理由は観測データが1次元のとき高次元のカオスダイナミカルシステムを再構成し，それをもとに予測をすることの困難さがあるからである．

この章で取り上げるもうひとつのクラスの問題ははるかに現実的であり，筆者のような工学者にとっては重要な問題のひとつであって，別の意味でチャレンジングである．1997年12月の地球温暖化防止京都会議で決議されたいわゆる“京都の約束”は CO_2 等の温室効果ガス排出量6% 削減を図るものであった．これは先進国にも発展途上国にも，全ての国々に等しく課された重要責務であり，目標の達成に向けいくつかの方策が試みられている．電気エネルギーの発生にかかわる CO_2 ついては現在のところ最も有望なもののひとつが氷蓄熱システム(後述)である．それが有効に機能するためには精度の高いビルディングの空調熱負荷予測手法が必要である．実際，社会からのニーズは高くある学会主催のコンテストが開催されたので筆者らも参加した．後述する結果はその際に得られたものである．

4.1　ノイズを含むカオス的時系列予測

(a)　エノン(Henon)系

フランスの天文学者エノンは次のような離散ダイナミカルシステムを考えた：

$$x_{t+1} = 0.2x_{t-1} + 1 - 0.4x_t^2$$

これは変換

$$y_{t+1} = 0.2x_1$$

により 2 次元のダイナミカルシステムとなる：

$$\begin{aligned} x_{t+1} &= y_t + 1 - 0.4x_t^2 \\ y_{t+1} &= 0.2x_{t-1} \end{aligned} \tag{38}$$

図 14 はこの系の軌跡をプロットしたものでありカオス的ふるまいを示す．式(38)の 2 つの式おのおのに，平均 0，分散 $(0.04)^2$ の正規雑音を加えたも

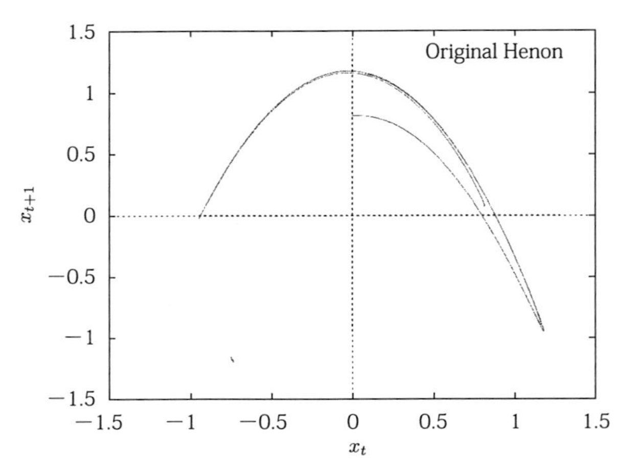

図 14　エノンダイナミカルシステム(38)式の解．1 本の曲線に見えるが，実際は 1 本の曲線ではなく，無限個の曲線群が複雑に折りたたまれた構造(カントール構造)をしている．カントール構造については付録参照(Matsumoto *et al.*(2001)．©2001 IEEE)．

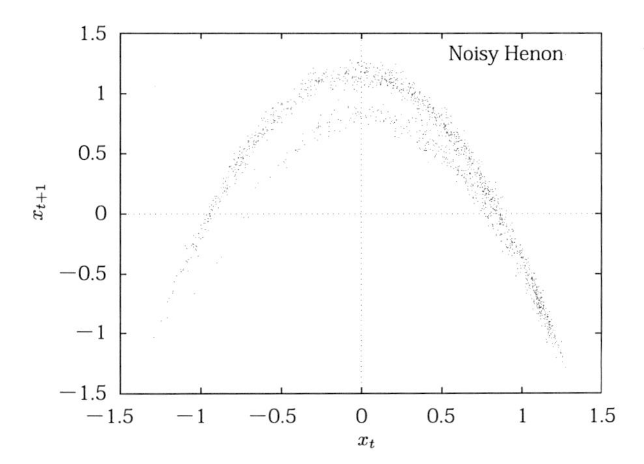

図 15　ノイズが加わったエノンダイナミカルシステムの解(Matsumoto *et al.*(2001). ©2001 IEEE).

のが図 15 である．x_t 座標のスカラー時系列を 100 点用意し，前章までに述べた手法で推定と予測を試みる．まず $\boldsymbol{w}$ に関する M(式(34))の最適化はランダムな初期値を複数種用意し，共役勾配法を用いる．式(36),(37)を用いる (α, β) の最適化に関しても共役勾配法を用いる．図 16 は対数周辺

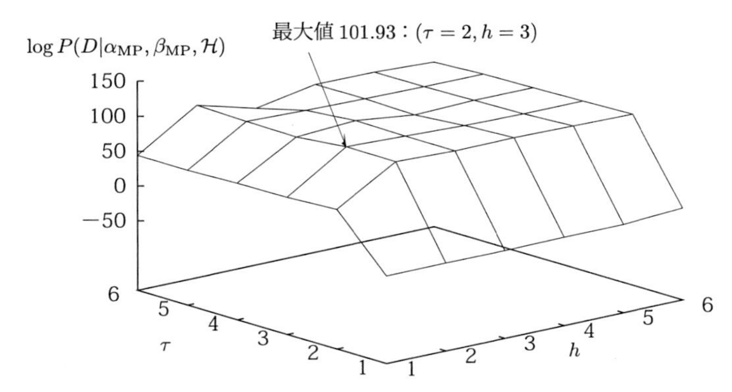

図 16　エノンダイナミカルシステムに対するハイパーパラメータ周辺尤度 $P(D|\alpha_{\mathrm{MP}}, \beta_{\mathrm{MP}}, \mathcal{H})$ をパーセプトロンの隠れ素子数 h と遅延座標数 τ の関数として対数スケールでプロットした(Matsumoto *et al.*(2001). ©2001 IEEE).

尤度 $\log P(D|\alpha_{\mathrm{MP}},\beta_{\mathrm{MP}},\mathcal{H})$ を (τ,h) に対してプロットしたものである．各 (τ,h) に対して最も $\log P(D|\alpha_{\mathrm{MP}},\beta_{\mathrm{MP}},\mathcal{H})$ の値が大きかった w_{MP} に対応するものをプロットした．おのおの $\tau=2, h=3$ で最大値をとり，それ以後は飽和していると推察される．

図 17 は各遅延座標に接続しているパラメータグループの MAP 推定値 $w_{c,\mathrm{MP}}$ のノルムの 2 乗をプロットしたものである．複数のプロットは例えば (x_t, x_{t-1}) の時の $\|w_{c,\mathrm{MP}}\|^2/2$ と，(x_t, x_{t-1}, x_{t-2}) の時のそれとがプロットされていることによる．x_{t-2} 以後の遅延座標に接続されているグループのパラメータ値 $w_{c,\mathrm{MP}}$ のノルムはほとんど 0 になっており，このデータに対して $\tau=2$ が明快に推定されている．

図 18 は対応する $\alpha_{c,\mathrm{MP}}$ の値を対数スケールでプロットしたものであり "不要" なパラメータグループに対応するものは大きな値になっている．こ

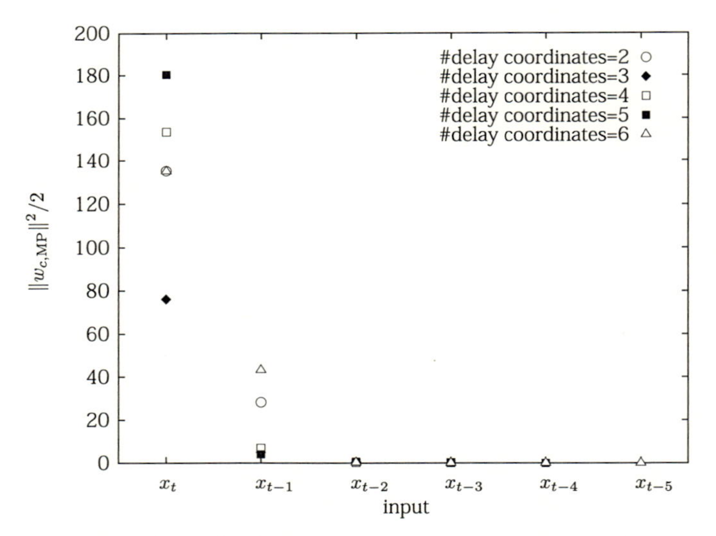

図 17　事後分布最大をとるパラメータ w_{MP} のグループごとのパラメータの大きさの 2 乗を，各遅延座標ごとに示した．2 つの遅延座標に関するもの以外はほぼパラメータがゼロになっており，3 番目以後の遅延座標は予測にはほとんど寄与しないと考えられる．プロットが複数あるのは最適化過程での初期条件を複数選んだことによる（Matsumoto *et al.*（2001）．©2001 IEEE）．

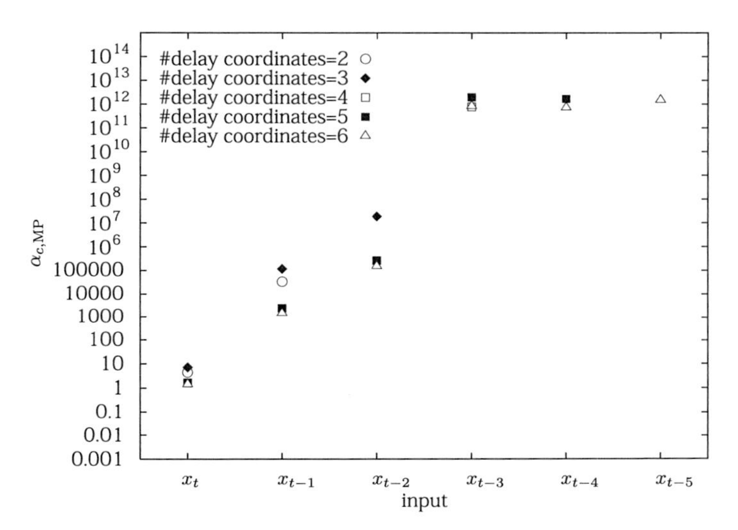

図 18 ハイパーパラメータ α_c の事後分布．大きいものに対応するパラメータ群は予測にあまり寄与していないと考えられる(Matsumoto *et al.*(2001)．©2001 IEEE)．

こでの手法はマルコフ過程の次数，あるいは確定系の場合における埋め込み次元推定の新しいアルゴリズムとしての可能性を示していると思われる(杉ほか，2003)．

図 19 は再構成された (x_t, x_{t-1}) プロット，そして図 20 は学習データには含まれていない初期値から予測を行い，真のエノン系と比較したものである．約 15 ステップは極めてよい予測を行っていることがわかる．

(b) システムノイズを含むレスラー(Rössler)系

ドイツの物理学者レスラーが提案した連続ダイナミカルシステム

$$
\begin{aligned}
\dot{x} &= -y - z \\
\dot{y} &= x + 0.36y \\
\dot{z} &= 0.4x - 4.5z + xz
\end{aligned}
\tag{39}
$$

は図 21 のようなカオス的な振る舞いを示す．この系の各成分に雑音が加わっている場合の学習・予測を考える．連続系のノイズプロセスには理論

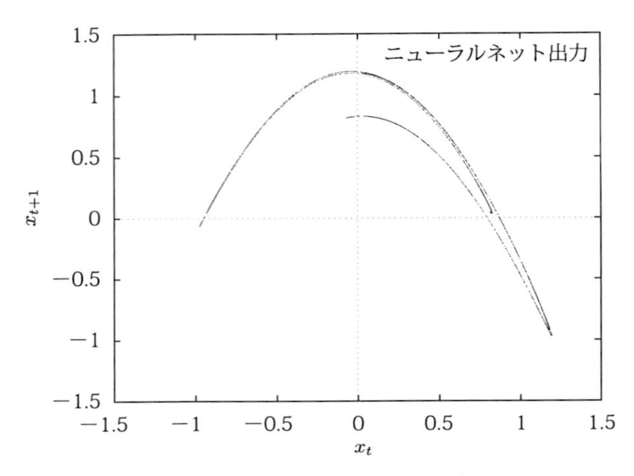

図 **19** 学習の結果得られたアトラクター(Matsumoto *et al.*(2001). ©2001 IEEE).

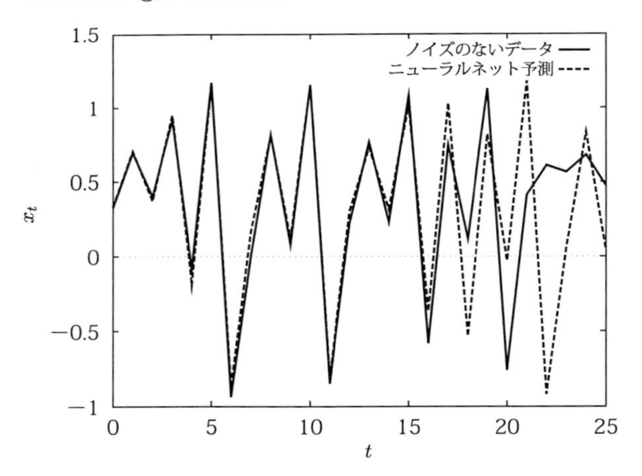

図 **20** 学習されたモデルを用いてエノンダイナミカルシステムの軌道を予測した．17 ステップ程度はかなり良い予測ができていると思われる(Matsumoto *et al.*(2001). © 2001 IEEE).

的取り扱いが容易でない側面が存在するので，ここでは次のような離散系を考える：

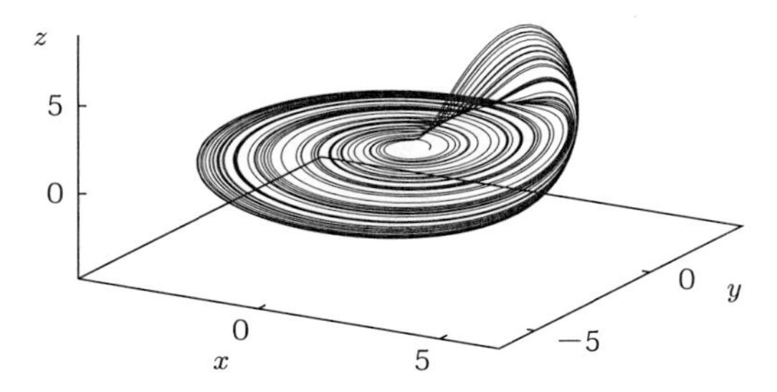

図 **21**　レスラーダイナミカルシステム(雑音がない場合)のアトラクター(Matsumoto *et al.*(2001). ©2001 IEEE).

$$
\begin{aligned}
x_{(t+1)\delta} &= g^x(x_{t\delta}, y_{t\delta}, z_{t\delta}) + \nu^x_{t\delta} \\
y_{(t+1)\delta} &= g^y(x_{t\delta}, y_{t\delta}, z_{t\delta}) + \nu^y_{t\delta} \\
z_{(t+1)\delta} &= g^z(x_{t\delta}, y_{t\delta}, z_{t\delta}) + \nu^z_{t\delta} \\
\nu^x_{t\delta},\ \nu^y_{t\delta},\ \nu^z_{t\delta} &\sim, N(0, (0.02)^2)
\end{aligned}
\tag{40}
$$

ただし，g^x, g^y, g^z，はステップサイズ δ のルンゲ-クッタ(Runge-Kutta)法による数値積分である．

観測データを一次元時系列 $\{x_{t\,\delta}\}$, $t \geq 0$ とし，サンプリング周期 η にて連続する 500 点が学習データとして与えられたとする．ただし，$\delta = 0.01$, $\eta = 70$ である．$(x_{t\,\delta\,\eta}, x_{(t-1)\,\delta\,\eta}, x_{(t-2)\,\delta\,\eta})$ を図 22 に示す．理論的にはサンプリング周期 η も推定されるべきでありそれなりの手法は提案されているが，ここでは τ の推定に焦点を絞り η は既知とする．

問題の困難さを指摘するため，式(39)の解を

$$
\begin{aligned}
x(t) &= \varphi^t_x(x(0), y(0), z(0)) \\
y(t) &= \varphi^t_y(x(0), y(0), z(0)) \\
z(t) &= \varphi^t_z(x(0), y(0), z(0))
\end{aligned}
$$

とかく．$x(0)$, $y(0)$, $z(0)$ は初期値である．この系は非線形なので一般に解軌道を与える関数 φ^t_x, φ^t_y, φ^t_z は解析表現不可能である．対応する離散表現(40)においても解析表現不可能である．さらにここでの問題設定では 3 つの状態量 x, y, z 全てが観測されるのでなく，観測可能な量はひとつ，x

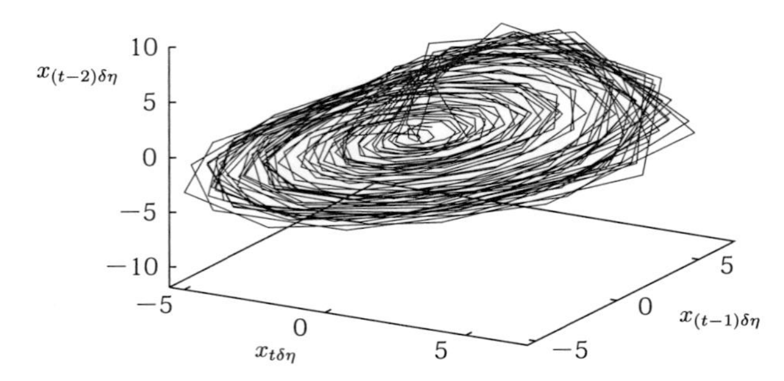

図 **22** 雑音をもつレスラーダイナミカルシステムの x 成分を遅延座標を用いて埋め込んだ(Matsumoto *et al.*(2001). ©2001 IEEE).

だけである．控え目に言っても非自明な問題設定であろう．

このデータを τ と h の異なる複数のモデルに対して前章までのアルゴリズムを用いて推定・予測を行う．図 23 は次数(埋め込み次元)とパーセプトロンの中間素子数 h に対するハイパーパラメータ対数周辺尤度 $\log P(D|\alpha_{\mathrm{MP}}, \beta_{\mathrm{MP}}, \mathcal{H})$ のプロットであり，h に関しては 5，τ に関しては 4 でおのおの最大でその後は飽和していると推測される．

最適と推定された $\tau=4$, $h=5$ のモデルから得られた予測時系列と真の時系列の比較を図 24 に示す．初期値は学習データにないものから選んだ．

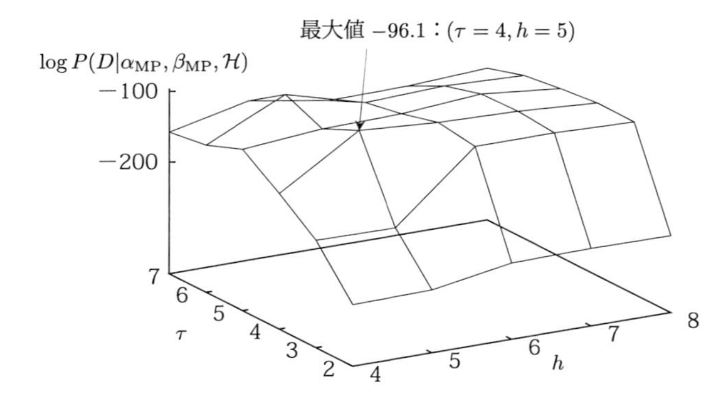

図 **23** レスラーダイナミカルシステムに対するハイパーパラメータ周辺尤度 $P(D|\alpha_{\mathrm{MP}}, \beta_{\mathrm{MP}}, \mathcal{H})$ をパーセプトロンの隠れ素子数 h と遅延座標 τ の関数として対数スケールでプロットした(Matsumoto *et al.*(2001). ©2001 IEEE).

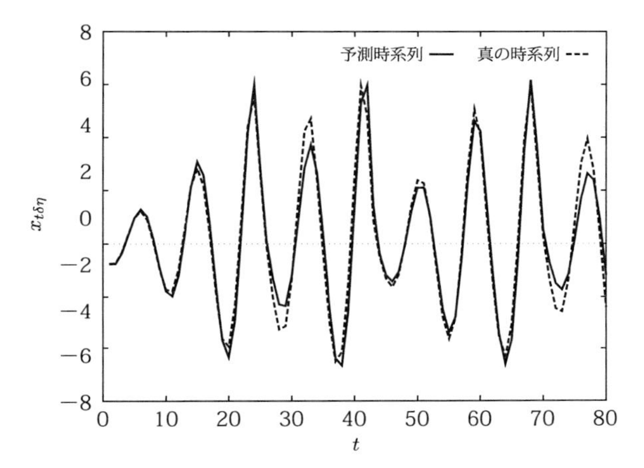

図 **24** 学習されたモデルを用いてレスラーダイナミカルシステムの軌道を予測した．70 ステップ程度はかなり良い予測ができていると思われる(Matsumoto *et al.*(2001)．©2001 IEEE)．

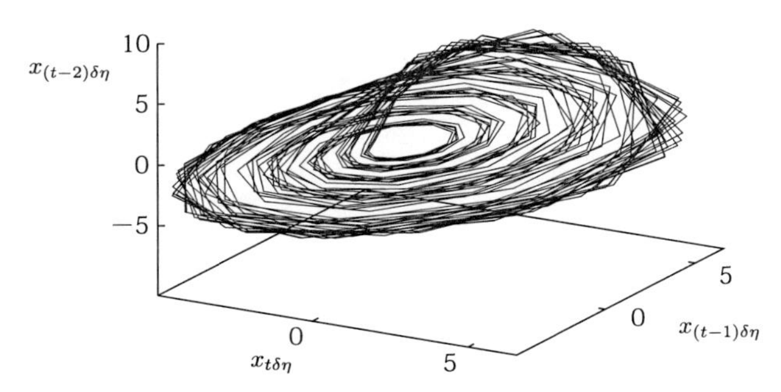

図 **25** 学習されたモデルを用いてレスラーダイナミカルシステムの軌道を予測し，それを 3 次元空間に埋めこんだ(Matsumoto *et al.*(2001)．©2001 IEEE)．

また図 25 は予測値の $(x_{t\,\delta\,\eta}, x_{(t-1)\,\delta\,\eta}, x_{(t-2)\,\delta\,\eta})$ プロットであり図 26 は真のレスラー系のプロットである．図 27 は異なる τ のモデルに対して時刻 80 ステップまでの予測誤差をプロットしたものである．(近似)モデル周辺尤度が飽和したと思われる $\tau = 4$ のモデルの誤差が最も小さくなっている．

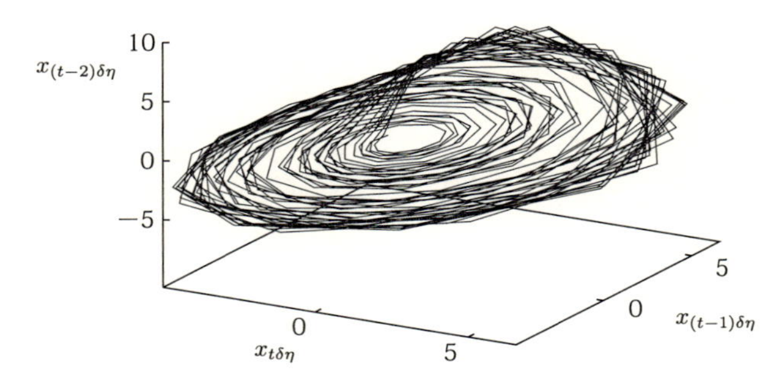

図 26 対応する真のレスラーダイナミカルシステムの x 成分を 3 次元空間に埋め込んだ(Matsumoto *et al.*(2001). ©2001 IEEE).

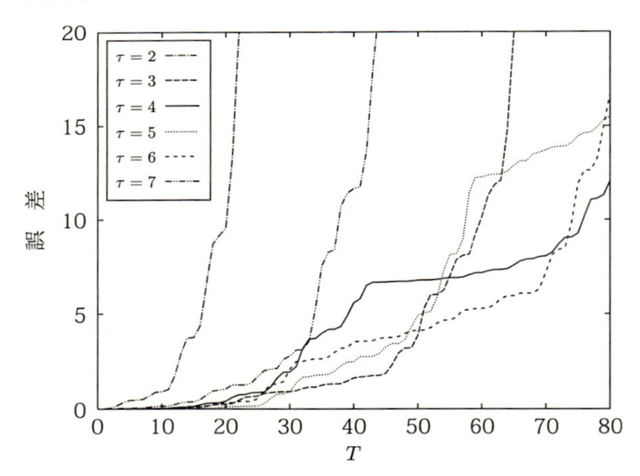

図 27 τ による予測誤差の違い(Matsumoto *et al.*(2001). ©2001 IEEE).

4.2 空調負荷予測

(a) 問題提起：CO_2 排出量削減

現在日本国内のオフィスビルや家庭で使われている空調・給湯設備からは年間約 1 億 5000 万 t-CO_2 の二酸化炭素が排出されており，これは日本における温室効果ガス総排出量のおよそ 12% にあたる．排出量削減の思い切った取り組みが必要である．電気エネルギー発生時における CO_2 の削減手法はいくつか検討・提案されているが当面最も有望な手法の一つは「蓄熱式空調システム」である．

このシステムは割安な夜間電力を用いて氷や冷水をつくって蓄熱槽に蓄え，その冷熱を昼間に利用するものである(図 28)．蓄熱システムは夜間電力は主として非化石燃料が受け持っているため CO_2 排出量が少ない，高効率のヒートポンプを熱源機として利用するため入力エネルギー以上の熱量を取り出すことができる，夜間に熱を蓄え昼間に利用することで熱源機の定格運転効果や夜間の涼しい外気を利用した冷房蓄熱時の効率向上により省エネルギーが実現される，等の特徴を備えている．

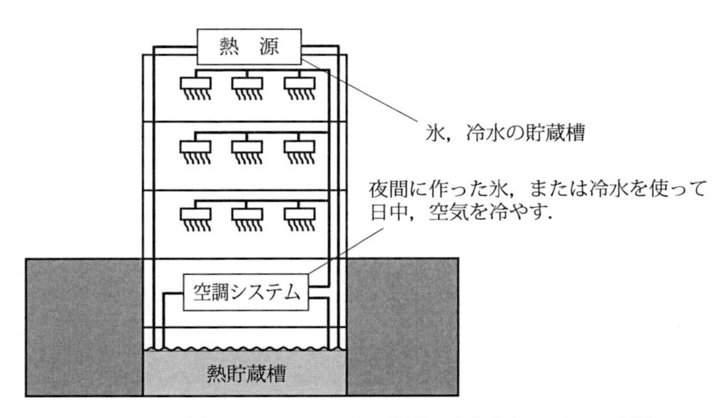

図 28　氷蓄熱システムの原理．夜間に氷を作り，翌日の空調に使う((財)ヒートポンプ・蓄熱センターの図を改変)．

現在行われている蓄熱式空調システムの運用においては，蓄熱槽にその最大容量まで熱を蓄えることが多くそのため利用率が悪く槽からの熱損失を招いている，またピーク負荷が生じる以前の午前中に蓄熱を使い過ぎるためピーク時には結局電気を使って不足した熱を補う，などの欠点が挙げられる．これらの問題を克服するには精度よく熱負荷を予測する必要がある．

このような動機を踏まえ空気調和・衛生工学会により蓄熱式空調システムの「熱負荷予測コンテスト」が開催されたので筆者のグループも参加した．その概要と筆者グループの予測結果を述べる．

(b) 目　　的

このコンテストの目的は延べ床面積 28481m^2 をもつかなり大型のビルディング(この情報はコンテスト終了後公開された)における空調熱負荷予測である．

学習データとして 1996 年 6 月 1 日から 7 月 31 日の期間における 4 階から 10 階までの 1 時間毎の実測データが与えられる．学習データの一部を図 29 に示す．コンテスト参加者はこの学習データをもとにアルゴリズムを構築しておく．8 月 1 日から 31 日の期間の気象データが与えられたときに，4 階から 10 階の空調機の 1 時間毎の積算熱負荷を予測する．気象データは 1 日ごとに開催者から電子メールで配信され，1 日分 24 点の予測値を送信すると翌日の気象データが送られてくる．

開催者のもつ真の値(実際の観測値)とコンテスト参加者の予測値の 2 乗誤差で予測精度を競うものであった．

(c) 変数選択

熱負荷を予測するにあたりまず問題になるのがいわゆる「変数選択」の問題であって多くの分野で重要な問題のひとつである．与えられたデータの中からどれを入力変数とするかである．今回のコンテストで与えられた気象データは外気温度，外気相対湿度，室内平均温度，室内平均湿度，水平面全天日射量，風速の 6 種類であるが，これら全てが予測すべき空調機熱負荷に意味のある変数であるか否かは不明である．余計な変数を用いて学習を行うと調整すべきパラメータの増加を招き，予測精度に悪影響を及ぼす事がままある．変数の選択については極力 *ad hoc* ではない客観的評価基準が必要であろう．

前章で述べたように第 c グループのパラメータ w_c 分布の分散を規定するハイパーパラメータ α_c の MAP 推定値 $\alpha_{c,\mathrm{MP}}$ が非常に大きければ w_c 事後分布は原点近くに集中するため，対応する入力変数はモデルの構成に必要とされる度合いが低いと考えられる．まずダイナミクスの次数を 1 と仮定したうえ全てのデータを入力変数としてモデルを構成し，前章で述べた近

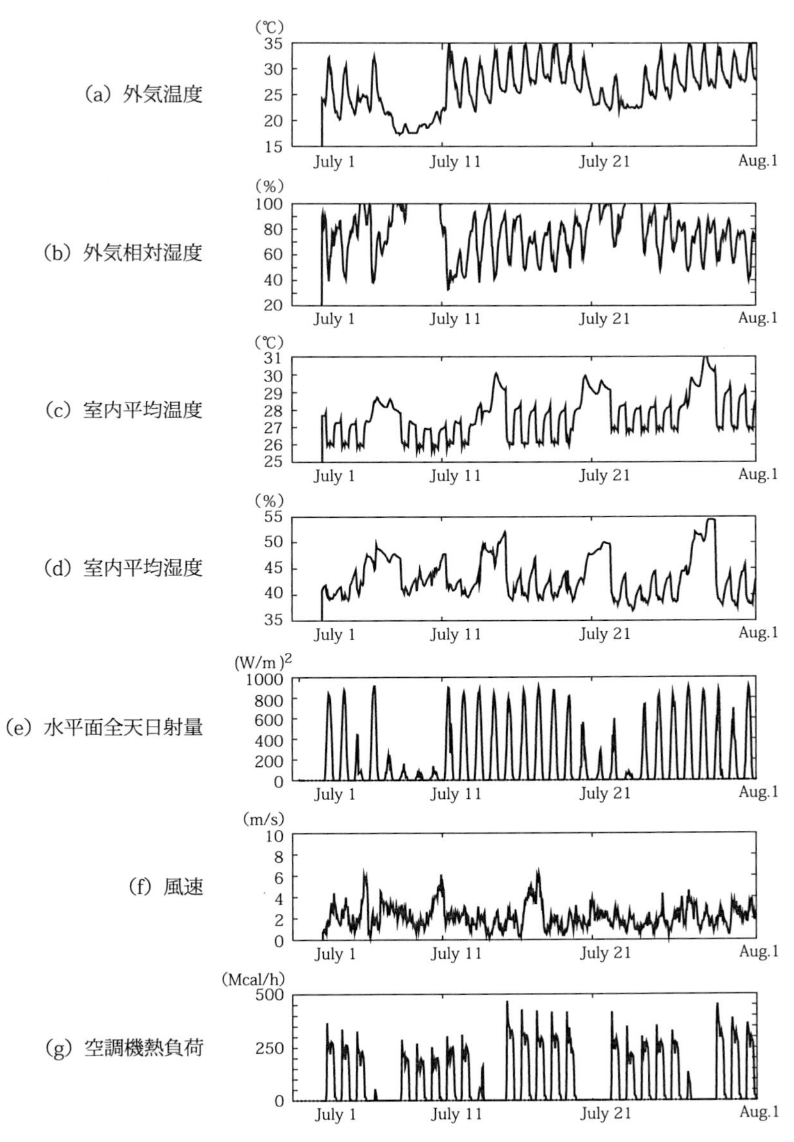

図 29　空調熱負荷コンテストでの学習データ．上から，外気温度，外気相対湿度，室内平均温度，室内平均湿度，水平面全天日射量，風速，そして注目する変数である空調機熱負荷を示す(空気調和・衛生工学会によるデータ)．

似を用いてそれぞれの変数に対応する $\alpha_{c,\mathrm{MP}}$ の値をプロットしたものが図30(a)である．同一変数に対して複数プロットがあるのは w_c の初期条件(分散，乱数の発生方法など)を複数用意したためである．これを見ると外気相対湿度(OH)，水平面全天日射量(SR)，風速(WV)に対応する $\alpha_{c,\mathrm{MP}}$ の値が他の変数に比べ極端に大きくなっており，これらの変数はモデル構成に対する重要度が低いと考えられるため，予測には用いないことにした．ただし室内平均湿度(RH)を入力データに加えた．理由は図29に示される時系列からほぼ確実に有効な情報と判断したためである．実際に学習を行った結果(図30(a))を見る限りでは入力データに加える必要はないかもしれない．

予測すべき空調機の熱負荷はダイナミクスを持つと考え，次数が1のモデル，すなわち時刻 t の熱負荷 x_t(図では HL(t) と表示)を入力変数としたものからダイナミクスの次数が4のモデル，すなわち時刻 $t-3$ から時刻 t までの熱負荷，x_{t-3}，x_{t-2}，x_{t-1}，x_t を入力変数としたものについて，おのおののグループのパラメータの2乗和を示したのが図30(b)である．図30(b)では x_{t-3}，x_{t-2} に対応するパラメータが図のスケール上では表示されない程度小さくなっており，ダイナミクスの次数を2，すなわち時刻 t の熱負荷 x_t と時刻 $t-1$ の熱負荷 x_{t-1} を変数としてモデルを構築するのが適当と判断した*2．

最終的には図31に示すようなアーキテクチャで予測を行った．ここで，$u_{t,\mathrm{time}}$ は時間変数を表し，$u_{t,\mathrm{OT}}$，$u_{t,\mathrm{RT}}$，$u_{t,\mathrm{RH}}$ は時刻 t での OT, RT, RH, を表す．$u_{t+1,\mathrm{RT}}$，$u_{t+1,\mathrm{RH}}$ は時刻 $t+1$ におけるおのおのの量である．

以上の説明は平日の予測モデルであり，休日の予測は別のアーキテクチャが必要と思われる．その理由としては平日に比べ休日の日数が非常に少ないため学習データが少なく，休日の予測のための学習があまりよく行えないからである．

---

*2 図30でも，既述のエノン，レスラーと同様，パラメータ，ハイパーパラメータとも，共役勾配法による最適化をおこなっており，おのおの，複数の初期値を用意した．図30(b)の複数プロットはこれに相当する．図30(a)は，見やすくするため，もっとも高い周辺尤度を与えたハイパーパラメータを1つ固定し，パラメータ最適化に複数の初期値を用意してプロットした．プロットの記号が同一なのはそのためである．

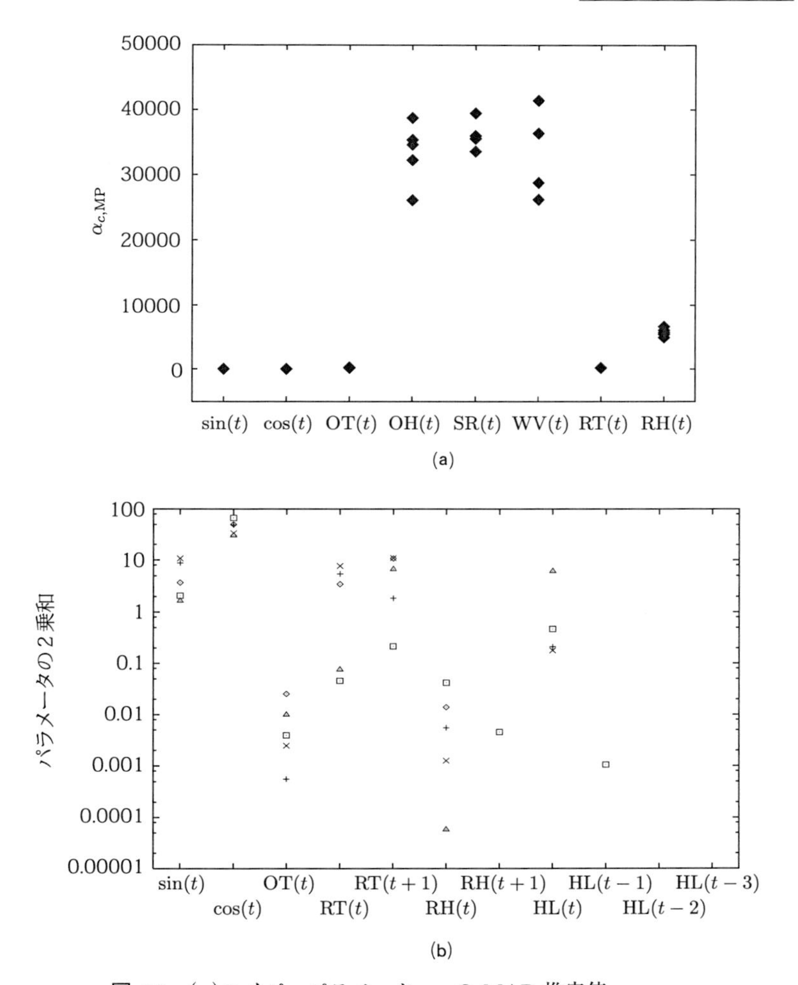

図 30　(a)ハイパーパラメータ α_c の MAP 推定値 $\alpha_{c,\mathrm{MP}}$. (b)ダイナミクスの次数が 4 の 4 つのモデルにおけるパラメータの 2 乗和．事後モードにおけるパラメータグループ群の大きさを，入力変数(気象データ)ごとにプロットした(Matsumoto *et al.*(2001). ©2001 IEEE).

式(23)の尤度はノイズ過程 v_t を想定している．ここで考えているビルディングの空調機熱負荷予測問題では，例えば人間の出入りや OA 機器を含む電気機器の運転等がノイズ過程にモデル化されていると考えている．

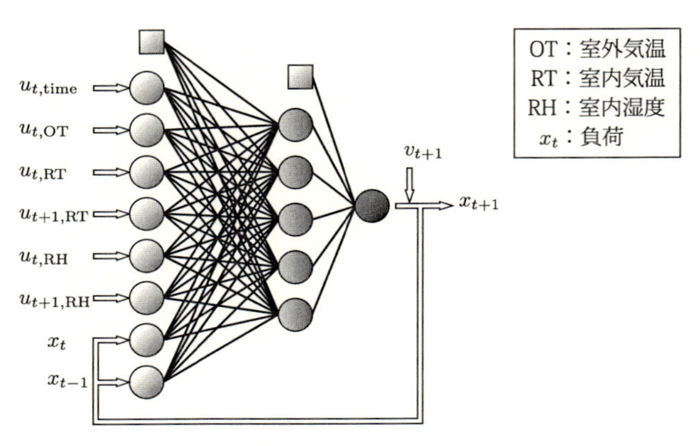

図 **31**　コンテスト予測に用いたモデル．

これらが妥当であるか否かは検討の余地があると思われる．また，これはシステムノイズであって熱負荷の観測ノイズはモデル化されておらず，これについても将来の検討事項である．

図 32 はデータフィットに用いたパーセプトロンの，中間素子数 $h=1\sim9$ に対するハイパーパラメータ周辺尤度

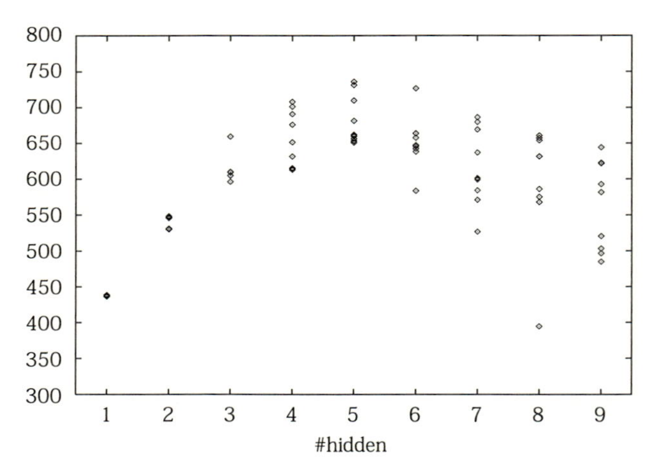

図 **32**　ハイパーパラメータ周辺尤度 $P(D|\alpha_{\mathrm{MP}},\beta_{\mathrm{MP}},\mathcal{H})$ をパーセプトロンの隠れ素子数 h に対して対数スケールでプロットした(Matsumoto *et al.*(2001). ©2001 IEEE).

$$\log P(D|\alpha_{\mathrm{MP}}, \beta_{\mathrm{MP}}, \mathcal{H}) \tag{41}$$

をプロットしたものである．プロットが複数あるのは評価関数 M の最適化のために w に異なる初期条件を与えたことによる．アーキテクチャは上述のものである．

(d) 予　測

式(41)の値が最も大きいモデル(図32では中間素子数が5のモデル)を最適なモデル $\mathcal{H}_{\mathrm{MP}}$ とし，このモデルで予測を行ってコンテスト開催者に提出した．図33は8月1日～31日の予測結果(実線)である．破線は予測結果提出後，コンテスト開催者から送られてきた真の値(実測値)である．熱負荷の値，1時間ごとの変動など比較的良い予測ができているように思われる．ただし予測期間の後半では気温の変動が激しく，前半と比べると多少予測精度が悪くなっている．

主催者は実際の観測値と各参加者の予測値との誤差の2乗和で評価を行い順位を公表した．我々の予測は誤差の2乗和が 1.64443×10^{11} [kcal/h] で参加17グループ中1位であった．また参加者全体の誤差の2乗和の平均は 1.211154×10^{12} [kcal/h], 標準偏差は 1.324185×10^{12} [kcal/h] であった．ここで説明した手法は比較的健全なものと考えている．

この章の詳細は Matsumoto *et al.*(2001)に見ることができる．コンテストの概要と参加者の手法は文献(コンテスト，1998)にある．

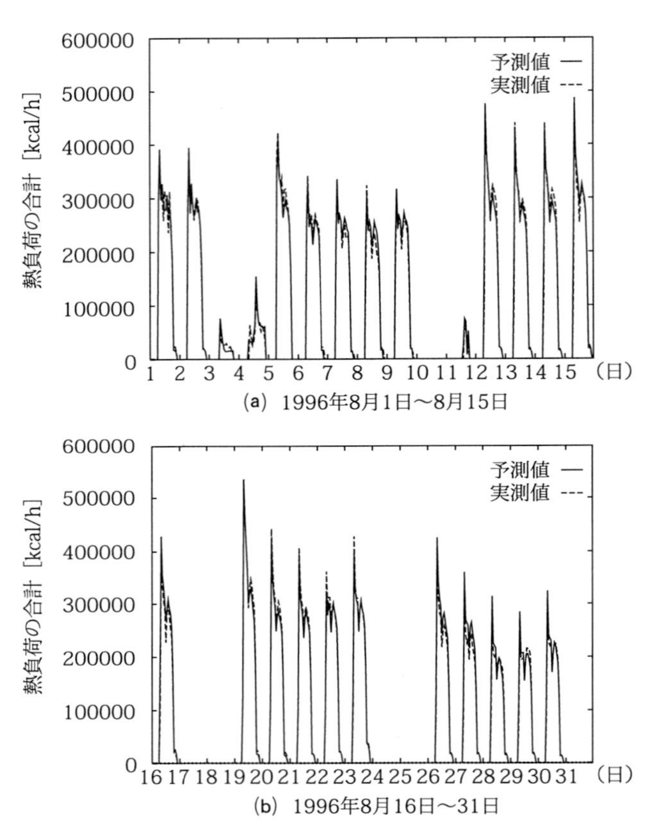

図 33　ここで述べた手法による予測(実線)と，コンテスト終了後開催者から公表された実測値(破線)．(a)8 月 1 日～15 日，(b)8 月 16 日～31 日(Matsumoto *et al.*(2001)より改変．

5　ハミルトニアン・モンテカルロによるベイズ的学習と予測

ベイズ的枠組みは理論的には

(1) パラメータ，ハイパーパラメータ，モデル事後分布の評価；

(2) パラメータハイパーパラメータ，モデル事後分布を用いた予測分布の評価；

(3) これらに基づく予測値の計算；

の3段階からなる．

パラメータ，ハイパーパラメータが非線形に現われる場合，事後分布の評価には相当な困難が付きまとうことはすでに見たとおりであって思いきった近似が必要であった．本章ではモンテカルロによりパラメータ，ハイパーパラメータの事後分布よりサンプルをとり，それらを用いて時系列の予測分布からのサンプルをとったうえ，最終的に予測値を計算する手法を説明し，前章で扱った具体的問題に適用してその有効性を示す．

ハミルトニアン・モンテカルロおよび，そのベイズ学習における有効性についてはNeal(1996)に詳しい．また，本稿後述の数値実験ではNeal(2000)を部分的に使用した．

5.1　ハイパーパラメータ事前分布

ハイパーパラメータ $\alpha_c, c=1,\cdots,C$，の事前分布は互いに独立にガンマ分布に従うと仮定する：

$$P(\alpha_c|\mathcal{H}) := \frac{(\psi_{a_c}/2\kappa_{\alpha_c})^{\psi_{a_c}/2}}{\Gamma(\psi_{a_c}/2)}\alpha_c^{\psi_{a_c}/2-1}\exp(-\alpha_c\psi_{a_c}/2\kappa_{\alpha_c})$$

ハイパーパラメータ β の事前分布についても α_c，とは独立のガンマ分布と仮定する：

$$P(\beta|\mathcal{H}) := \frac{(\psi_\beta/2\kappa_\beta)^{\psi_\beta/2}}{\Gamma(\psi_\beta/2)} \alpha_c^{\psi_\beta/2-1} \exp(-\beta\psi_\beta/2\kappa_\beta)$$

$\kappa_{\alpha_c} > 0$, $\psi_{\alpha_c} > 0$，であり，前者(width パラメータと呼ばれる)はガンマ分布の“巾”と期待値を表わすパラメータであり，後者(shape パラメータと呼ばれる)はガンマ分布の鋭さを表わすパラメータである．$\Gamma(\cdot)$ はガンマ関数を表わす：

$$\Gamma(a) := \int_0^\infty b^{a-1} \exp(-b) db$$

これ以外の部分は 4 章で述べた定式化に従う．

ハイパーパラメータの事前分布にガンマ分布を仮定する理由を述べる．本稿で説明しているような階層的に定式化されるベイズ学習では先験分布を考える比較的健全な方法は，最上層に位置するハイパーパラメータに vague prior と呼ばれる，広がった分布を仮定する方法である．適当なパラメータのもとでのガンマ分布はそのような条件を満たしているといってよいであろう．この事実以外に先験分布としてガンマ分布を仮定すると共役性が帰結し，事後分布も同一の分布族となるため比較的単純なギブスサンプリング(Gibbs Sampling；Gilks et al., 1996)が可能となる．

問題はパラメータ w の事後分布からのサンプルである．3 章の尤度(式(26))の w 依存性を眺めると，w の事後分布は少なくとも部分的に極めて複雑であろうことが予想され，実際それがおきることがままある．従って単純ギブスサンプリングでは良い事後サンプルを採取できないことも十分あることが指摘されている．次に述べるハミルトニアン・モンテカルロは前章までに現れたエネルギー関数 $M(\cdot)$ から自然に定義されるハミルトン・ダイナミカルシステム(Hamiltonian Dynamical System)による確定的状態遷移と，メトロポリス(Metropolis)スキームによる確率的状態遷移をハイブリッドに用いる手法である．後述するように前章で説明した具体例に関してハミルトニアン・モンテカルロによる予測精度の向上が確認された．

5.2　学　習

(a)　マルコフ連鎖モンテカルロ(**Markov Chain Monte Carlo, MCMC**)

これに関しては本シリーズの別の本にゆずり，ごく簡単な説明にとどめたい．

サンプルを得たい確率変数の分布密度関数が

$$\pi(y) := \frac{1}{Z}\exp(-h(y)) \tag{42}$$

で与えられる場合を考える．Z は規格化定数である．マルコフ連鎖モンテカルロは状態遷移確率密度 $P(y_{t+1}|y_t)$ をもつ確率的ダイナミカルシステムを考え，これに関して上記 $\pi(y)$ を不変とする，すなわち

$$\int P(y^*|y)\pi(y)dy = \pi(y^*) \tag{43}$$

が満たされるよう $P(y_{t+1}|y_t)$ を設計し，この状態遷移密度関数をもとにサンプルを採取する手法である．多くのマルコフ連鎖モンテカルロでは，“詳細釣り合い条件”と呼ばれる強い条件が満たされるよう設計されている：

$$P(y^*|y)\pi(y) = P(y|y^*)\pi(y^*) \tag{44}$$

これから不変性(式(43))が導かれることはほぼ自明である．もちろん式(44)は不変性の必要条件ではない．また各仮想時刻で上記手順でサンプルを採取すると，目的の分布に収束するためには更に条件が必要だが，それらについては本稿の目的を超えるので他の文献に譲りたいと思う．

マルコフ連鎖モンテカルロ手法の多くはその基本的な部分に，以下に述べるメトロポリススキームを用いておりここで用いるハミルトニアン・モンテカルロによるパラメータの更新も同様である．

[メトロポリス **1**] ステップ j でサンプル $y^{(j)}$ が得られているとする．適当に工夫された“対称”な遷移確率密度(proposal distribution)$Q(y^*|y^{(j)})$ を準備し，現在の状態 $y^{(j)}$ からサンプル y^* を発生する．これに付随する $h(\cdot)$ の変化を計算する：

$$\Delta := h(y^*) - h(y^{(j)})$$

［**メトロポリス 2**］$[0,1]$ 上の一様分布から乱数 ς を発生し，

$$\varsigma \le \exp(-\Delta h) = \frac{\pi(y^*)}{\pi(y^{(j)})}$$

なら $y^{(j+1)} = y^*$（受容），そうでなければ $y^{(j+1)} = y^{(j)}$（拒否）．

対称の意味は

$$Q(y^*|y^{(j)}) = Q(y^{(j)}|y^*) \tag{45}$$

であり，この条件のもと“詳細釣り合い条件”が満たされる．実際［メトロポリス 1］，［メトロポリス 2］を 1 つにまとめると

$$\pi(y)Q(y^*|y)\min\left\{1, \frac{\pi(y^*)Q(y|y^*)}{\pi(y)Q(y^*|y)}\right\} = \min\{\pi(y)Q(y^*|y), \pi(y^*)Q(y|y^*)\}$$

となり，この式の右辺は y と y^* に関して対称なので式(44)が成立する．

(b)　パラメータに対するハミルトニアン・モンテカルロ

尤度(20)および事前分布(22)が定義されれば学習データ D，ハイパーパラメータ (α, β) が与えられたとき，w の事後分布は 3 章(26)式で与えられることはすでに述べた．$M(\cdot)$ は(34)式で与えられるからパラメータの事後分布の w 依存性を考えると w は関数 $M(\cdot)$ の中に現れ $M(\cdot)$ は関数族 $f(\cdot)$ と事前分布(22)式に依存する．関数族として例えばパーセプトロン；

$$f(x; w) = \sum_{k=1}^{h} a_k \sigma\left(\sum_{i=1}^{\tau} b_{ki} x_i + c_k\right) \tag{46}$$

$$x := (x_1, x_2, \cdots, x_\tau)$$

$$w := (a_1, \cdots, a_h, b_{11}, \cdots, b_{h\tau}, c_1, \cdots, c_h)$$

を考えると，a_k に関して $M(\cdot)$ は 2 次になるが b_{ki}, c_k に関しては複雑な関数になり得る．おまけに式(20)はおのおののデータに関する尤度の積になっているから，事後分布の形状は極めて複雑になり得るであろう．

j 回目の操作により得られる値をおのおの $w^{(j)}$, $\alpha^{(j)}$, $\beta^{(j)}$ とする．パーセプトロンのパラメータ $w^{(j)}$ の事後分布に対してギブスサンプリングが困難な理由を述べる．典型的なギブスサンプリングを行うには w_i の条件付事後分布

$$P\left(w_i \middle| \{w_j\}_{j\neq i}, D, \alpha, \beta, \mathcal{H}\right) \tag{47}$$

が，乱数の発生法が知られている分布族，例えば正規分布族やガンマ分布族に属することが要請される．ところが，式(33)は関数族 $f(\cdot)$ に依存し，更に $f(\cdot)$ は w に対する非線形の依存性を持つので，w の事後分布(28)式は非常に複雑な形状をとる可能性がある．w_i のみを変数とした条件付事後分布式(47)も同様であって，乱数の発生法が知られているような分布族に属することはまずない*3.

ここで用いるハミルトニアン・モンテカルロでは $M(\cdot)$ から自然に定まるハミルトニアン(Hamiltonian)H を考える．そのために式(34)における $M(\cdot)$ は仮想的位置エネルギー(Potential Energy)と考え，一方仮想的運動エネルギー(Kinetic Energy)：

$$K(z) := \sum_{i=1}^{K} \frac{z_i^2}{2m_i}$$

を考える．ここで $z := (z_1, \cdots, z_k)$ は運動量(Momentum)を表わす補助変数であり w と同じ次元数を持つ．また $m := (m_1, \cdots, m_k)$ は質量(Mass)に対応するパラメータである．このとき運動量 z の確率分布 $P(z)$ は以下のように表わすことができる：

$$P(z) := \frac{1}{Z_K} \exp[-K(z)] :$$

位置エネルギーと運動エネルギーが定まれば自然にハミルトニアン

$$H(w, z) := M(w) + K(z)$$

が定まり，それに従うハミルトン・ダイナミカルシステムを考えることができる：

*3　より正確には，この記述は入力層から中間層へのパラメータに関するものである．中間層から出力層へのパラメータは線形であり，条件付事後分布式(47)は正規分布になる．そのため，中間層から出力層へのパラメータに対しては解析的に周辺化を行うことや，ギブスサンプリングを行うことは可能である．しかしながら，入力層から中間層へのパラメータについては，依然として良いサンプルを得ることの困難さは変わらない．なお，線形パラメータに関する周辺化と非線形パラメータに関する扱いを分けて計算する手法があり，結果は良好である(Souma et al., 2002)が，ここでは割愛したい．

$$\frac{dw_i}{ds} = +\frac{\partial H}{\partial z_i}(w,z) = \frac{z_i}{m_i}$$
$$\frac{dz_i}{ds} = -\frac{\partial H}{\partial w_i}(w,z) = -\frac{\partial M}{\partial w_i}(w) \tag{48}$$

ただし，w_i, z_i は w, z の第 i 成分を表わし，s はハミルトン・ダイナミカルシステムに対する仮想時刻を表わしている．

ハミルトニアン・モンテカルロは通常のメトロポリススキームに，ハミルトンダイナミカルシステムの解軌道による遷移を組み込んだものといってよいが，それゆえ例えば“詳細釣り合い条件”式(44)を示すのに若干の注意を要する．ここでは詳しい説明は省き，ポイントを指摘するのみに留めたい．

性質 1——体積保存

式(48)に初期値

$$(w(0), z(0)) \in R^k \times R^k$$

を与えると，ただ1つの解軌道が定まり，架空時間 s の経過に従って状態空間を動く．この解軌道を $\varphi^s(w(0), z(0))$ と書けば，ユークリッド空間内の初期値の集合 $A := \{(w(0), z(0))\} \subset R^k \times R^k$ が，ハミルトン・ダイナミカルシステムの解軌道に沿ってどのように振る舞うかを考えることができる：

$$\varphi^s(A) := \{\varphi^s(w(0), z(0)) | (w(0), z(0)) \in A\} \subset R^k \times R^k \tag{49}$$

より具体的には集合(49)の体積が，初期値の集合 A の体積と比較してどのように変化するかを調べると，時間に関して変化しないことを示すことができる．

性質 2——反転公式

ハミルトン・ダイナミカルシステム(48)で，時間反転

$$s \rightarrow -s$$

と，運動量の符号反転

$$z \rightarrow -z$$

を考え，これらの反転をもとの(48)に代入すると全く同じ式が得られる．

従って初期状態 $(w(0), z(0))$ に対して $(w^*, z^*) := \varphi^s(w(0), z(0))$ の時，

$$\varphi^s(w^*, -z^*) := (w(0), -z(0)) \tag{50}$$

が成立する．

これらの性質から詳細釣り合い条件が示される（詳しくは Liu（2001）参照）．

目的とする事後分布を $\pi(w) \propto \exp(-M(w))$ と書き，ハミルトニアンの定義に注意すると (w, z) の結合分布 $\pi(w, z) \propto \exp(-H(w, z))$ から自明な周辺化により $\pi(w)$ を得ることができる．初期時刻における w から新しい点 w^* と新しい分布 $f(w^*)$ を得たとし，これらに関して任意の関数 $h(\cdot)$ の期待値を考えると，目的の分布 $\pi(w)$ に関する期待値と一致することを示すことができる．

（c）ハイパーパラメータのギブスサンプリング

j 回目の操作により得られる値をおのおの $\alpha^{(j)}$, $\beta^{(j)}$ とする．

$$\begin{aligned}
\alpha_1^{(j+1)} &\sim P(\alpha_1|\alpha_2^{(j)}, \alpha_3^{(j)}, \cdots, \alpha_C^{(j)}, \beta^{(j)}, w^{(j)}, D, \mathcal{H}) \\
\alpha_2^{(j+1)} &\sim P(\alpha_2|\alpha_1^{(j+1)}, \alpha_3^{(j)}, \cdots, \alpha_C^{(j)}, \beta^{(j)}, w^{(j)}, D, \mathcal{H}) \\
&\vdots \\
\alpha_C^{(j+1)} &\sim P(\alpha_C|\alpha_1^{(j+1)}, \alpha_3^{(j+1)}, \cdots, \alpha_{C-1}^{(j+1)}, \beta^{(j)}, w^{(j)}, D, \mathcal{H}) \\
\beta^{(j+1)} &\sim P(\beta|\alpha_1^{(j+1)}, \alpha_3^{(j+1)}, \cdots, \alpha_{C-1}^{(j+1)}, w^{(j)}, D, \mathcal{H})
\end{aligned}$$

前章で述べた仮定から α_c と β については

$$P(\beta|\alpha_1, \cdots, \alpha_C, w, D, \mathcal{H}) = P(\beta|w, D, \mathcal{H}) \tag{51}$$

が成立する．これは各ハイパーパラメータは w が与えられたもとでは，おのおの独立であることを示している．事前分布がガンマ分布と仮定されていることから

$$P(\alpha_c|w_c, \mathcal{H}) \propto P(w_c|\alpha_c, \mathcal{H})P(\alpha_c|\mathcal{H})$$

もガンマ分布である．β も同様であり，両方ともサンプルは容易に得られる．

5.3 予 測

(a) 予測分布からのサンプル

予測分布：

$$P(\{x_t\}_{N+1}^T|D,\mathcal{H}) = \iiint P(\{x_t\}_{N+1}^T|w,\beta,D,\mathcal{H})P(w,\alpha,\beta|D,\mathcal{H})dwd\alpha d\beta$$

から時系列の将来値のサンプルをとるためには以下の 2 つの手順を順番に行う：

$$(w^{(j)},\alpha^{(j)},\beta^{(j)}) \sim (w,\alpha,\beta|D,\mathcal{H}) \tag{52}$$

$$\{x_t^{(j)}\}_{N+1}^T \sim (\{x_t\}_{N+1}^T|w^{(j)},\beta^{(j)},D,\mathcal{H}) \tag{53}$$

式(52)は前章で示した事後分布からのサンプル，式(53)はそれに基づく予測分布のサンプルである．定式化で述べたマルコフ性を用い，

$$\left\{x_t^{(j)}\right\}_{N+1}^T \sim (\{x_t\}_{N+1}^T|w^{(j)},\beta^{(j)},D,\mathcal{H}) = \prod_{t=N+1}^{T} P(x_t|x_{t-1},w^{(j)},\beta^{(j)},D,\mathcal{H})$$

から得られる．

(b) 予測分布による予測平均とエラーバー

予測分布からのサンプルを得た後，ここでは予測値として標本平均を考える：

$$\bar{x}_t := \frac{1}{S}\sum_{i=1}^{S} x_t^{(i)}$$

ここに S は標本数である．不確定性の指標であるエラーバーとして，標準偏差

$$\sigma_{x_t} := \sqrt{\frac{1}{S-1}\sum_{i=1}^{S}(x_t^{(i)}-\bar{x}_t)^2}$$

を計算する．

4 章で述べた 2 次近似においては適切なエラーバー算出は困難であり，エラーバーの評価可能性はここで述べられる手法の大きな特徴のひとつで

ある.

(c) 予測アルゴリズムの全体像

前章までに述べられた時系列予測手法の全体の流れを図 34 に示す.

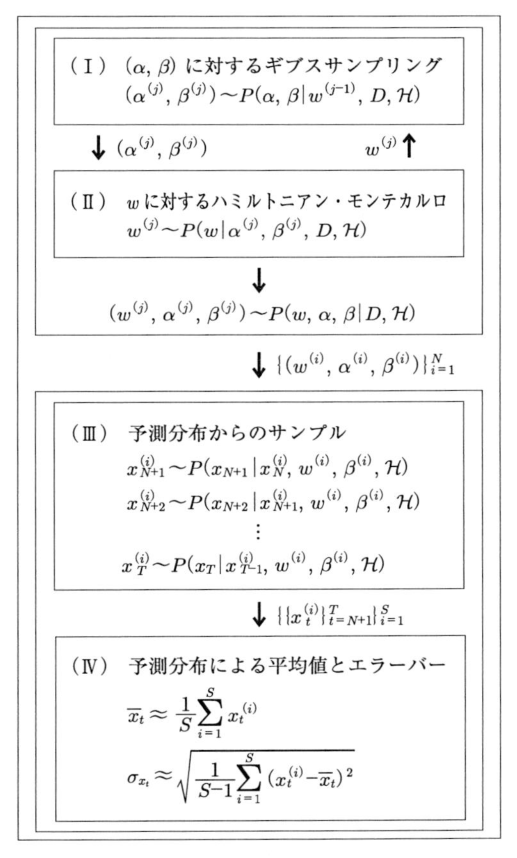

図 34 ハミルトニアン・モンテカルロアルゴリズムを示す模式図(中田ほか, 2003).

5.4 数値実験

(a) カオス的時系列予測

背後にカオス的ダイナミカルシステムが潜む時系列予測には困難が付きまとうことは前章で述べた．ここでも前章で考えたレスラー系の式(39)をとりあげる．学習データは前章のものと同様である．マルコフ過程の次数は前章で得られた $\tau=4$ を固定し，$h=4\sim8$ の異なる5つのモデルに対してこの章で説明したアルゴリズムを用いて学習を行う．また前章で述べた2次近似(QAP, Quadratic Approximation と呼ぶ)を用いて同様に次数 $\tau=4$ を固定した $h=4\sim8$ の5つのモデルで学習を行い，2つの手法の結果を比較する．

3層パーセプトロンのパラメータは，異なる5つの初期値を選びこれらによる予測を test1〜test5 と呼ぶ．図35は真値と予測値の累積2乗誤差の時間変化を示したものである．ただしハミルトニアン・モンテカルロ(HMC と略称する)では，おのおののモデル，おのおのの test でサンプル数を500として予測した．図35から QAP と比較してこの章での予測手法は健全な

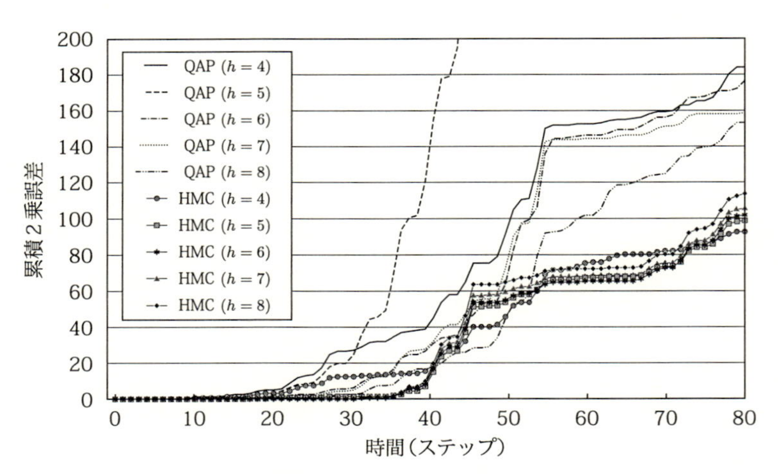

図35 レスラーダイナミカルシステムの QAP と HMC の予測精度比較(中田ほか，2003)．

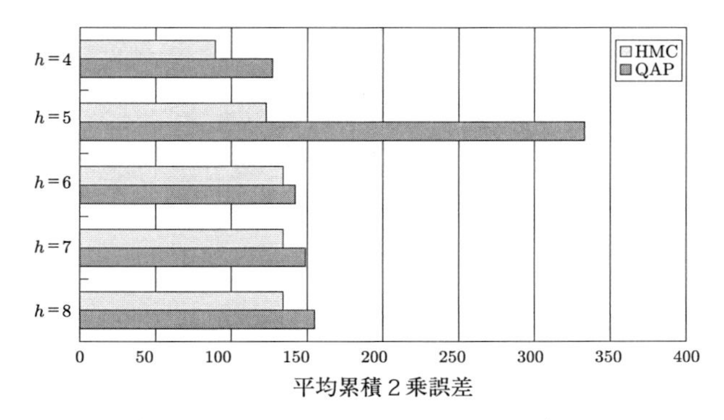

図 36　誤差の全ステップ総計を棒グラフにしたもの(中田ほか，2003).

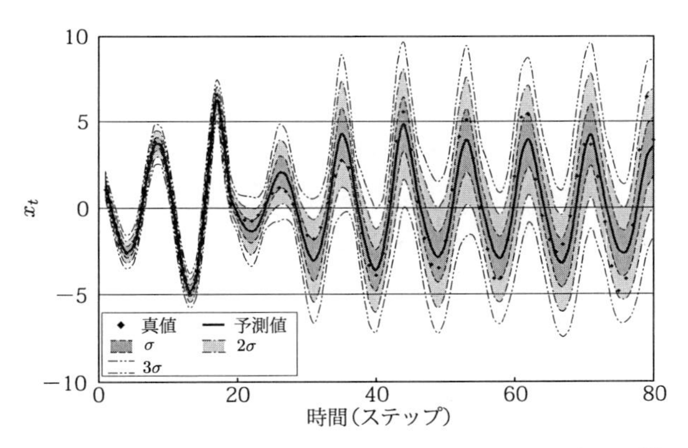

図 37　レスラーダイナミカルシステムの，HMC による予測とエラーバー(中田ほか，2003).

予測精度があると思われる．また図 36 から予測精度が比較的安定していることもわかる．図 37 は (test2, $h=4$) の予測値の平均とエラーバーを示す．図 37 からここでの手法は比較的健全なものと思われる．図 37 では真値のほとんどが $\pm\sigma$ 内に収まっている．

(b)　空調熱負荷予測

空気調和・衛生工学会により「熱負荷予測ベンチマークテスト」が開催され著者等のグループも参加し，前章に述べた QAP(2 次近似)を用いて参加し，比較的良好な結果を得たことは述べた．コンテストに参加したときのアーキテクチャは前章に示した．

図 38 は，QAP および HMC よる予測値と観測値の 24 時間ごとの累積 2 乗誤差を表わしている．ただし，おのおののモデルに対して HMC ではおのおのの test でサンプル数 $S=500$ として予測を行った．また比較対照として前章での QAP による予測結果を用いた．図 39 は観測値と QAP お

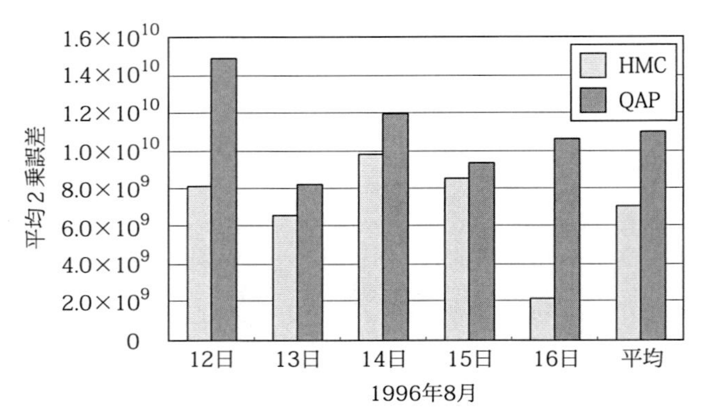

図 **38** 空調熱負荷予測における QAP と HMC の 24 時間ごとの予測誤差(中田ほか，2003)．

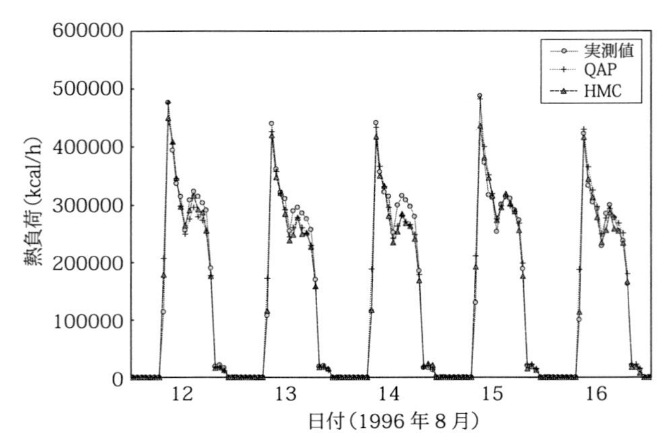

図 **39** 空調熱負荷予測における実測値と QAP による予測値，そして HMC による予測値の比較(中田ほか，2003)．

よび HMC による予測値を示している．図 39 を見る限りは観測値と QAP および HMC による予測値はほぼ重なっており，QAP および HMC の双方ともさほど変わらず良い予測を行っているように見える．しかし，図 38 に示すように，実際には時間ごとの累積 2 乗誤差で見た場合 HMC による予測の方が QAP による予測よりも明らかに 5 日間すべてにおいて精度を上回っていることが見て取れる．なお比較対照の QAP による予測は熱負荷予測ベンチマークテストの際に提出された予測結果であり，予測精度において熱負荷予測ベンチマークテストに参加した国内外の企業，大学を含むグループ中，1 位の成績を収めたものである．このことから，ここで提起された問題において HMC による予測精度は比較的良好と思われる．

図 40 は予測分布による平均 $\bar{x}_t$ とエラーバー $3\sigma_{x_t}$ を示している．これらの図では全ての観測値が $\bar{x}_t \pm 3\sigma_{x_t}$ の範囲に収まっていることが見てとれる．このことにより，平均のみならずエラーバーの予測に対しても，HMC は適切に働いていると思われる．

この章の詳細は Nakada *et al.* (2005)に見ることができる．

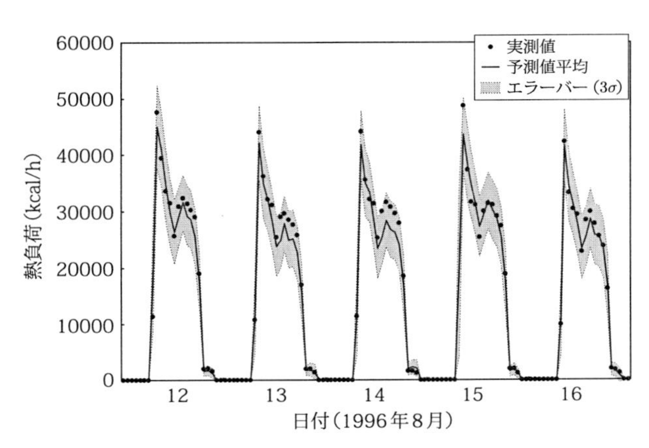

図 40 空調熱負荷予測における HMC による実測値と予測値，そしてエラーバー(中田ほか，2003)．

A 付　録

本稿の背後にある非線形ダイナミカルシステムの埋め込み定理について概説する．非線形ダイナミカルシステムの解軌道の複雑さについてもふれる．

A.1 遅延座標埋め込み

ここで解説する遅延座標埋め込みは決定論的系に関するものではあるが，1 次元時系列データから背後に潜むダイナミカルシステムの構造を捉えうる，という意味で重要な意義を持つ．ダイナミカルシステム

$$\boldsymbol{x}_{t+1} = F(\boldsymbol{x}_t)\ , \quad \boldsymbol{x}_t \in R^K\ , \quad t = 0, 1, 2, \cdots \tag{54}$$

を考える．一般に $\boldsymbol{x}_t$ はベクトル（次元を K とする）であるのに対して，観測データは 1 次元であることが多い．これを

$$y_t = G(\boldsymbol{x}_t), \quad y_t \in R \tag{55}$$

と書くとき，1 次元観測データ $\{y_t\}$ から K 次元ダイナミカルシステム（54）の振る舞いを調べることを考える．まず線形の場合を考える：

$$\boldsymbol{x}_{t+1} = F\boldsymbol{x}_t, \quad \boldsymbol{x}_t \in R^K$$

$$y_t = G\boldsymbol{x}_t, \quad y_t \in R$$

ここに，F は $K \times K$ 行列，G は K 次元ベクトル，そして ^{T} は転置を意味する．線形代数の議論から

$$\begin{bmatrix} G^{\mathrm{T}} \\ G^{\mathrm{T}}F \\ \vdots \\ G^{\mathrm{T}}F^K \end{bmatrix}$$

がフルランクをもてば，適当な正則行列 Φ があって，

$$(y_t, y_{t-1}, \cdots, y_{t-K+1}) = \boldsymbol{\Phi x}_t$$

を満たすことを示せる．従って $\boldsymbol{\Phi}$ が正則なら $(y_t, y_{t-1}, \cdots, y_{t-K+1})$ から K 次元ダイナミカルシステムの振る舞いを知ることができる．非線形の場合(54),(55)が何故困難かを説明する．ダイナミカルシステム(54)の状態空間 R^K の部分集合 Ω の任意の $\boldsymbol{x}_0$ に対して

$$\boldsymbol{x}_t = F^t(\boldsymbol{x}_0) \in \Omega, \quad t = 0, 1, 2, \cdots$$

を満たす時 Ω を不変集合(invariant set)と呼ぶ．線形の場合，意味のある不変集合は原点のみである．確かに

$$\boldsymbol{x}^* = F^N \boldsymbol{x}^*, \quad \boldsymbol{x}^* \neq 0, \quad N > 0 \tag{56}$$

もありえないわけではない．が，式(56)は $\boldsymbol{x}^*$ が F^N の固有値 1 に対応する固有ベクトルであることを意味する．行列 F を少しでも摂動すると F^N の固有値 1 は保たれず，従って不変性は崩れる．

一方，一般に非線形な F の場合例えば次のような不変集合を持ちうる：

（a）非自明な周期解：

$$\boldsymbol{x}^* = F^{t+N}(\boldsymbol{x}^*), \quad t = 0, 1, 2, \cdots$$

（b）不変トーラス：ドーナツ状の不変集合

（c）カオス的アトラクター：カントール構造(次節でふれる)を備えた複雑な不変集合

次に述べる遅延座標埋め込み定理は非線形の場合を考える上で基本的な役割を演じる．

遅延座標埋め込み定理(Sauer et. al, 1991)

ダイナミカルシステム(54)と 1 次元観測(55)から得られる遅延座標系

$$\boldsymbol{y}_t := (y_t, y_{t-1}, \cdots, y_{t-\tau+1}) \tag{57}$$

を考える．(55)の不変集合 Ω は状態空間 R^K の開集合 U のコンパクト部分集合とし，そのボックス・カウンティング次元 d が

$$\tau > 2d \tag{58}$$

を満たすとき，ほとんど全ての観測関数 $g(\cdot)$ に対して

$$\boldsymbol{\Phi} : \boldsymbol{x}_t \mapsto (y_t, y_{t-1}, \cdots, y_{t-\tau+1}) \tag{59}$$

は次を満たす：

(i) U 上で 1:1

(ii) Ω の滑らかな部分多様体のコンパクト部分集合上で immersion*4.

*4 多様体は曲線や平面を一般化したもの，immersion は局所的にではあるが微分構造を保つことを意味する．

図 41 はこの結果を模式的に表現したものである．

(1) (i)により，遅延座標と内部に潜むダイナミカルシステム(54)の状態の間が(59)で 1:1 に対応しており，$\boldsymbol{y}_t := (y_t, y_{t-1}, \cdots, y_{t-\tau+1})$ が内部ダイナミクスを反映していることが帰結される．従って 1 次元観測データ $\{y_t\}, t < N$, から将来値を予測する手法を考えることの根拠を与えていると考えられる．ダイナミカルシステム(54)の関数形 F 自身はわからないが観測データから得られる遅延座標 $\boldsymbol{y}_t := (y_t, y_{t-1}, \cdots, y_{t-\tau+1})$ の動きを調べ，

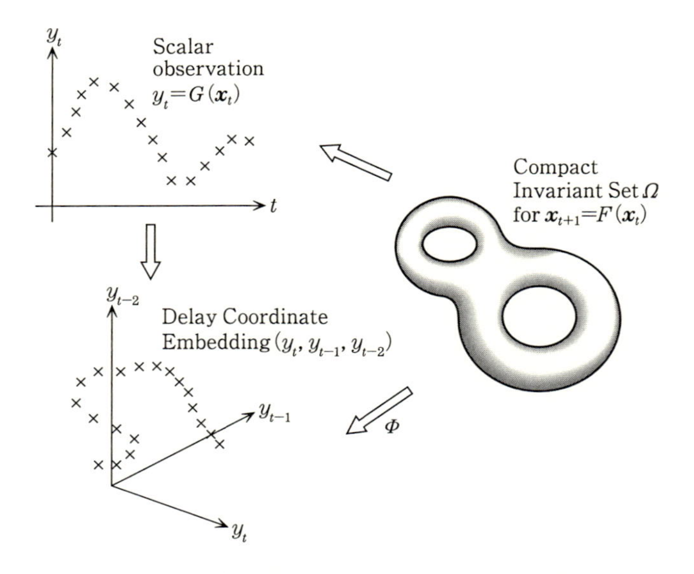

図 41 埋め込み定理模式図．関数形 F が未知でも，観測データによる遅延座標系 $\hat{F}$ を用いて考察してもよい(Matsumoto *et al.*(2001)．©2001 IEEE)．

$$\hat{F} : \boldsymbol{y}_t \mapsto \boldsymbol{y}_{t+1}$$

で議論しても良いことになる．図 42 は，これらの概念を図式化したものである．

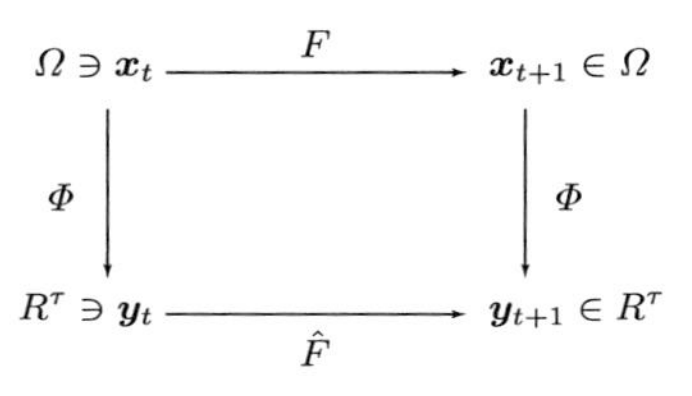

図 42　図 41 を式で表現した．

（2）条件 $\tau > 2d$ を説明するため図 43 を考える．この図では，R^3 に横

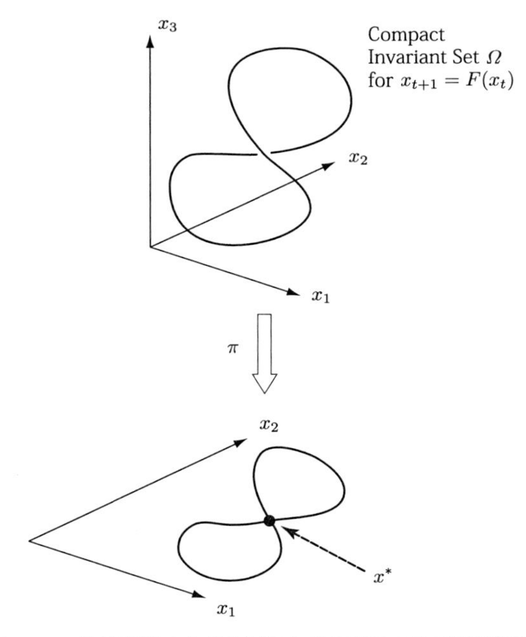

図 43　3 次元空間の曲線を図のように下の 2 次元平面に埋め込もうとすると，交差点が出てくるので，埋め込みができない．埋め込もうとする空間の次元 $> 2d$ を満たさない（Matsumoto *et al.*(2001)．©2001 IEEE）．

たわる 1 次元曲線を下の R^2 に射影している．下の平面では交差点 z^* を持つのでこの射影は 1:1 にならない．このような 2 次元空間への射影でなく 3 次元空間を自分自身に写す関数を考えればもちろん 1:1 になっている．$\tau=2d+1=3$ ならこれは達成される．ただし，Φ が遅延座標への関数の場合，上記のような単なる射影ではないので，さらに微妙な話が起きる．詳細は省略せざるをえない．

(3) カオス的アトラクタの場合 A.2 で説明するように，安定的多様体方向にカントール構造であるものの，不安定的多様体は滑らかさをともなう良い性質を持っており，そのコンパクト部分集合が Φ で埋め込めることを意識したものである．

上述の定理は確定的ダイナミカルシステムに関する結果であるから，式(20)を完全に正当化するものではないが式(20)の自然さを示唆していると考えられよう．上記埋め込み次元 $\tau > 2d$ は十分条件であって必要条件ではない．すなわち，$2d$ より小さな τ で上述の意味で埋め込みが可能な場合はありうる．これらの意味を含め上述のようなベイズ的枠組みから τ を推定することは自然な考え方であろう．

Stark *et al.*(2003)は非決定論的ダイナミカルシステムに対応する埋め込み定理を，このような考え方の延長線上で捕らえている．当然であるが確率過程全体を記述する空間に何らかの位相的概念を持ち込み，そこで genericity を考える必要がある．本稿で扱っているモデルや関連する多くの論文で使用されているモデルに対して厳密に Stark *et al.*(2003)の理論的結果が適用されるわけではない．理由は少なくとも 2 つある．ひとつはノイズが有限個の離散値をとることが仮定されていることであり，もうひとつはノイズ過程の(ほとんど全ての)標本を 1 つ固定するごとに埋め込み写像が存在することが保証されているのであって，ノイズへの滑らかな依存性は保証されていないことである．定理で証明済みの事実の範囲内で例題を考えるのはひとつの行き方ではあるが本稿では別の方針をとり，本稿執筆時で知られている定理から若干逸脱する．本稿の数値実験結果は理論家に対して興味深いチャレンジを提起しているかもしれない．埋め込み次元に関しては Fueda and Yanagawa(2001)も参考になるかもしれない．

A.2 複雑な不変集合

線形ダイナミカルシステムの不変集合は基本的には原点 0 であるが，一方非線形ダイナミカルシステムの不変集合は相当複雑になり得る，と 1 章で述べた．ここでは 2 次元離散ダイナミカルシステム；

$$\boldsymbol{x}_{t+1} = F(\boldsymbol{x}_t)\ , \quad \boldsymbol{x}_t \in \mathbb{R}^2$$

を用いて具体例を説明する．$\boldsymbol{p}$ を固定点；

$$\boldsymbol{p} = F(\boldsymbol{p})$$

とし，サドル形，すなわち，F のヤコビ行列(Jacobian) $DF(\boldsymbol{p})$ の固有値 λ_1, λ_2 が

$$|\lambda_1| < 1 < |\lambda_2| \tag{60}$$

を満たす場合を考える．$\boldsymbol{p}$ の安定多様体 $W^s(\boldsymbol{p})$，不安定多様体 $W^u(\boldsymbol{p})$ は次で定義される：

$$W^u(\boldsymbol{p}) := \{\boldsymbol{x} | F^t(\boldsymbol{x}) \to \boldsymbol{p},\ t \to -\infty\}$$
$$W^s(\boldsymbol{p}) := \{\boldsymbol{x} | F^t(\boldsymbol{x}) \to \boldsymbol{p},\ t \to +\infty\}$$

これらはおのおの局所的に 1 次元曲線となる．図 44 はこの様子を模式的に示したものである．$E^s(\boldsymbol{p})$, $E^u(\boldsymbol{p})$ は，おのおの $DF(\boldsymbol{p})$ の固有値 λ_1, λ_2 に対応する固有空間である．次の条件を満たす点 $\boldsymbol{p}_{\mathrm{H}}$；

$$\boldsymbol{p}_{\mathrm{H}} \in W^u(\boldsymbol{p}) \cap W^s(\boldsymbol{p}) \neq \varnothing$$

はホモクリニック点と呼ばれる．安定多様体 $W^s(\boldsymbol{p})$，不安定多様体 $W^u(\boldsymbol{p})$ はおのおの「不変」になることが知られているので，$\boldsymbol{p}_{\mathrm{H}}$ に何度 F を施しても，おのおのの多様体にとどまる：

$$F^t(\boldsymbol{p}_{\mathrm{H}}) \in W^u(\boldsymbol{p}) \cap W^s(\boldsymbol{p})\ , \quad t = 1, 2, \cdots, -1, -2, \cdots,$$

不安定多様体 $W^u(\boldsymbol{p})$ は $\boldsymbol{p}$ の近くでは $E^s(\boldsymbol{p})$ 方向に圧縮される一方，$E^u(\boldsymbol{p})$ 方向には拡大される(固有値の条件(60)による)．従って $W^u(\boldsymbol{p})$ は $\boldsymbol{p}$ の近くで有限区間で無限回振動しながら自分自身に集積することになる．この構造を安定多様体方向で眺めれば極めて複雑な様相を呈する．実際カントール(Cantor)構造をとる．すなわち全ての点は孤立点である一方，内点もも

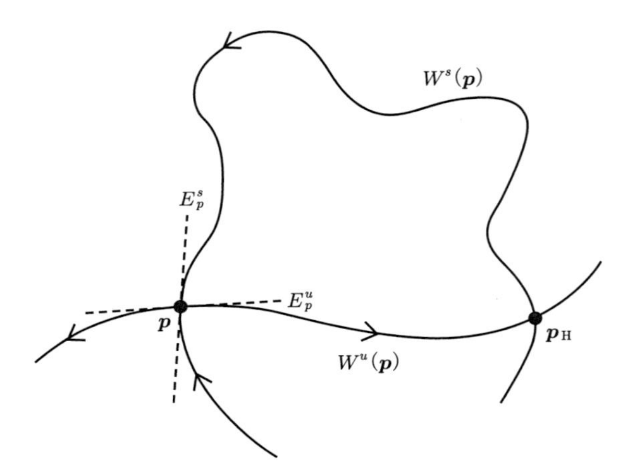

図 **44** 安定多様体と不安定多様体の局所的様子の模式図(Matsumoto *et al.*(2001). ©2001 IEEE).

たない不思議な構造となる．安定多様体 $W^s(\boldsymbol{p})$ も同様の構造をもつから全体の様子は図 45 のようになる．

一般に非線形ダイナミカルシステムのカオス的アトラクター Ω は不安定

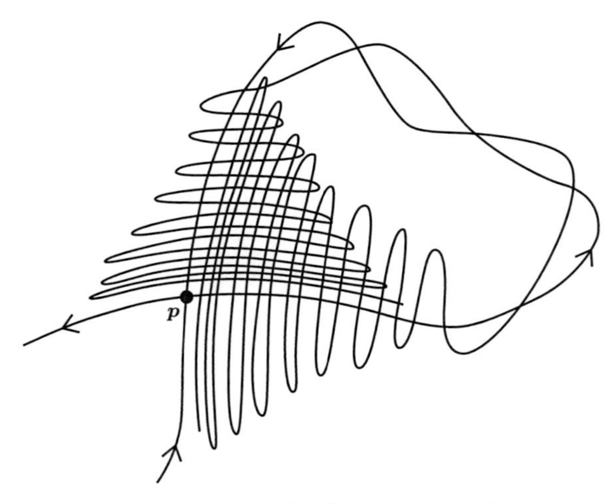

図 **45** 安定多様体と不安定多様体の大域的様子の模式図．極めて複雑になりうる(Matsumoto *et al.*(2001). ©2001 IEEE).

多様体の閉包：

$$\Omega = \overline{W^u(\boldsymbol{p})}$$

と考えられている．もちろん理論的に証明されたケースは少ないが．

A.3　ボックス・カウンティング次元

カオス的アトラクターは上述のように複雑な構造をもつので，次元を定義するにはそれなりの考察が必要である．コンパクト集合 Ω を一辺 ε の超立方体で覆い，覆う超立方体数の最小値を $N(\varepsilon)$ とする．次のような冪則；

$$N(\varepsilon) \sim \left(\frac{1}{\varepsilon}\right)^d$$

に従うとき，あるいは，

$$d := \lim_{\varepsilon \to 0} \frac{\log N(\varepsilon)}{\log(1/\varepsilon)}$$

が成立する時(極限が存在したとして)d を Ω のボックス・カウンティング次元(box counting dimension)と呼ぶ．後述するように Ω がカントール構造をもつと d は非整数値をとる．一般に整数の次元をもつ集合に対しては d もその整数になることを見るため平面上の正方形を考える．このとき(図 46)，

$$N(\varepsilon) \sim \left(\frac{1}{\varepsilon}\right)^2$$

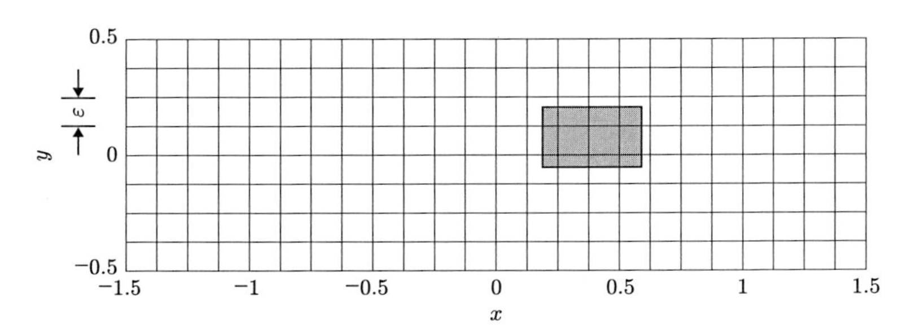

図 **46**　ボックス・カウンティング次元で用いられる一辺 ε の正方形(Matsumoto *et al.*(2001). ©2001 IEEE)．

が成立することは容易にわかる．従って，

$$d = 2$$

を得る．

図 47(a)は，エノンダイナミカルシステム

$$x_{t+1} = 0.2x_{t-1} + 1 - 0.4x_t^2$$

のアトラクターを一辺 $\varepsilon = 0.5$ の正方形で覆った場合で，$N(0.5) = 11$ である．同図(b)は $\varepsilon = 0.25$ の場合で，$N(0.25) = 28$ である（スケールの違いに

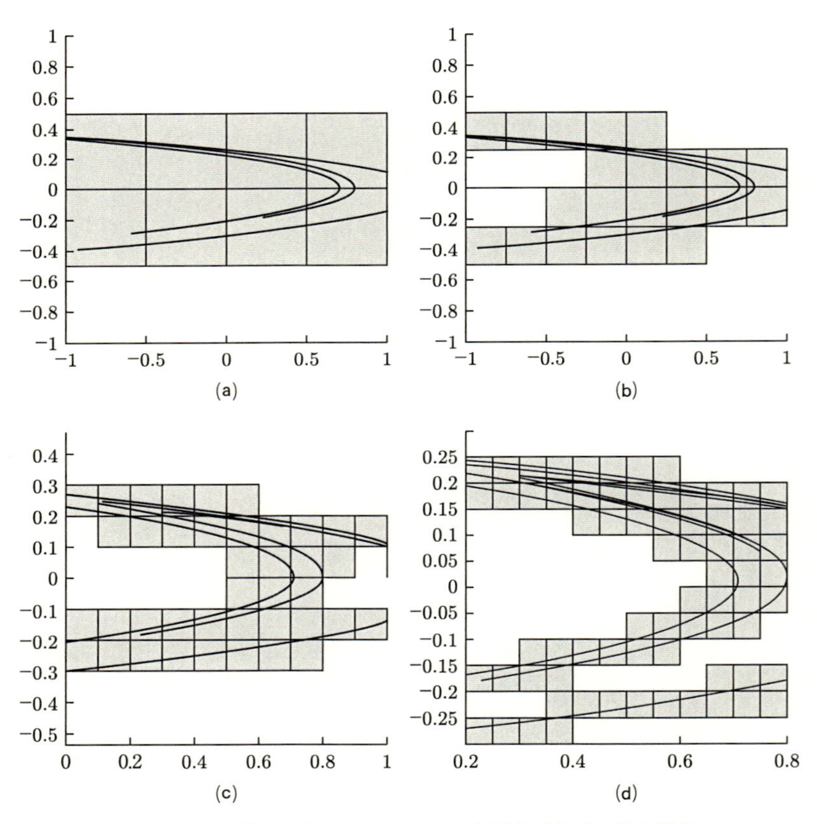

図 47　ε を決めると，アトラクターを覆う正方形の最小数がきまる．(a)で $\varepsilon = 0.5$ だったものが (b)$\varepsilon = 0.25$，(c)$\varepsilon = 0.1$ を経て，(d)$\varepsilon = 0.05$ まで徐々に減少することにより，正方形の数が増えていくのがわかる．

注意）．（c）では $N(0.1)=81$，（d）では $N(0.05)=190$ を示している．このようなデータをたとえば，

$$\frac{\log N(\varepsilon)}{\log 1/\varepsilon}$$

のプロットにしてその傾きを求めればボックス・カウンティング次元を得る．エノンの場合，

$$d \approx 1.26$$

である．

参考文献

Akaike, H. (1977): On Entropy Maximization Principle. *Applications of Statistics*, Krishnaiah, P. R. ed., pp. 27–41, North Holland.

Akaike, H. (1980): Likelihood and Bayes Procedure. *Bayesian Statistics*, Bernardo, J. M., de Groot, M. H., Lindley, D. V. and Smith, A. F. M. eds., University Press, Valencia, Spain.

Arbib, M. A. (1995): The Handbook of Brain Theory and Neural Networks. MIT Press.

Cybenko, G. (1998): Approximation by superposition of a sigmoidal function, *Mathematics of Control, Signals and Systems* vol. 2, pp. 303–314.

Doucet, A., de Freitas, N. and Gordon, N. eds. (2001): Sequential Monte Carlo in Practice. Springer.

Fueda, K. and Yanagawa, T. (2001): Estimating the Embedding Dimension and Delay Time from Chaotic Time Series with Dynamic Noise. *J. Japan. Statist. Soc.* vol. 31, No. 1.

Funahashi, K. (1989): On the approximate realization of continuous mappings by neural networks, *Neural Networks* vol. 2, pp. 183–192.

Gilks, W. R., Richardson, S. and Spiegelhalter, D. J. (1996): *Markov Chain Monte Carlo in Practice.* Chapman and Hall.

Hornik, K., Stichcombe, M. and White, H. (1989): Multilayer feedforward networks are universal approximators, *Neural Networks* vol. 2, pp. 359–366.

Kurihara, T., Souma, T. and Matsumoto, T. (2002): Learning Hyperparameters via Online Bayesian Scheme, 7th Balencia International Meeting on Bayesian Statistics, Canary Islands.

Liu, J. S. (2001): Monte Carlo Strategies in Scientific Computing. Springer.

MacKay, D. J. C. (1991): Bayesian Methods for Adoptive Models, Thesis. California Institute of Technology.

Mackay, D. J. C. (1992a): Bayesian Interpolation. *Neural Computation*, vol. 4, pp. 415–447.

Mackay, D. J. C. (1992b): A Practical Bayesian Framework for Backpropagation Networks. *Neural Computation*, vol. 4, pp. 448–472.

Mackay, D. J. C. (1992c): Information Based Objective Functions for Active Data Selection. *Neural Computation*, vol. 4, pp. 590–604.

Mackay, D. J. C. (1992d): The Evidence Framework Applied to Classification Networks. *Neural Computation*, vol. 4, pp. 720–736.

MacKay, D. J. C. (1994): Hyperparameters: Optimise or integrate out?, in Heidbreder, G. ed., *Maximum Entropy and Bayesian Methods*, Santa Barbara, Kluwer.

Mackay, D. J. C. (1999): Comparison of Approximate Methods for Handling Hyperparameters. *Neural Computation*, vol. 11, pp. 1035–1068.

Mackay, D. J. C. (2003): *Information Theory, Inference, and Learning Algorithms.* Cambridge University Press.

Matsumoto, T., Nakajima, Y., Saito, M., Sugi, J., Hamagishi, H. (2001): Reconstructions and Predictions of Nonlinear Dynamical Systems: A Hierarchical Bayesian Approach. *IEEE Transactions on Signal Processing* vol. 49, No. 9, pp. 2138–2155, Sep. 2001.

Matsumoto, T., Komuro, M., Kokubu, H. and Tokunaga, R. (1993): *Bifurcations.* Springer.

McClelland, J. and Rumelhart, D. (1986): Parallel Distributed Processing. MIT Press.

McCullogh, W. S. and Pitts, W. H. (1943): A Logical Calculus of the Ideas Immanent in Nervous Activity. *Bulletin of Mathematical Biophysics* vol. 5, pp. 115–137.

Minsky, M. and Papert, S. (1969): Perceptron: Introduction to Computational Geometry. MIT Press.

Nakada, Y. , Matsumoto T. , Kurihara, T. and Yosui, K. (in press): Bayesian Reconstructions and Predictions of Nonlinear Dynamical Systems via the Hybrid Monte Carlo *Signal Processing.*

Neal, R. M. (1996): *Bayesian Learning for Neural Networks.* Springer-Verlag.

Neal, R. M. (2000): http://www.cs.toronto.edu/~radford/fbm.software.html

Ozaki, T. and Oda, H. (1978): Non-linear Time Series Model Identification by Akaike's Information Criterion. *Proc. IFAC Workshop on Information and Systems, Compiegn, France, October, 1977.*

Rosenblat, F. (1958): The Perceptoron: A Probabilistic Model for Information Storage and Organization in the Brain. *Psychological Review* vol. 65, pp. 386–408.

Sauer, T., Yorke, J. A. and Casdagli, M. (1991): Embeddology. *J. Stat. Phys.* vol. 65, pp. 579–616.

Souma, T., Yosui, K. and Matsumoto, T. (2002): Reconstructions and Predictions of Nonlinear Dynamical Systems via Rao-Blackwellized Sequential Monte Carlo. *Proc. First Cape Cod Workshop on Monte Carlo Methods, Hyannis, MA, U. S. A. , 2002.*

Stark, J. (2001): Delay Reconstructions v Statistics, in *Nonlinear Dynamics and Statistics*, Mees, A. I. ed., Birkhauser.

Stark, J., Broomhead, D. S., Davies, M. E. and Huke, J. (2003): Delay Embed-

dings for Forced Systems II. Stochastic Embedding, *J. Nonlinear Science*, vol. 13, pp. 519–577.
Wiener, N. (1930): Generalized Harmonic Analysis. *Acta Mathematica* vol. 55, pp. 117–258.
尾崎統(編著)(1988): 時系列論．放送大学教育振興会．
北川源四郎(1994): 時系列解析とプログラミング．岩波書店．
コンテスト(1998): 空気調和・衛生工学会，学術講演会講演論文集，August.
杉淳二郎，栗原貴之，松本隆(2003): ダイナミカルシステムの階層ベイズ的最小埋め込み次元推定．情報処理学会論文誌 Vol. 44, No. 12, Dec.
中田洋平，栗原貴之，用水邦明，和田健作，松本隆(2003): ベイズ的非線形ダイナミカルシステムの再構成と予測：Hybrid Monte Carlo．電子情報通信学会論文誌 D-II，vol. J86, No. 8.

III

視覚計算とマルコフ確率場

乾敏郎

目　次

1　はじめに

本稿では視覚計算(visual computation)とは何かを紹介した後，マルコフ確率場理論とその視覚計算への応用について述べる．まず，視覚計算が不良設定問題であることを述べた後，この不良設定問題を解くための計算理論がどのように発展してきたかについて解説する．重要なのは，正則化理論とその拡張である．そしてさまざまな視覚計算が正則化理論の枠組みで部分的にとらえられることを示す．しかしながら視覚計算を正しく理解するためには標準正則化理論では不完全であり，さまざまな属性(光強度，色，奥行きなど)の不連続を検出し，それを正しく取り込んでいかなければならない．そのような点で，マルコフ確率場理論が有効であることを示す．また多くの情報処理モジュール間の統合についてもマルコフ確率場理論によって統一的に扱えることを示す．

2　視覚計算とは何か

本章では，逆問題としての側面に留意しながら視覚系の仕組みとそこで推測の手がかりとして使われている情報について解説する．

2.1　視覚計算と初期視覚

2次元に投影された画像から3次元世界の構造を推定することは，コンピュータビジョンの問題だけでなく，人間の視覚の機能そのものであるとも言える．例えばわれわれも日常的に写真(濃淡画像)から(写真に写っている)もとの3次元構造を推定したり，両眼を用いて立体感を得たりしている．

Marr(1980)によれば，網膜像の光強度の変化から実世界の3次元構造を推測することが視覚情報処理系の第一の目標である．一方，画像の強度を決定する要因として次の4つが挙げられる．それは，(1)可視表面の幾何学的構造，(2)可視表面の反射率，(3)光景に対する照明，(4)観察点，である．画像においては，これらすべての要因が混在している．初期の視覚処理の目的は，どの強度変化がどの要因によるものかを種分けすることであり，したがって4つの要因が分離された表現を作り出すことである．これは数学的には逆問題(inverse problem；2次元画像 →3次元構造)を解くことに対応しており，一般には解けない問題である．一般に唯一の安定した解が得られない問題を不良設定問題(ill-posed problem)という．もう少し正確に言うと，

(1) 解の存在が保証されている．

(2) 解が唯一に定まる．

(3) 解がデータに対して連続的に変化する．すなわち測定誤差に対して解が安定している．

これらの3条件を満たさない問題を不良設定問題という．逆問題は，通常不良設定問題である(図1)．

ではなぜ人間はいとも簡単にこの逆問題が解けるのだろうか．おそらく，人間は3次元構造に適当な制約条件をつけることによってこの逆問題を解

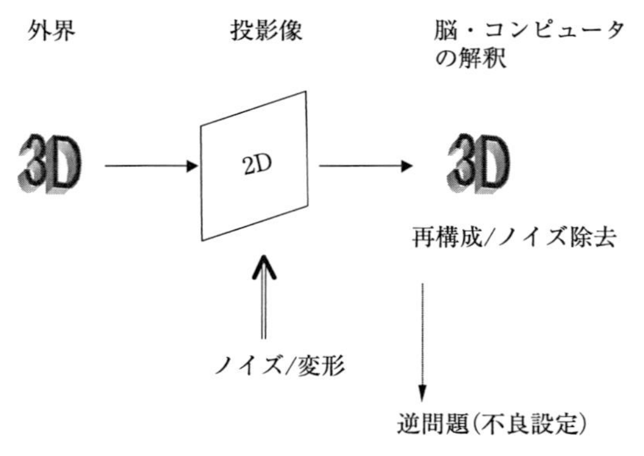

図 1 視覚情報処理の枠組み

いていると考えられる．つまり解の性質をまったく知らなければこの逆問題は解けないが，人間はうまく解の性質を知っていて，それを使って解いているということである．この制約条件は特定の観察条件だけで成立するものではなく，一般にわれわれをとりまく世界で成り立つような普遍的なものにちがいない．つまり，個別の知識を使って解いているとは考えられない．そこで視覚の問題は，適切な制約条件のもとで外界の構造をいかに推定しているか，あるいはコンピュータビジョンの場合はいかにうまく推定するかということになる(図1)．

(a)　視覚ニューロンと視覚フィルタ

網膜に投影された光パターンは網膜にある視細胞と呼ばれる細胞によって電気信号に変換される．この信号が，網膜内での複雑な情報処理回路を経て網膜の出力細胞である神経節細胞に伝達される．ここから大脳の視覚野に情報が伝達される．個々の視細胞は，網膜のごく限られた範囲(直径 $2\,\mu$m)に照射された光刺激を電気信号に変換している．したがって，視細胞の出力はいわゆるピクセルの情報に対応する．視細胞の中で錐体細胞は3種類あり，長波長，中波長，短波長に最大感度を有する細胞がある．これによって光信号は3種類のスペクトル情報に分解される．しかし，網膜神経節細胞の出力は単にピクセルの情報ではなく，限られた領域ではあるが領域内での光のコントラストに対応する信号である．大脳の後頭葉にある1次視覚野の細胞も限られた領域内での光情報の処理を行なっている．

網膜神経節細胞の入出力の特性を詳しく調べるとそれぞれの細胞が入力を受ける領域は，同心円構造をしていることがわかった．この領域は，各ニューロンによって位置が異なっている．この領域のことをそれぞれのニューロンの受容野と呼ぶ(図2)．

一方，大脳視覚野のニューロンの多くは同心円形ではなく長方形の形をしている(付録A.1)．この長方形の方位や位置は，ニューロンによって異なる．受容野がこのように長方形の形をしているので点ではなく線やエッジのパターンに応答することがわかる．それぞれの受容野の方位が異なるので最適な線分やエッジの方位は個々のニューロンによって異なる．これ

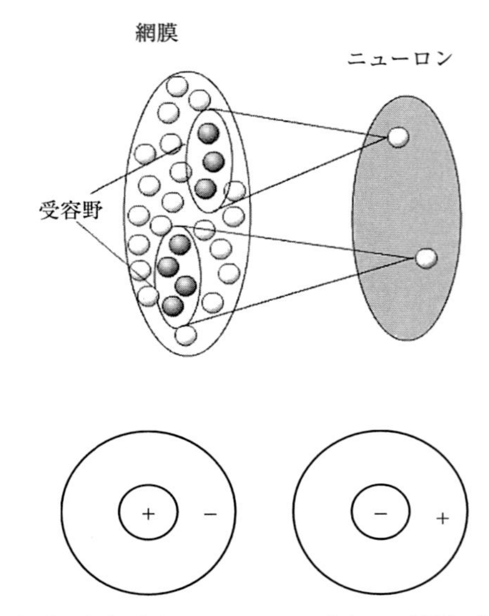

図 **2** 網膜の視細胞とニューロンの受容野の関係．個々の視覚ニューロンは特定の位置に受容野を持つ．すなわちこの領域の光刺激に対して応答する．網膜神経節細胞の受容野は一様ではなく同心円構造をしている(下図)．

らの受容野をより詳しく見ると以下に示すように網膜神経節細胞はラプラシアン-ガウシアン($\nabla^2 G$)，大脳視覚皮質のニューロンはガボール関数(付録 A.1)で近似できることが明らかになった．

(b) ゼロ交差

外界の物理的構造を推測するためには，対象の光強度の変化を検出し，対象の局所的な幾何学的構造をまず推測する必要がある．光強度が急激に変化している位置は，光強度を空間的に2階微分した関数がゼロを横切る(ゼロ交差)位置と一致する．したがってゼロ交差を検出できれば光強度が変化している位置を知ることが可能である(図3(d))．

一方，上で述べたように網膜神経節細胞の同心円型の受容野の感度分布はよく調べてみると，$\nabla^2 G$ で近似できることがわかった(Marr and Hildreth, 1980)．ここに，∇^2 は $\dfrac{\partial^2}{\partial x^2}+\dfrac{\partial^2}{\partial y^2}$ であり，G はガウス関数である．$\nabla^2 G$

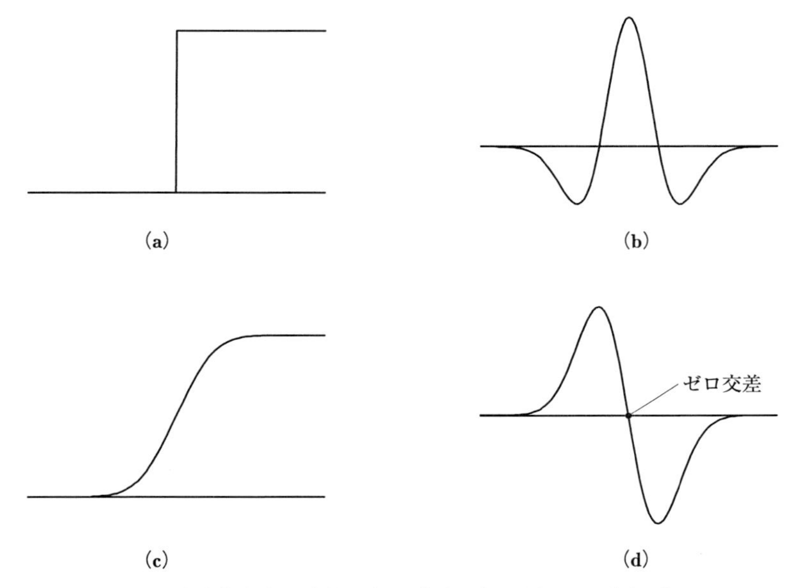

図 **3**　(a)光強度の変化．左が暗く，右が明るい．(b)$\nabla^2 G$ フィルタの一次元プロフィール．(c)(a)を G でぼかした結果．(d)(a)に対して $\nabla^2 G$ を作用させた結果．

という操作はまず画像をガウス関数でぼかした後，2 階微分をとるということである．ガウス関数でぼかすという操作によってガウス関数のパラメータ(幅を決めるパラメータ)σ より小さい光強度の変化を一掃してしまう．したがって σ を変えてゼロ交差を求めれば，いろいろな分解能で光強度の変化を検出できる．また，$\nabla^2 G$ の長所は周波数次元でも局在しているということである．実際，物理的な変化の多くは空間的にも周波数的にも局在している．空間的，周波数的に最も局在している関数はガウス関数とガボール関数である(付録 A.1 参照)．

2.2　3 次元形状を推定するための手がかり

3 次元形状を推測する手がかりとなる視覚情報は数多く考えられるが，ここではその代表的なものだけを簡単に紹介しておこう．まず両眼視差(binocular

disparity)と呼ばれる手がかりがある．両眼の注視点より遠い点や近い点では，左右の眼の対応する位置に像を結ばず，左右の像の位置にずれが生じる．このずれを両眼視差と呼ぶ．両眼視差を検出すれば，注視点からの相対的な距離がわかる．第2の手がかりは，オプティカルフローである．対象が静止しているとき，観察者が移動すれば網膜像は流れるであろう．このとき，観察者に近い対象物ほどその網膜像は大きく移動する．したがって，網膜速度場を検出し各点の速度を求めれば，やはり，相対的距離がわかる．第3の手がかりは，テクスチャーの勾配である．テクスチャーは，もともと織物の状態を表わす言葉であり，一般的には物体の表面の状態を表わす．「きめ」と呼ぶこともある．物体の表面は，織り目や糸が織物を構成するように，細かな要素が集まってできていて，それらの要素に規則性をもつことがある．もし，テクスチャーの要素の大きさや密度に勾配があれば，これを利用して奥行きの情報を得ることができる．第4は陰影の情報である．影の手がかりだけでも多くの情報が得られるが，たとえば，表面の輝度変化を測定すれば，表面の方向を決めることが可能である．

これらの手がかりとなる視覚情報がおそらく並列独立に別個のモジュールで処理されている可能性が高い．これらの過程には，

(1) 両眼視差による立体視(binocular stereopsis)

(2) 運動からの構造復元(structure from motion)

(3) 表面輪郭からの表面方向の推定(surface orientation from surface contour)

(4) 表面テクスチャーからの構造復元(structure from texture)

(5) 陰影からの形状復元(shape from shading)

等がある．これらの過程に対して，それぞれ計算論的研究が進められている．

これらの手がかりとなる視覚情報が人間ではおそらく並列独立に別個のモジュールで処理されている可能性が高い．低次の視覚系(early vision，初期視覚という)では，多くの視覚情報に基づいて表面の幾何学的構造の推測を並列独立に行なう．中間視覚(middle vision)では，これらのモジュールの出力を統合し，視線の方向によらない安定した表面の方向と奥行きを決める必要がある．

（a）　両眼立体視

われわれは外界の3次元的な構造を知覚することができる．この理由のひとつには私たちが2つの眼を使って対象までの距離を推定していることがあげられる．同一の対象を2つの異なる位置から観察するとそれらの像には位置の差に応じたずれが生ずる．われわれの眼も左右におよそ7 cm程度はなれているので同一の対象を見ている時も網膜像はわずかにずれているのである．このずれは今注視している点から離れれば離れるほど大きくなる．また，注視している点よりも遠い所にあるか近い所にあるかによって網膜像のずれる方向が異なる．このような左右のずれを大脳皮質のニューロンが検出することによって立体感を得ている．このずれを両眼視差と呼ぶが，両眼視差を検出する細胞は両方からの眼の光信号をモニタしている．

ところで，図4はBela Juleszが考案したランダムドットステレオグラムと呼ばれるものである．

それぞれのランダムドットを左目と右目の別々に同時に見ることによって領域の中央部に正方形が浮かび上がって知覚される．ランダムドットステレオグラムは，それぞれのパターンがランダムな白黒のパターンで構成

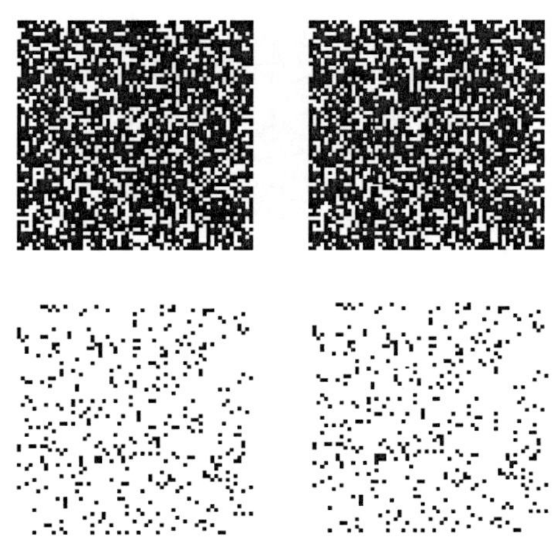

図4　ランダムドットステレオグラムの例

されている．この場合，中央の正方形の部分が左右で共通しておりしかもわずかにずらして作られている．それを私たちは観察するので脳ではこのずれを検出し奥行きがあると判断され，知覚されるのである．このことからわかるように，大脳では両眼視差が存在すれば外界には奥行きがある(奥行き方向の位置ずれがある)と判断するのである．この点をもう一度，整理してみよう．ここで説明した最初の部分では奥行き方向に位置がずれている，すなわち，奥行きが存在すれば両眼の網膜像には両眼視差が生ずることを述べた．これは，いわゆる光学の知識である．脳は，この光学とは逆のプロセスを経て外界の構造を推定している．すなわち，両眼視差が存在すればそれは奥行きがあると推定するのである．

それぞれのランダムドットステレオグラムを左のパターンを左目で，右のパターンを右目で見，頭の中で融合させる．すると，真ん中に正方形が浮かび上がるのが知覚される．図4(下)のようにドットの密度を小さくしても，点が浮かび上がるのではなく，正方形の面が見える．すなわち，主観的な輪郭線が見えるのである．これは両眼視差から奥行きを推定しているだけではなく，脳内で面が補間されていることを意味する．

(b) 表面テクスチャーからの構造推定

図5のように，テクスチャーを構成する要素図形をテクセルと呼ぶ．テクセルの密度の勾配や，テクセルの扁平率などによって，われわれは3次元構造を知覚する．この場合も，面が補間される．

2.3 中間視覚の役割

初期視覚では，上で述べた多くの視覚情報に基づいて表面の幾何学的構造の推測を並列独立に行なう．中間視覚では，これらのモジュールの出力を統合し，視線の方向によらない安定した表面の方向と奥行きを決める必要がある(図6)．

表面の方向と奥行きの安定した記述を $2\frac{1}{2}$ 次元スケッチと呼ぶ．したがって中間視覚の役割は，

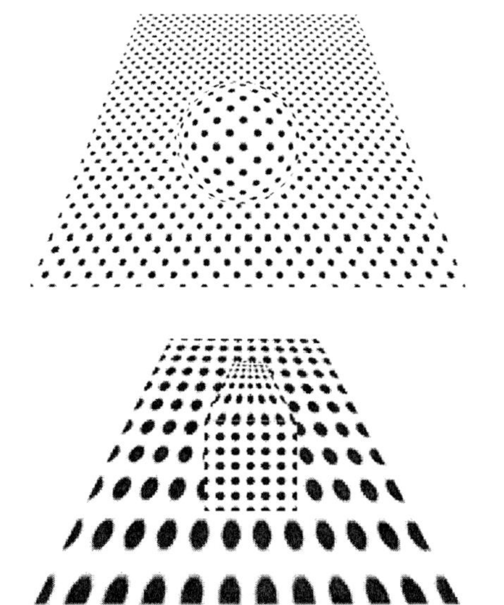

図 5 テクスチャーによる立体視

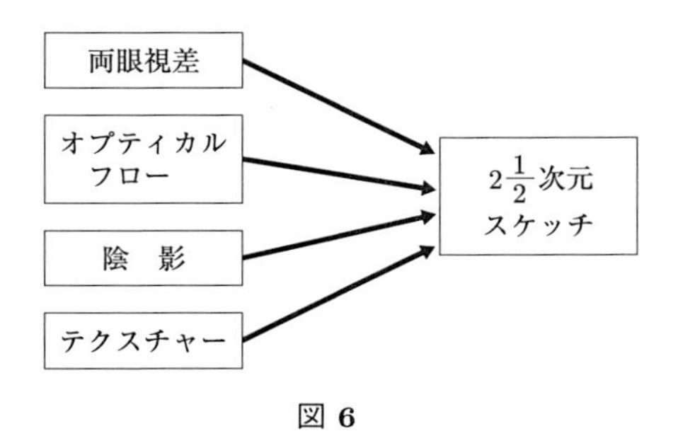

図 6

(a) 複数のモジュールの出力を統合する.

(b) 視線方向に依存しない座標系へ変換する.

(c) データの欠損部分を補間する.

となる.

(a)と(c)に関しては, 後述するマルコフ確率場(Markov Random Field, 略して MRF)理論を用いたモデル化がなされている. このモデルは, ホップフィールド(Hopfield)型ニューラルネットによって解くことができる.

3 視覚計算の数理的形式化

2 章では，視覚計算について述べてきたが初期視覚から中間視覚への橋渡しとしては面の推定と補間の問題がある．以下では，この問題を軸にして数理的形式化について概説する．ここでは，まず，陰影からの形状復元を例にとって説明しよう．

3.1 陰影からの形状復元問題

1 枚の白黒写真を見ただけで撮影された面の形状を知覚することができる．面の形状は面の向きや曲率に対応している．したがってわれわれは，画像の濃淡値から面の向きや曲率を推定できるといえる．このような推定問題を陰影からの形状復元問題と呼ぶ．

面の方向は通常，法線ベクトルで表わされる．反射地図 $R(p,q)$ は画像強度と表面方向を結びつけるものであり，面の向きによって反射強度がどのように変化するかを示している．したがって画像強度から面の向きを推定するときに用いられる(しかし，以下に述べるように画像強度から面の向きが一意に決まるわけではない)．通常，反射地図は p-q 平面上で示される．この平面を勾配空間と呼ぶ．いま，面が

$$z = f(x,y)$$

であるとしよう．このとき法線ベクトルを $(p,q,-1)$ と表わす．ここに

$$p = \frac{df}{dx}(= f_x), \quad q = \frac{df}{dy}(= f_y)$$

である．

画像強度 $I(x,y)$ と面の方向 (p,q) を結びつける次の方程式を画像放射照度方程式(image irradiance equation)とよぶ(Horn, 1975, 1977)．

$$I(x,y) = \rho(x,y)R\bigl[p(x,y),q(x,y)\bigr]$$

ここで $\rho(x,y)$ は吸収係数(Albedo)である．このとき，問題は画像強度 $I(x,y)$ から各位置 (x,y) における面の方向 (p,q) を求めることである．しかし，方程式が 1 つに対し未知数は 2 つなので，解が一意に決められない．そこで面の方向はいたるところで滑らかに変化していると仮定し，この制約条件下で最適な値 p, q を求めることにする．

$$H(x,y)=\left[I(x,y)-R(p,q)\right]^2+\lambda(p_x^2+p_y^2+q_x^2+q_y^2)^2$$

とおき，H を最小にする (p,q) を求める．ここで λ は，定数である．式の第 1 項目はデータ回帰項であり，第 2 項目は制約条件充足項である．したがって，λ はデータ回帰と制約充足とのバランスを決めるパラメータとなる．Ikeuchi(1980)はガウス-ザイデル法を用いて反復計算によって解を求めている．このように視覚計算では，対象となる属性がある領域内のほとんどいたる所で滑らかに変化しているという制約条件を用いることが多い．これを滑らか拘束，あるいは滑らか制約と呼ぶ．

3.2　面の一貫性定理

面の一貫性定理(surface consistency theorem)とは，no information is good information の定理と呼ばれることもある．画像から得られるゼロ交差は面の方向が急峻に変化している位置を示し，逆にゼロ交差が得られない位置では面の方向が緩やかに変化していることを示すものである．

それでは，ゼロ交差だけからもとの面をどのように復元すればよいのであろうか．

Marr(1982)や Grimson(1984)は，ゼロ交差が得られる位置では面の奥行きや表面方向が急に変化しているが，それ以外の点では滑らかに変化しているはずだと考えた(no information is good information の制約)．しかし，画像復元の場合，滑らかさの程度が問題となる．Grimson(1984)は，検出された奥行きを通り，画像放射照度(image irradiance)に最もよく適合する面は，ポテンシャルエネルギー汎関数

$$\Theta(f)=\frac{1}{2}\iint_{\Omega}(f_{xx}^2+2f_{xy}^2+f_{yy}^2)dxdy$$

を最小にすることを証明した．

そこで，面の復元は次のようにして行なう．まず検出された奥行きを $c(x,y)$ とすれば

$$H(f)=\frac{1}{2}\iint_{\Omega}(f_{xx}^2+2f_{xy}^2+f_{yy}^2)dxdy+\frac{\beta}{2}\sum_{(x_i,y_i)\in D}[f(x_i,y_i)-c(x_i,y_i)]^2$$

を最小にする面 $f(x,y)$ が求める解である．ここに β は $c(x,y)$ の強制力を表わす．

上で用いた汎関数 $\Theta(f)=\left\{\iint(f_{xx}^2+2f_{xy}^2+f_{yy}^2)^2dxdy\right\}^{\frac{1}{2}}$ 以外にも

$$\Theta(f)=\left\{\iint(\nabla^2 f)^2dxdy\right\}^{\frac{1}{2}}$$

が考えられる．これらのオイラー-ラグランジュ方程式は境界条件を除けば同一である．なお前者の汎関数は次章で述べるように，薄板のポテンシャルエネルギーである．これらの半ノルムを最小にする唯一解を求めるための境界条件は後者の場合，ディリクレ問題と呼ばれており面復元に対しては不適当である．一方，前者の場合，立体視問題では同一平面上にない 4 点の奥行きデータが与えられれば最小解が一意に決定可能である．それゆえ前者の汎関数のみが用いられている．Terzopoulos の研究はデータ(ゼロ交差が存在する位置の奥行き値)を通りこれらのエネルギーを最小にする曲面を求めることによって面の補間を行なおうとするものである．Terzopoulos は，面の方向の不連続も表現するために

$$\Theta(f)=\left\{\iint(f_x^2+f_y^2)^2dxdy\right\}^{\frac{1}{2}}$$

なる汎関数(これは膜のポテンシャルエネルギーである)をも導入し，さまざまな視覚の問題をこのような制約条件付き最小化問題として解いている．具体的には有限要素法を用いて繰り返し計算を行なうという手法(ヤコビ法，ガウス-ザイデル法)を用いている．モジュール間の相互作用を扱ったのも彼が最初である．Terzopoulos の方法については第 5 章で詳しく述べる．

4 標準正則化による視覚計算の定式化

第3章で述べた視覚計算に関する手法は，実は逆問題の一般的解法として定式化することができる．

いま，

$$y = Az$$

とし，関数 y(データ)が与えられたとき関数 z を求める問題を逆問題と呼ぶ．通常，逆問題は，不良設定問題である．Tikhonov の標準正則化理論(Standard Regularization Theory)では，逆問題に対して，2次形式で表わせるような制約条件を解に付加して解く(Tikhonov and Arsenin, 1977)．まず，ノルム $\|\cdot\|$ を適当なものに決める．通常は2次形式である．次に解に適当な制約条件を設ける．これを，$\|Pz\|$ とする．これを安定化汎関数という．このとき次のいずれかの方法で解を求める．

(1) $\|Pz\| \leq C$(C は定数)を満たすものの中で

$$\|Az - y\|$$

を最小にする z を求める．

(2) $\|Az - y\| \leq C$(C は定数)を満たすものの中から

$$\|Pz\|$$

を最小にする z を求める．

(3) $\|Az - y\|^2 + \lambda\|Pz\|^2$ を最小にする z を求める．ここで λ は適当な定数で正則化パラメータという．

Poggio ら(1985)によれば，視覚計算は $Az = y$ において「データ y」から z を求めるいわゆる逆問題(inverse problem)になっている．これは，一般に不良設定問題(ill-posed problem)である．彼らは上に示した標準正則化理論では，上の(3)の方法を用いた．すなわち，$\|Az - y\|^2 + \lambda\|Pz\|^2$ を最小にする z を見つける．$\|Pz\|^2$ は安定化汎関数で，制約条件に相当するものである．λ は制約条件の強さを決めるパラメータである．表1にこれま

表 1 制約条件を用いた標準正則化汎関数(Poggio ら, 1985)

問題	正則化汎関数	
エッジ抽出	$\int \left[(Sf-I)^2+\lambda(f_{xx})^2\right]dx$	(1)
オプティカルフロー(領域に基づく計算)	$\int \left[(I_x u+I_y v+I_t)^2+\lambda(u_x^2+u_y^2+v_x^2+v_y^2)\right]dxdy$	(2)
オプティカルフロー(輪郭線に基づく計算)	$\int \left[(\boldsymbol{V}\cdot\boldsymbol{N}-V^N)^2+\lambda\left(\frac{\partial}{\partial s}\boldsymbol{V}\right)^2\right]ds$	(3)
面の補間	$\int \left[(Sf-d)^2+\lambda(f_{xx}^2+2f_{xy}^2+f_{yy}^2)^2\right]dxdy$	(4)
時空間近似	$\int \left[(Sf-I)^2+\lambda(\nabla f\cdot\boldsymbol{V}+f_t)^2\right]dxdydt$	(5)
色	$\lVert I^\nu-Az\rVert^2+\lambda\lVert Pz\rVert^2$	(6)
陰影からの形状復元	$\int \left[(I-R(p,q))^2+\lambda(p_x^2+p_y^2+q_x^2+q_y^2)\right]dxdy$	(7)
立体視	$\int \left\{\left[\nabla^2 G*(L(x,y)-R(x+d(x,y),y))\right]^2+\lambda(\nabla d)^2\right\}dxdy$	(8)

でに知られている制約条件を用いた標準正則化汎関数を示した(Poggio ら, 1985). 表の(7)式は第 3 章で述べた $H(x,y)$ と同じである.

エッジ抽出(1)は Torre and Poggio(1985)に基づくものである. S はサンプリング関数であり, f は正しい光強度関数である. I はノイズが混入した強度で, かつまばらにしか得られないとする. エッジ抽出には I の微分操作が必要である. しかし数値微分はノイズによって大きく変動するし, まばらにしかデータで与えられていないので明らかに不良設定問題である.

領域に基づくオプティカルフローの計算(2)では $I(x,y,t)$ がデータであり, 求めるべき速度を $\boldsymbol{V}=(u,v)$ とする. 各位置 (x,y) において u と v の 2 つの未知数を決定せねばならないので不良設定問題である. 画像上の点 (x,y) の時刻 t における明るさを $I(x,y,t)$ とし, 今, 微小時間 Δt の間に物体が x 軸, y 軸の方向に Δx, Δy だけ移動したとする. 物体上の点の明るさが不変であると仮定すると次式が成立する.

$$I(x,y,t)=I(x+\Delta x,y+\Delta y,t+\Delta t)$$

右辺をテイラー展開すると

$$I(x,y,t)=I(x,y,t)+\Delta x\frac{\partial I}{\partial x}+\Delta y\frac{\partial I}{\partial y}+\Delta t\frac{\partial I}{\partial t}+e$$

（ただし e は Δx, Δy, Δt の高次の項で無視する）．両辺を Δt で割り $\Delta t \to 0$ として整理すると，次式を得る．

$$\frac{\partial I}{\partial x} \cdot \frac{dx}{dt} + \frac{\partial I}{\partial y} \cdot \frac{dy}{dt} + \frac{\partial I}{\partial t} = 0$$

これは見かけの速度ベクトルを (u, v)，空間的な明るさの勾配を I_x, I_y，時間的な変化を I_t とすれば，次のように書き直せる．

$$I_x u + I_y v + I_t = 0$$

これは (u, v) 平面で直線を表わし，(u, v) に関する 1 つの制約条件を与える．これが表 1 の(2)式のデータ回帰項（誤差項）である $(I_x u + I_y v + I_t)^2$ に対応している．また u, v に関する制約条件項は領域内で速度が滑らかに変化するということを意味している．

また，輪郭線に基づくオプティカルフローの計算(3)では $\boldsymbol{V}$ が正しい速度であり，観察できるのは速度のエッジに垂直な成分，すなわち $\boldsymbol{V}$ と法線ベクトル $\boldsymbol{N}$ の内積である $\boldsymbol{V} \cdot \boldsymbol{N}$ である．したがって，エッジの正しい速度ベクトル $\boldsymbol{V}$ は，エッジの各点における V^N から推定しなければならない．これを窓問題（aperture problem）と言う（図 7）．

面の補間(4)では，表面 $f(x, y)$ を観測できる奥行きデータ $d(x, y)$ から推定しなければならない．色の計算(6)においては I^ν $(\nu = 1, 2, 3)$ が色の 3

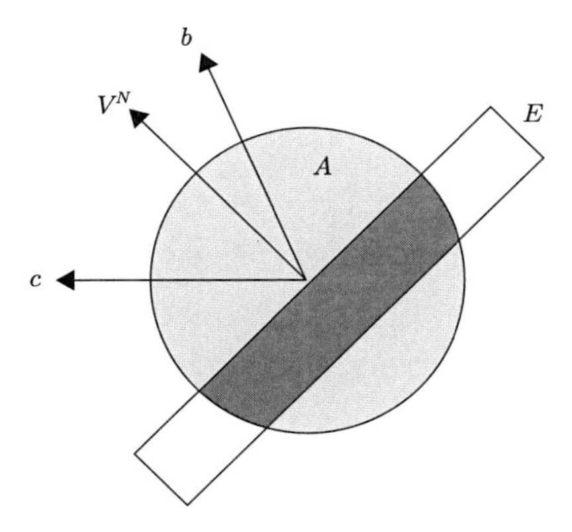

図 7　窓問題．小さな観測窓（A）からエッジ（E）をのぞくと正しい運動方向が b か c かわからない．

チャンネルにおける強度値であり，そこから照明スペクトルと分光反射率を分離した表現である z を計算しなければならない．この場合の制約条件としては，照明光が緩やかに変化している(照明光が斜めから入射している)．および，吸収係数が区間的に一定であり，かつ，急激な不連続を含むものであることを用いる．

陰影からの形状復元(7)においては $R(p,q)$ は反射地図であり，p および q はそれぞれ面の向き(法線ベクトル)である．I は画像強度である(前節参照)．

立体視(8)においては左眼の画像と右眼の画像の対応関係をとり，そこから奥行きを計算しなければならない．左右の画像で同じ位置が対応する場合には奥行きは0である．奥行きがある場合にはその左右間でのずれ $d(x,y)$ が生じる．ここで $d(x,y)$ を両眼視差と呼ぶ．厳密には垂直視差，すなわち y 方向のずれもあるが，ここではそれを無視している．$\nabla^2 G$ は第2章で述べたニューロンのフィルターの特性であり，ガウス関数の2階微分という意味である．心理物理実験などから両眼の対応には視差勾配(disparity gradient)である ∇d が重要であることが知られている．

床屋のマークの錯視

視覚計算では，ここまで述べてきたように仮定をおいて計算をしていると考えられるので結果として錯視が生ずる場合がある．輪郭線に基づくオプティカルフローの計算(3)はその良い例である．滑らかさの制約によれば，運動の速度ベクトルは，できるだけ滑らかに変化する(あるいは一定である)方が良い．床屋のマークは円筒に螺旋が書かれていてこれが回転している(図8)．しかし，われわれがそれを見ると円筒に巻き付いた線が下から上へまっすぐに動いているように知覚される．これは，エッジに垂直な速度成分から表1の(3)式のような滑らかさの制約条件下で真の速度ベクトルを推定しているからである．この制約によって線上の速度ベクトルがすべて上に向いた方向が選ばれるのである．

図 8 床屋のマークの錯視

5 Terzopoulos の定式化

前章では，標準正則化理論という枠組みで視覚計算を形式化できることを示した．ここでは，標準正則化理論に基づき数値微分と標準正則化の関係を説明したのち，面の補間問題を標準正則化の枠組みで解く方法を具体的に示す．

視覚計算では，時間や空間に関して微分をとることが多い．たとえば，2.1 節で述べたようにエッジは画像の空間微分をとることによって抽出できる．しかも画像データはセンサによってサンプリングされたものである．そこでここではまず以下のような例を考えてみよう．

関数 $f(x_i)$ のサンプル値 f_i が $x_i = ih\,(i=1,\cdots,N;\ Nh=1)$ で与えられた時，関数 $f(x)$ の微分 $f_x(x_i)$ を推定したい．このとき，誤差 $\{\varepsilon = f(x_i) - f_i\}_{i=1}^{N}$ がそれぞれ独立で平均値 0，分散 σ^2 の正規分布に従うと仮定する．

重要なことは数値積分とは異なり，数値微分は非常に不安定だということである．たとえ誤差 ε_i が小さくても $(f_i - f_{i-1})/h$ は，いくらでも大きくなる可能性がある．したがって，解はデータにわずかなノイズが混入するだけで不安定になってしまう可能性がある．このように数値微分は不良設定問題なのである．第 4 章で述べた Tikhonov の正則化理論では，以下の汎関数を最小化するような f を求める．

$$\mathcal{E}(f) = \frac{1}{\lambda\sigma^2}\sum_{i=1}^{N}[f(x_i) - f_i]^2 + \int_0^1 f_{xx}^2 dx,$$

つまり，データ f_i をできるだけ回帰し，かつ制約条件である $\int_0^1 f_{xx}^2 dx$ が小さくなるような，すなわち滑らかな関数を求めることになる．実は，このようにして f を求めた結果とガウス関数で平滑化した結果はきわめて類似している．このことは，2.2 節で述べたエッジ抽出の手法($\nabla^2 G$ フィルタ)と密接に関係していることがわかるだろう．

Tikhonov は，1 変数の正則化における一般的な安定化汎関数として，次のような m 次のソボレフノルムを提案した(ソボレフ空間とそのノルムに関しては付録 A.2 を参照)．

$$\|f\|_m^2 = \sum_{k=0}^{m}\int_R w_k(x)\left(\frac{d^k f(k)}{dx^k}\right)^2 dx$$

$w_k(x)$ は非負であり，連続関数である．上記の安定化汎関数 $\mathcal{E}(f)$ の正則化汎関数は $\|f\|_m^2$ で $m=2$, $w_0=w_1=0$, $w_2=1$ に対応している．このように，正則化理論ではデータを回帰することと関数に対する制約条件とが適切な比率(例えば，上式では $1/\lambda\sigma^2$)で最小化する．

5.1 データ回帰項

一般に評価関数はデータ回帰項と制約条件項の和で表わされる．データ回帰項の汎関数として Terzopoulos は

$$\mathcal{P} = \frac{1}{2}\sum_{i=1}^{N}\alpha_i(\mathcal{L}_i(f) - c_i)^2$$

を提案した．ここで $\mathcal{L}_i$ は測定汎関数であり，α_i は非負の実数値である．

データに混入するノイズが標準偏差 σ_i の正規分布であれば，$\alpha_i = 1/\lambda\sigma_i^2$ が最適なパラメータ値である．視覚計算では一般に微分作用素を考えるので測定汎関数として

$$\mathcal{L}_i(f) = \mathcal{D}^k_{x_i}(f) = \frac{\partial^k f}{\partial x_1^{j_i} \cdots \partial x_d^{j_d}}\Big|_{x_i}, \quad j_1 + \cdots + j_d = k$$

を用いる．ただし $k=0$ の時，上式は $\mathcal{L}_i(f) = f(\boldsymbol{x}_i)$ である．測定汎関数として $\mathcal{L}_i(f) = \int_{\mathcal{R}^d} K_i(\boldsymbol{x}) f(\boldsymbol{x}) d\boldsymbol{x}$ といった積分形でもよい．

画像からの構造推定には次のような汎関数が用いられる．ここでは画像から直接推定できるのは面の奥行き $d_{(x_i,y_i)}$ や面の向き（法線ベクトルの方向）である $p_{(x_i,y_i)}$ や $q_{(x_i,y_i)}$ である．したがって

$$\begin{aligned}\mathcal{P} =& \frac{1}{2}\sum_{i\in D} \alpha_{d_i}[f(x_i, y_i) - d_{(x_i,y_i)}]^2 + \frac{1}{2}\sum_{i\in P} \alpha_{p_i}[f_x(x_i, y_i) - p_{(x_i,y_i)}]^2 \\ &+ \frac{1}{2}\sum_{i\in Q} \alpha_{q_i}[f_y(x_i, y_i) - q_{(x_i,y_i)}]^2\end{aligned}$$

α_i は各項の重み係数である．D は奥行きデータが，P と Q は面の向きのデータが存在する位置である．

5.2 制約条件項

既に述べたように視覚計算における制約条件は，ほとんどの場合滑らか拘束である．本節では滑らか拘束として用いられる汎関数の物理的意味について述べる．

膜のポテンシャルエネルギー（membrane potential）

膜はポテンシャルエネルギーが面積の変化に比例し，この比例定数を張力という．膜を $z = f(x, y)$ としたとき，その曲面積 S は

$$S = \iint \sqrt{1 + \left(\frac{\partial z}{\partial x}\right)^2 + \left(\frac{\partial z}{\partial y}\right)^2} dxdy$$

で与えられ，$(1+x)^\alpha \fallingdotseq 1 + \alpha x$ を用いると

$$S \fallingdotseq \iint \left(1 + \frac{z_x^2 + z_y^2}{2}\right) dxdy$$

となる．したがって定数項を除いて膜のポテンシャルエネルギーは，

$$\frac{1}{2}\iint_{\Omega}(f_x^2 + f_y^2)dxdy$$

で表わされる．これを最小化する f は，

$$\Delta f = f_{xx} + f_{yy} = 0 \quad \text{(オイラー方程式)}$$

を満足する．

薄板のポテンシャルエネルギー(thin plate potential energy)

薄板の曲げのポテンシャルエネルギーは，変形に際して彎曲した曲面の主曲率の 2 次形式の積分で与えられる．薄板の主曲率を κ_1, κ_2 とすれば，ポテンシャルエネルギーは，

$$\frac{A}{2}(\kappa_1^2 + \kappa_2^2) + B\kappa_1\kappa_2$$

で与えられる．A と B は物質定数である．$(\kappa_1 + \kappa_2)/2$ は平均曲率(mean curvature)，$\kappa_1\kappa_2$ はガウス曲率(Gaussian curvature)である．
f, f_x, f_y が小さいとすれば，

$$\frac{\kappa_1 + \kappa_2}{2} = \frac{\Delta f}{2} = \frac{f_{xx} + f_{yy}}{2}, \quad \kappa_1\kappa_2 = f_{xx}f_{yy} - f_{xy}^2$$

と書ける．したがって，曲げのポテンシャルエネルギーは，$\mu = B/A$ として

$$U = \iint_{\Omega}\left[\frac{1}{2}(\Delta f)^2 - (1-\mu)(f_{xx}f_{yy} - f_{xy}^2)\right]dxdy$$

で表わされ，$\mu = 0$ のときは

$$U = \frac{1}{2}\iint_{\Omega}(f_{xx}^2 + 2f_{xy}^2 + f_{yy}^2)dxdy$$

となる．このポテンシャルエネルギーを最小化する $f(x, y)$ は $\Delta^2 f = 0$ を満たす．ここで $\Delta^2 = \Delta\Delta = (\partial^4/\partial x^4) + 2(\partial^4/\partial x^2 \partial y^2) + (\partial^4/\partial y^4)$ である．

一般化：多変数一般化スプライン汎関数

上記の制約条件として用いる汎関数を一般化すると d 次元関数 $f(x)$ について以下のような多変数一般化スプライン汎関数が定義できる．

$$|f|_m^2 = \sum_{i_1,\cdots,i_m=1}^{d} \int_{\mathcal{R}^d} \left(\frac{\partial^m f(\boldsymbol{x})}{\partial x_{i_1} \cdots \partial x_{i_m}} \right)^2 d\boldsymbol{x}$$

$$= \int_{\mathcal{R}^d} \sum_{j_1+\cdots+j_d=m} \frac{m!}{j_1! \cdots j_d!} \left(\frac{\partial^m f(\boldsymbol{x})}{\partial x_1^{j_1} \cdots \partial x_d^{j_d}} \right)^2 d\boldsymbol{x}$$

ここでは $\boldsymbol{x}$ は d 次元ベクトルで，$\boldsymbol{x}=[x_1,\cdots,x_d]$ である．
$d=2, m=1$ のとき膜のポテンシャルエネルギーに，$d=m=2$ のとき，薄板のポテンシャルエネルギーとなる．

5.3 一般化：連続性制御安定化汎関数

Terzopoulos は，非 2 次形式でしかも空間的に一様でない安定化汎関数(nonquadratic and spatially noninvariant stabilizer)を導入した．これによって面の復元に奥行きの不連続や面の向き(法線ベクトル)の不連続を導入することが可能となった．

$$|f|_{m,w}^2 = \sum_{k=0}^{m} \int_{R^d} w_k(\boldsymbol{x}) \sum_{j_1+\cdots+j_d=k} \frac{k!}{j_1! \cdots j_d!} \left(\frac{\partial^k f(\boldsymbol{x})}{\partial x_1^{j_1} \cdots \partial x_d^{j_d}} \right) d\boldsymbol{x}$$

ただし，$\boldsymbol{w}(\boldsymbol{x})=[w_0(\boldsymbol{x}),\cdots,w_m(\boldsymbol{x})]$ は非負であり，必ずしも連続関数である必要はない．この式で x が 1 次元の場合を考えてみよう．$w_k(x)$ があらかじめ与えられており，かつ連続関数であるとした場合には以下のようになり，$w_k(x)$ が正の場合には Tikhonov の安定化汎関数は m 次のソボレフノルムになる．

$$\|f\|_m^2 = \sum_{k=0}^{m} \int_R w_k(x) \left(\frac{d^k f(x)}{dx^k} \right)^2 dx$$

Terzopoulos は以下のような連続性制御安定化汎関数を用いて面の復元を行なった(図 9)．

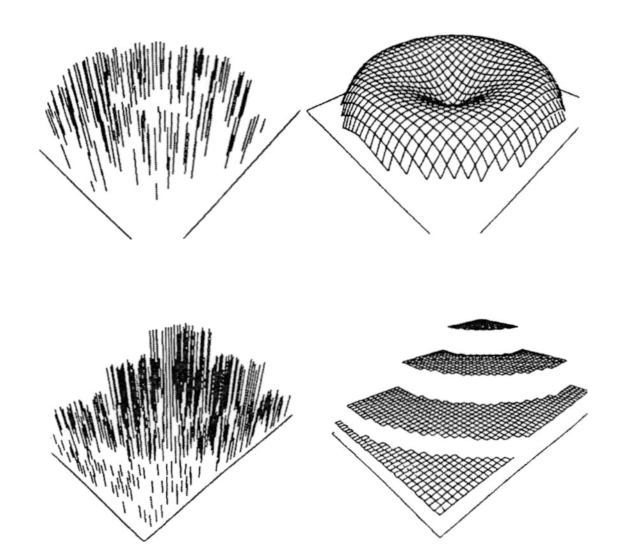

図 9 左が画像から得られた奥行きデータ．データは離散的に得られ，しかもノイズを含んでいる．右はそれらのデータに対して，連続性制御安定化汎関数を用いて面を復元した結果である．上は滑らかな曲面が得られたが，下では面の奥行きの不連続が復元されている．不連続点では $b(x,y)=0$ となっている．

$$
\begin{aligned}
|f|^2_{2,w} = \iint_{\mathcal{R}^2} & b(x,y)\big\{[1-c(x,y)](f_x^2+f_y^2) \\
& + c(x,y)(f_{xx}^2+2f_{xy}^2+f_{yy}^2)\big\}dxdy
\end{aligned}
$$

ただし，$w(x,y)=[0,b(x,y)[1-c(x,y)],b(x,y)c(x,y)]$

離散的な場合は，

$$
\begin{aligned}
|f|^2_{2,w} = & \sum_{i=1}^{N_x}\sum_{j=1}^{N_y} b_{i,j}\big\{(1-c_{i,j})[(f_{i,j}-f_{i-1,j})^2+(f_{i,j}-f_{i,j-1})^2] \\
& + c_{i,j}[(f_{i+1,j}-2f_{i,j}+f_{i-1,j})^2 \\
& + 2(f_{i+1,j+1}-f_{i,j+1}-f_{i+1,j}+f_{i,j})^2 \\
& + (f_{i,j+1}-2f_{i,j}+f_{i,j-1})^2]\big\}
\end{aligned}
$$

この安定化汎関数 $|f|^2_{2,w}$ では，各点において $b(x,y)$ や $c(x,y)$ を変化させることにより以下のように面の補間に柔軟性を持たせている．

(1) $b(x,y)=c(x,y)=1$ の場合：薄板ポテンシャルエネルギーになり，曲率最小の C^1 級の表面になる．

(2) $b(x,y)=1$，$c(x,y)=0$ の場合：膜のポテンシャルエネルギーになり，C^0 級の表面になり，面の方向の急激な変化が実現できる．

(3) $b(x,y)=0$ の場合：滑らか拘束自体がなくなり，奥行きの不連続が実現できる．

5.4　まとめ

以上のように，Terzopoulos と Poggio は，Marr の枠組みが正則化問題として定式化できることを示した．正則化の方法として

$$\|Af-y\|^2+\lambda\|Pf\|^2$$

なる汎関数を最小化する．第1項は，データフィッティングの項であり，第2項目が制約条件の項である．後者は先見的知識と呼んでもよい．Tikhonov が用いた制約条件は安定化汎関数と呼ばれるが，それは p 次の(重み付き)ソボレフノルムである．正則化問題を解くということは制約条件を満たし与えられたデータをできるだけ忠実に近似する一般化スプライン曲面を形成することである．Terzopoulos は，この安定化汎関数を拡張して滑らかさを制御する安定化汎関数(controlled-continuity stabilizer)を導入することにより面の不連続をも再構成できることを示した．

一方，学習と汎化の問題も同じ枠組みで捉えられるのではないかというのが Poggio ら(1990)の見解である(学習時に与えられたサンプルデータから母集団の特性を推定する)．上式を変分法を用いて一般に解くことを試みる．するとオイラー–ラグランジュ方程式から求める $f(x)$ はグリーン関数の線形和で表わすことができる．したがって安定化作用素 P がわかればそれに対応するグリーン関数が求められ，グリーン関数をネットワークに用意しておけば学習によってその係数が決められ逆問題が解ける．このような立場にたって Poggio のグループは近似理論をベースに広く認知・学習の問題に対する理論を構築した(乾，1992)．

6 マルコフ確率場

6.1 最大事後確率推定

いま2つの確率的に生ずる事象を考え，それらを x と y とする．たとえば，x を泥棒が入るという事象，y を窓ガラスが割れているという事象と考えよう．泥棒がでる確率 $P(x)$ を事前確率，泥棒が入ったときに窓ガラスが割れている確率 $P(y|x)$ を条件付確率と呼ぶ．このとき，窓ガラスが割れているときに泥棒が入ったといえる確率 $P(x|y)$ を事後確率と呼ぶ．

$$P(y|x) \cdot P(x) = P(x|y) \cdot P(y)$$

より，

$$P(x|y) = \frac{P(y|x) \cdot P(x)}{P(y)}$$

となる．

さらに，事象 $x_1, x_2, \cdots, x_n$ がたがいに素であり，かつ $x_1 \cup x_2 \cup \cdots \cup x_n = \Omega$（基礎空間）であるとき，

$$P(y) = P(y|x_1) \cdot P(x_1) + \cdots + P(y|x_n) \cdot P(x_n)$$

が成り立つので，

$$P(x_i|y) = \frac{P(y|x_i) \cdot P(x_i)}{\sum_k P(y|x_k) \cdot P(x_k)}$$

となる．これをベイズの定理（Bayes Theorem）と呼ぶ．ここで x_1 は泥棒が入ったという事象を，x_2 は子供がキャッチボールをするという事象であると考えよう．y は上と同様窓ガラスが割れているという事象である．

ベイズの定理はこのように推測過程をモデル化する道具として使えるが，x_i がすべてわかっていないと，言い換えれば網羅的でないと使えない．

多くの可能性 x_i の中から事後確率を最大にする事象を原因（実際に生起した事象）であると推定することを最大事後確率推定（Maximum a posteriori estimate ; MAP 推定)という．事前確率が与えられた場合，ベイズの定理から事後確率が計算でき，これを最大にする事象を原因とみなす．事前確率がわからないときはそれらが等確率であることを仮定(これを ignorance prior と呼ぶ)して計算することが多く，この場合は最尤推定と一致する．

6.2　マルコフ確率場とは

画像がマルコフ性を満足するとは，個々の属性値がごく近傍の属性値にのみ依存するということを意味する．属性は，濃淡値，色，奥行きなどなんでもかまわない．通常の画像はこの条件を満たしていると考えられる．たとえば，いま私が着ている服の色と机の色は関係がない．教室で立って講義をしている先生の服の色と黒板の色も相関はない．ただ服の色とネクタイの色は相関がある．また先生の体の各部の奥行きは比較的近い値をとるが，背景にある物体の奥行きとはかなり異なるはずである．したがってある程度の広さの近傍を考えれば画像においては，このマルコフ性は成り立つと考えられる．難しい表現をすれば物体の凝集性によってこのマルコフ性は成立する．さて，各要素の状態がその要素の近傍の状態のみによって決定される確率システムにマルコフ確率場(Markov Random Field)がある．ここでは画像のモデルとしてマルコフ確率場を取りあげ少し詳しく紹介する．

マルコフ確率場では i 番目の要素がある状態になる確率がギブス(Gibbs)分布に従うことが知られている．ギブス分布とは，

$$P(f_i) = \frac{\exp(-U(f_i))}{Z}$$

なる形をしており，f_i は i 番目の要素(各画素)の状態(明るさや奥行き)を表わしている．Z は i 番目の要素がとりうるすべての状態に対する確率の和が 1 になるための正規化定数である．したがって，

$$Z = \int \exp(-U(f_i))df_i$$

$U(f)$ をポテンシャルと呼ぶが，これがマルコフ確率場の場合，各要素の近

傍のみで決められる(これがマルコフの仮定である).具体的には近傍の他の要素との相互作用を表わすポテンシャル V の和になる.つまり

$$U(f_i) = \sum(\text{局所ポテンシャル})$$

$U(f_i)$ は近傍の相互作用の仕方を規定することになる.画像処理では通常4近傍または8近傍を考える(図10).

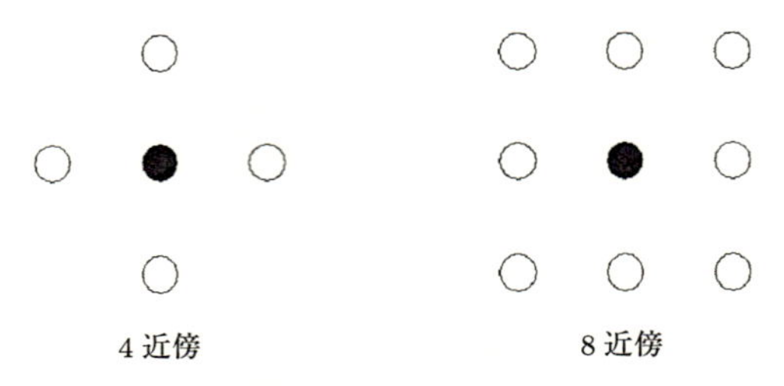

図 **10** 近傍系.各点は画素の位置を示す.

このようなシステムにおいて全体のシステム(画像)がある状態 $\boldsymbol{F}(f_1 \cdots f_n)$ をとる確率は個々の要素の確率分布の同時確率なので,やはりギブス分布になる.この場合,$P(\boldsymbol{F})$ は exp のかけ算なので,

$$\exp(-U(f_1)) \cdot \exp(-U(f_2)) \cdots = \exp(-\sum U(f_i))$$

のように exp の肩の部分の和になり,$U(\boldsymbol{F})$ はそれぞれの要素の近傍で指定されるポテンシャルの和になる.つまり,マルコフ確率場では P の関数の形が一意に決まり,

$$U(\boldsymbol{F}) = \sum(\text{局所ポテンシャル})$$

となる.

6.3 外界の構造を推定する

なんらかの意味で劣化した画像から(ノイズによって乱されたり,まばらにしか画素値が与えられていない場合でも),マルコフ性の仮定の下で,ベイズの定理に従って外界の構造を推定することを考えてみる.

視覚システムは2次元画像から3次元構造をなんらかの制約条件を用いて推測する.ベイズの定理を用いるとこれは次のように書ける.

$$P(\text{構造} \mid \text{画像}) \propto P(\text{画像} \mid \text{構造}) \cdot P(\text{構造})$$

右辺第1項は光学系(広い意味で撮像系だけでなく神経の前処理も含めてもかまわない)の特性を，第2項は純粋に自然界の物理法則を表わしている．この意味で第1項をセンサモデルとか画像生成モデルとか一般化された光学と言うことがある．ノイズによって乱された画像から原画像を推定する場合は

$$P(\text{原画像} \mid \text{画像}) \propto P(\text{画像} \mid \text{原画像}) \cdot P(\text{原画像})$$

と書くことができる．また最大事後確率推定(MAP 推定)とは，画像が与えられたときあらゆる構造の中から事後確率が最大になるものを解とするというものであった．これを解くのにマルコフ性の仮定を採用する．つまりマルコフ確率場(MRF)のモデルを考える．以下では，画像の属性値 d_i が与えられたとき原画像の濃淡値 f_i を推定することを念頭において話を進める．

6.4 ポテンシャル関数を求める

すでに述べたように求めるべき f の性質がわからなければ真の属性値 f を求めることができない．言い換えれば画像のモデルである事前確率がわからなければならない．まずここでは事前確率について考える．

いま $P(\boldsymbol{X}=\boldsymbol{F})$ をある画像 $\boldsymbol{F}$ の生起確率とする．$\boldsymbol{F}$ は各ピクセルの属性値 f_i のベクトル $(f_1, \cdots, f_i, \cdots, f_n)$ だと考える．したがって $\boldsymbol{F}$ はある画像に対応する．画像では属性 $\boldsymbol{X}$ の空間的変化が滑らかなものほど，出現しやすいと考えられる．通常，奥行きはある区間の中で滑らかに変化するし，物体の色や明るさもある区間内では一定(piecewise constant)あるいは滑らかに変化する(3章，4章参照)．反射率が一定でも斜めから照明されていれば明るさは滑らかに変化する．したがって，局所ポテンシャルとして，隣合う画素値の差(1階差分，連続系では1階微分に対応する)を考えてみる．つまり，この値が小さいものほど出現しやすいということである．もちろんこれ以外のポテンシャルを考えることも可能であるがここでは取りあげないことにする．最初に述べたように，これは推定の制約条件とな

る．言い換えれば，画像に対する内部モデルになる．具体的には，(1 次元で表わすと)隣合う 2 つの画素を i と $i-1$ とし，その属性値(濃淡値や奥行き)を f_i, f_{i-1} としたとき，

$$P(f_i) = \frac{\exp\{-(f_i - f_{i-1})^2\}}{Z}$$

$$(\text{ポテンシャル}) = (f_i - f_{i-1})^2$$

しかし，これだけであると，ぼけた(シャープでない)画像ばかりが選ばれてしまう．なぜなら，$f_i \approx f_{i-1}$ となる確率が高くなるからである．これは 5.2 節で述べた膜のポテンシャルエネルギーに対応している．また 5.3 節で述べたように，ある区間内では望ましいのであるが，物体あるいは物質の不連続に対応するところではこの値も不連続になるはずである．しかしそもそも不連続の場所が画像には明示されていないので，それを検出する必要がある．そこでもう 1 つのマルコフ確率場を考えて，これらのマルコフ確率場を結合することを考える．ここでは不連続を示す線過程(line process)というマルコフ確率場を導入する．線過程はいわゆるエッジを検出する働きをし，それぞれの要素は 1(エッジあり)か 0(エッジなし)のいずれかの値をとるとする．しかし，ここでは単にエッジを検出するだけでなくエッジにまたがって濃淡値や奥行き値を滑らかにつなぐことを禁止する．エッジを検出するには濃淡値の差を見なければならないし，エッジを検出すれば濃淡値を滑らかに補間することを禁じなければならない．だから，この 2 つのモジュールは相互に作用しあいながらお互いに最も満足のいく答えを出すはずである．線過程もまたマルコフ確率場である．そもそもエッジは属性の不連続になっている部分を明示しているわけであるが，不連続点は通常連続につながっていてまばらに点々とあるわけではない．これは，「不連続の連続」と言われている事実である．また，不連続点がきわめて近い場所を並んではしることもない．むしろこのような解は禁止しなければならない．これはエッジ検出の細線化として画像処理では広く知られている．このように，線過程の要素の状態も近傍の要素によってのみ規定されるはずである(図 11)．これも通常は 4 近傍または 8 近傍を考える．この 2 つの結合したマルコフ場のポテンシャルは次のように書ける．(1 次

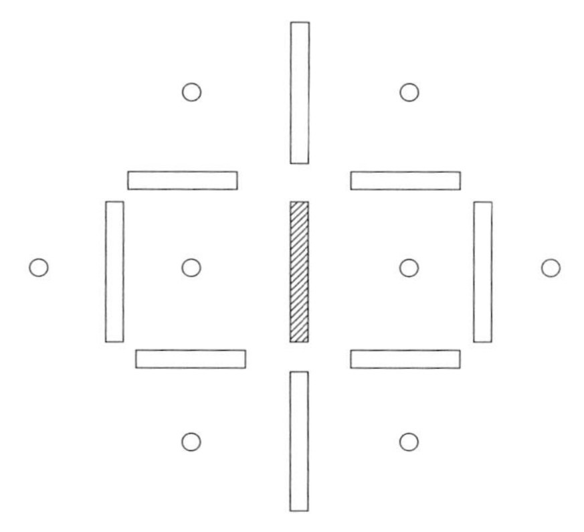

図 11 連続値過程(丸印)と線過程(長方形)の配置．それぞれがマルコフ確率場である．斜線が施された線過程の 8 近傍が示されている．各線過程はその両側にある強度の差を処理する．

元で表わすと)隣合う 2 つの画素を i と $i-1$ とし，その属性(濃淡値や奥行き)を f_i, f_{i-1} としたとき，

$$(\text{ポテンシャル}) = (f_i - f_{i-1})^2(1 - l_{i,i-1}) + \gamma l_{i,i-1}$$

ここでポテンシャルの小さい状態の方が選ばれやすいわけだから，$(f_i - f_{i-1})^2$ が非常に大きいときは，$l_{i,i-1} = 1$ となり滑らかに面をつなぐことをやめる．しかし，上式の最後の項がなければ，いたる所で $l_{i,i-1} = 1$ になった方がポテンシャルが小さくなって都合が悪い(つまり滑らかに面の属性を補間できなくなる)．γ は $l_{i,i-1} = 1$ になることに対する一種のペナルティーである．言い換えると $l_{i,i-1} = 1$ になる $(f_i - f_{i-1})$ の閾値に相当する．このようにして，線過程(2 値)と連続値過程(濃淡値 f_i)の 2 つのマルコフ確率場のあいだの相互作用がこのポテンシャルによって考慮されていることになる．これはモジュール間の相互作用としては強いものなので，強い相互作用モデルと呼ぶ．そして，この相互作用は制約条件の実行をコントロールしている(constraint adaptation)．線過程の方もマルコフ確率場であることにもう一度注意しよう．言い換えると画像には直接与えられていない隠れた変数(hidden variable)も考慮している．一般的に言って画像処理はエッジだけでなくこのように隠された変数の値を推測していると言える．

まとめると，隠れた変数も考慮して，画像 X を 2 つのマルコフ確率場 $\{F, L\}$ とみなし，

$$(\text{ポテンシャル}) = (\text{滑らか拘束}) \cdot (\text{線過程からの作用})$$

と考えるわけである．ちなみに，線過程への入力は $(f_i - f_{i-1})^2$ である．いままではローカルなポテンシャルを考えたが，全体のポテンシャルエネルギーはマルコフ確率場では，前章までに述べたように局所ポテンシャルの画像全体での和で与えられる．すなわち，

$$\begin{aligned}(\text{画像のエネルギー}) &= \sum(\text{局所ポテンシャル}) \\ &= \sum_i (f_i - f_{i-1})^2(1 - l_{i,i-1}) + \sum_i \gamma l_{i,i-1}\end{aligned}$$

以上，2 つのマルコフ確率場を導入してこれらの間に強い相互作用を持たせることにより，外界の属性と隠された構造である不連続線の推定を行なう方法について述べた．2 つのマルコフ場をそれぞれ連続値過程，線過程と呼び，過程内および 2 過程間の相互作用は，エネルギー関数で決まる．このエネルギー関数は条件付確率や事前確率を与えるものである．本節ではこのうち事前確率を考えた．具体的には，1 次元の場合に隣合う 2 つの画素を i と $i-1$ とし，その属性値(濃淡値や奥行き)を f_i, f_{i-1}，線過程を $l_{i,i-1}$ としたとき，

$$(\text{画像のポテンシャル}) = \sum_i (f_i - f_{i-1})^2(1 - l_{i,i-1}) + \sum_i \gamma l_{i,i-1}$$

以上では簡単化のため 1 次元で考えてきたが，実際の画像は図 10 および図 11 で示した 2 次元近傍系から構成されている．この場合，

$$\begin{aligned}(\text{画像のポテンシャル}) = \sum_{i,j} &[(f_{i,j} - f_{i-1,j})^2(1 - h_{i,j}) \\ &+ (f_{i,j} - f_{i,j-1})^2(1 - v_{i,j})] + \gamma(h_{i,j} + v_{i,j})\end{aligned}$$

となる．$h_{i,j}$ は横線過程を，$v_{i,j}$ は縦線過程を表わす．なおペナルティー γ は後述するように，線(不連続)の配置によって変化させることもできる．

6.5 条件付確率を考える

いま原画像がガウス雑音で乱されると考えれば，P の関数の形はギブス

分布と同じ形になる．この仮定は結構広く使える．例えば両眼あるいは 2 台のカメラで物体をとらえたとき，両眼あるいはカメラの輻輳角のずれも同じように扱えることがわかる．輻輳角とは，2 つの撮像系の光軸がなす角度である．つまり輻輳角の乱れによって計測される奥行き値の乱れはこれと同じように奥行き値にガウス雑音が加わったものと見なせる．このように通常の条件付確率はガウス分布(平均 0，分散 σ^2)を採用する．いま画像の属性値を d_i，原画像の(真の)属性値を f_i とすると，条件付確率は，

$$P(f_i) = \exp\left(-\frac{(f_i - d_i)^2}{2\sigma^2}\right)$$

これはちょうどギブス分布と同じ形をしている．ここでもう一度ベイズの定理を思い出そう．視覚システムは 2 次元画像から 3 次元構造をなんらかの制約条件を用いて推測する．ベイズの定理を用いるとこれは次のように書くことができる．

$$P(\text{構造} \mid \text{画像}) \propto P(\text{画像} \mid \text{構造}) \cdot P(\text{構造})$$

右辺第 1 項をセンサモデルとか画像生成モデルとか一般化された光学と言った．ノイズによって乱された画像から原画像を推定する場合は

$$P(\text{原画像} \mid \text{画像}) \propto P(\text{画像} \mid \text{原画像}) \cdot P(\text{原画像})$$

と書くことができる．また最大事後確率推定(MAP estimate)とは，画像が与えられたときあらゆる構造の中から事後確率が最大になるものを解とした．事後確率は，事前確率と条件付確率の積で，今の場合これらがいずれも指数の形になるので，結局マルコフ確率場の仮定の下では，事後確率がやはりギブス分布になる．MAP 推定は，事後確率を最大にする状態を求めることなので，結局これはエネルギーの最小化に相当する．この場合もすでに述べた近傍とまったく同じ近傍を考える．すなわち，

$$\text{MAP 推定} = U(\text{画像} \mid \text{構造}) + U(\text{構造}) \text{ の最小化}$$

となる．上ではある画素 i に注目してそれが f_i になる確率を計算した．前節で述べたように，画像全体がある状態になる確率は同時確率を計算すればよいのである．具体的に上記の例の場合は，

$$\sum_i \frac{(f_i - d_i)^2}{2\sigma^2} + \sum_i (f_i - f_{i-1})^2 (1 - l_{i,i-1}) + \sum_i \gamma l_{i,i-1} \text{ の最小化}$$

となる．したがって画像が与えられたとき，つまり $\{d_i\}$ が与えられたとき上式を最小化する $\{f_i\}$ を求めればよいのである．もう少し複雑な場合も同様である．たとえば，原画像にボケ操作を加え（これを $H(f)$ とする），その後なんらかの非線形操作（対数変換などで ϕ とする）を施し，その後ガウスノイズ（平均 μ，分散 σ^2）を加えた（ガウス雑音の仮定）とする．この場合のエネルギー関数は，

$$U = \sum_i \frac{(\mu - (d_i - \phi(H(f_i))))^2}{2\sigma^2} + \sum_i (f_i - f_{i-1})^2(1 - l_{i,i-1}) + \sum_i \gamma l_{i,i-1}$$

となる．第1項はデータの回帰をする項であり，第2項は制約条件（滑らか制約）を充足する項であると言える．一般にエネルギー関数を

$$U(f,l) = \sum(f_i - d_i)^2 + \lambda\sum(f_i - f_{i-1})^2(1 - l_{i,i-1}) + \sum\gamma l_{i,i-1}$$

と書くことにすると λ は上記の2項のバランスを決めるパラメータと言うことができる．数理統計の世界ではこのような S/N 比を表わすパラメータなどをハイパーパラメータと呼んでいる（上2つの式では，λ が $2\sigma^2$ に対応していることがわかるだろう）．大ざっぱにいえば，データの信頼性が高いときはなるべく λ を小さくしてデータの当てはまりを重視すればよいのである．

次章でこのエネルギー関数を実際に最小化する方法について述べることにする．

7 確率的解法と確定的解法

7.1 確率的解法

いま $P(X)$ をある画像の状態 X が生起する確率とする．実際の画像では画素数が膨大である．X が，たとえば 256×256 個の画素の状態を表わしているとすれば，2値画像でも 2^{65536} 個の状態がある．これから直接最適な状態を選択するのは困難である（図12）．

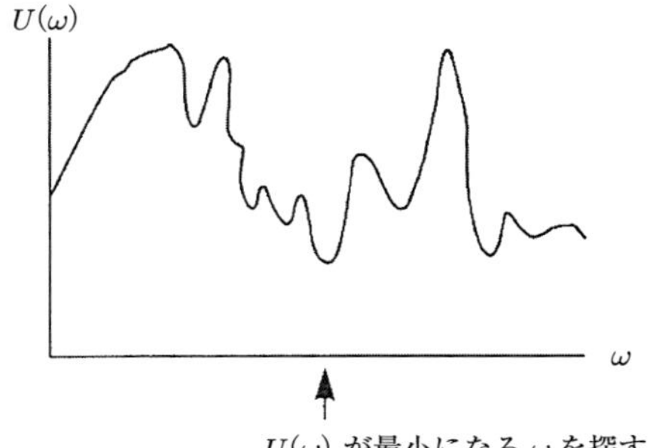

図 12 $X=\omega$ としたときのエネルギー関数 U と ω の関係.

しかし，第 6 章で述べたようにある画素の状態 x_i はその画素のごく近傍の状態のみに依存しているとしてある画素に注目すれば，まわりの状態が決まったときにその画素がある状態になる確率 $p(x_i|X)$ はすぐに計算できる．これを遷移確率と呼ぶ．遷移確率がギブス分布のとき，この遷移確率に従ってシステムの状態をつぎつぎと確率的に更新することをギブスサンプラー(Gibbs Sampler)と呼ぶ．すでに述べたようにマルコフ確率場において，各状態の遷移確率も同様にギブス分布で表わせる．画像の状態はマルコフ場なので，遷移確率の計算が近傍の状態のみを考慮すれば良く，きわめて単純である．ギブス分布にしたがうサイコロを振って 1 つのピクセルの状態を決め，つぎに隣のピクセルの状態を同じようにして決めていく．この操作を十分繰り返し行なうとそれまでに生じた画像の状態の確率分布は初期値に依存せず遷移確率の計算のもとになったギブス分布 $p(X)$ に近づく(図 13)．つまり，このように繰り返し操作を行なうとエネルギーの小

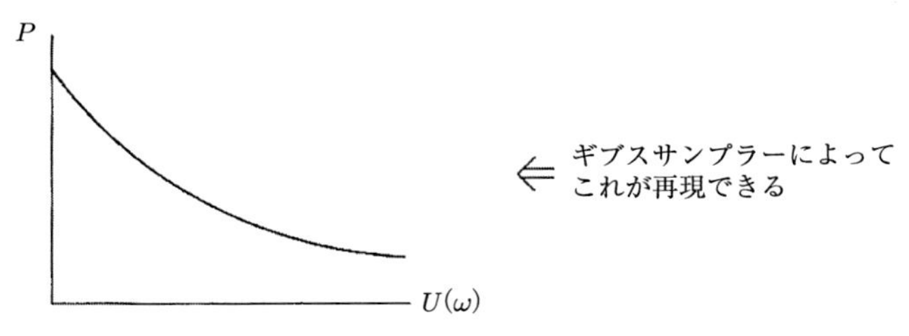

図 13 ギブスサンプラーによって $U(\omega)$ が生成される確率.

さい状態ほど何度も生起することになる．

7.2 模擬焼き鈍し

ギブスサンプラーを用いて状態の更新を行なうともとのギブス分布 $p(X)$ の確率で画像の状態が生成できることがわかった．ここで温度と呼ばれるパラメータ T を人為的に導入する．事後確率を $P(f,l|d)$ と書くことにする．このとき $P_\beta(f,l|d)$ を次のように定義する．

$$P_\beta = \frac{1}{Z}\{P(f,l|d)\}^\beta = \frac{1}{Z}\{\exp(-\beta U(f,l))\}$$

$$\beta = \frac{1}{T}$$

この値を変えることによって確率分布の形が変化する．$T=1$ のときにこの分布はもとの事後分布に等しくなる．T の値が大きいとエネルギー $U(f_0)$ がかなり大きくても比較的大きな確率で f_0 という状態が生じる(図 14)．

逆に T の値が 0 に近づくと f_0 という状態の生起確率はきわめて小さくなる．つまり $U(f)$ の値がきわめて小さくなるような状態 f しか生じなく

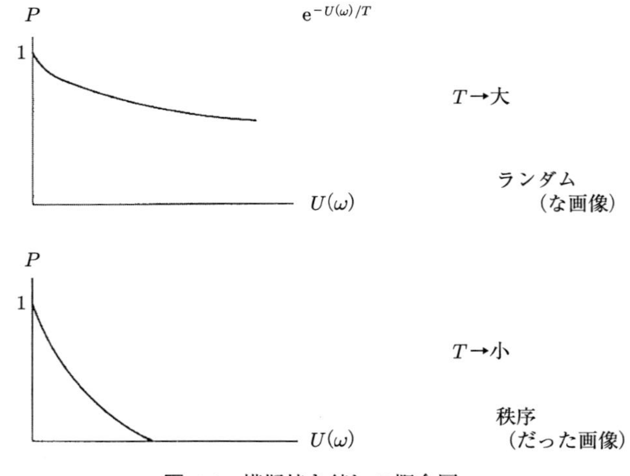

図 14 模擬焼き鈍しの概念図．

なる．このように T の値を変えても，各状態が生起する尤度の順序は温度と関係しない．温度を限りなく上げていけば，どんな状態も等確率で出現するようになるし，温度を下げて 0 になると，エネルギーが最小となる状態のみが(複数あるかもしれないが)起こる．だから，温度はモデルの不確定性の測度になる．ギブスサンプラーを用いて状態の更新を行なうとともに，温度 T をきわめてゆっくりと下げていくことを模擬焼き鈍し(simulated annealing)と呼ぶ．もし温度の下げ方(アニーリングスケジュールと言う)が更新回数を k として

$$T(k) = \frac{c}{\log(k+1)} \quad (c \text{ は定数})$$

と書ける場合，温度 0 の状態を見れば，それは確率 1 でエネルギーが最小となる状態であることが知られている．これは Geman らが 1984 年に証明した(Geman and Geman, 1984)．

MAP 推定では，全体としてエネルギーが最小になる状態を求めなければならなかった．しかし，事後確率がそれ自体マルコフ場になったので，ギブスサンプラーを用いて逐次状態を更新させながらアニーリングをかけると MAP 推定できることがわかる．正確に言えば，事後分布は徐々に温度を下げていけば，低エネルギー状態，すなわちギブス分布の下で最も可能性の高い状態を実現する．

以上述べたことを形式的にまとめておこう．

原画像を $X=(F,L)$ とする．ただし F は観測可能な画素の明るさなどを表わす行列であり，L は観測不可能なエッジ要素の行列を表わしている．F を連続値過程と呼び，L を線過程と呼ぶ．

さて $Z_m=\{(i,j):1\le i,j\le m\}$ を $m\times m$ の格子であるとする．このとき $F=\{F_{i,j}\}$, $(i,j)\in Z_m$ は原画像のグレイレベルを表わす．$S=\{s_1,s_2,\cdots,s_N\}$ を位置の集合，$\mathcal{G}=\{\mathcal{G}_s, s\in S\}$ を S に対する近傍系とする．C に属する任意の 2 つの対が直接相互作用し合う近傍であるとき，部分集合 $C\subseteq S$ はクリークであると呼ぶ．

(1) $S=Z_m$：連続値 F に対する画素位置の集合である．$\{s_1,s_2,\cdots,s_N\}$, $N=m^2$ は，格子点を任意に並べたものである．以下のような定常近

傍系を考える．

$$\mathcal{G} = \mathcal{F}_c = \{\mathcal{F}_{i,j}, (i,j) \in Z_m\}$$
$$\mathcal{F}_{i,j} = \{(k,l) \in Z_m : 0 < (k-i)^2 + (l-j)^2 \leq c\}$$

図 10 はそれぞれ $c=1,2$ に対する近傍系である．

(2) $S = D_m$：$m \times m$ の双対格子．要素は垂直方向または水平方向の画素の間にあるものとして，また“エッジ要素”を表現するものとして線過程の位置を考える．これは図 11 に示された線過程の配置を表わす．

(3) $S = Z_m \cup D_m$：これが場 (F, L) の構成である．図 10 右の Z_m は近傍系 $\mathcal{F}_2$ に対応し，図 11 がその D_m である．D_m の各場所における画素近傍は両側の 2 つの画素である．また各画素は 4 つの線位置の近傍をもつ．

次に，各 X_s は L 種の値をとり得ると仮定する．すなわち $\Lambda \doteq \{0,1,2,\cdots, L-1\}$ とする．したがってすべての s に対して $X_s \in \Lambda$ である．また Ω をすべての可能な画像の集合とする．つまり

$$\Omega = \{\omega = (x_{s_1}, \cdots, x_{s_N}) : x_{s_i} \in \Lambda, 1 \leq i \leq N\}$$

である．通常，事象 $\{X_{s_1} = x_{s_1}, \cdots, X_{s_N} = x_{s_N}\}$ は $\{X = \omega\}$ と記す．

X は次の 2 条件を満たすとき $\mathcal{G}$ に関して MRF であるという．すなわち，

(1) すべての $\omega \in \Omega$ に対して $P(X = \omega) > 0$

(2) すべての $s \in S$ と $(x_{s_1}, \cdots, x_{s_N}) \in \Omega$ に対して

$$P(X_s = x_s | X_r = x_r, r \neq s) = P(X_s = x_s | X_r = x_r, r \in \mathcal{G}_s)$$

つまり，マルコフ確率場では各画素の値が近傍の画素値によって決定される．

Ω 上の確率測度 π がグラフ $\{S, \mathcal{G}\}$ に関してギブス分布であるとは，π が次の形で表現される時である．

$$\pi(\omega) = \frac{\mathrm{e}^{-U(\omega)/T}}{Z}, \quad \omega \in \Omega$$

ただし Z と T は定数であり，エネルギー関数と呼ばれる U は次の形をしている．

$$U(\omega) = \sum_{c \in \mathcal{C}} V_c(\omega)$$

ここで $\mathcal{C}$ は $\mathcal{G}$ に対するクリークの集合である．各 V_c は Ω 上の関数であって $V_c(\omega)$ は $s \in C$ に対して ω の成分 x_s にのみ依存する．このような族 $\{V_c, c \in \mathcal{C}\}$ をポテンシャルと呼ぶ．“データ” g が与えられたときの，原画像の事後分布を $P(F=f, L=l|G=g)$ とする．ここで $S=Z_m \cup D_m$ とする．つまりある近傍系 $\mathcal{G}=\{\mathcal{G}_s, s \in S\}$ をもったピクセルと線位置の集合である．画素の空間は $\omega=(f,l)$ の集合であり，f の成分は可能なグレイレベルに値をもち，l の成分はエッジがあるかないかの 2 値である．

X をエネルギ関数 U とポテンシャル $\{V_c\}$ をもつ $\{S, \mathcal{G}\}$ に関する MRF とする．

$$P(F=f, L=l) = \frac{\mathrm{e}^{-U(f,l)/T}}{Z}$$

$$U(f,l) = \sum_c V_c(f,l)$$

このとき，前述の方法で MAP 推定が可能となる．

画像復元の例

雑音やぼけやいくつかの非線形特性によって画像は変形している．一般に雑音を含む画像 G は $\phi(H(\boldsymbol{F})) \odot \boldsymbol{N}$ の形になっている．ただし H はぼけ行列，ϕ は非線形(無記憶)変換である．$\boldsymbol{N}$ は $\boldsymbol{F}$ や $\boldsymbol{L}$ とは独立した雑音であり，$\odot$ は加法や乗法のような可逆的な演算を表わしている．ここで図 15(a)のような画像に対して上記の復元を試みる．

（i）非線形変換 $\phi(x)=\sqrt{x}$

（ii）乗算的雑音

（iii）$G=H(F)^{\frac{1}{2}} \cdot \boldsymbol{N}$ を用いる．ただし，$\mu=1, \sigma=0.1$ でグレイレベル $1 \leq f \leq 5$

このような変換を施した画像が図 15(b)である．復元には焼き鈍しスケジュール

$$T(k) = \frac{c}{\log(k+1)}, \quad 1 \leq k \leq K$$

が用いられた．ギブスサンプラーによって生成される MAP 推定である．ただし $T(k)$ は k 回目の繰り返し計算のときの温度である．した

がって K はそのような列の総数である．ここでは $c=3.0$ または $c=4.0$ とした．エネルギー $U(f,l)$ は 2 つの項からできている．すなわち，$U(f|l)+U(l)$ である．$U(l)$ の値を図 16 に示す．図 15(c)は $K=1000$ の結果である．

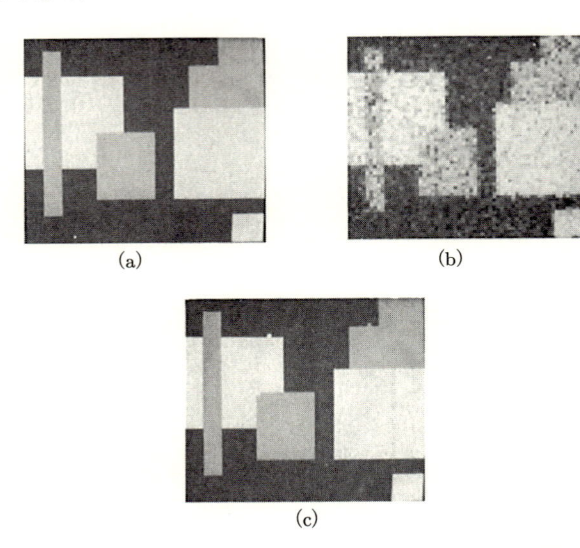

図 15　(a)原画像，(b)原画像にぼけ，非線形変換，乗算的雑音を施した画像，(c)復元された画像(Geman and Geman, 1984)

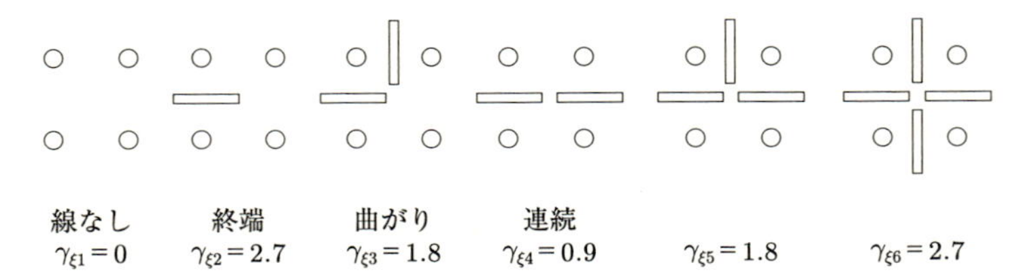

図 16　用いられたポテンシャル γ の値(Geman and Geman, 1984)．$\gamma_{\xi 3}$ や $\gamma_{\xi 6}$ の値は高く，このような配置は起きにくいようになっている．

7.3 確定的解法

前節で述べたように，模擬焼き鈍しを行ないながら確率的に解けばMAP推定が正確に行なえることがわかった．しかし，これには十分な繰り返し計算が必要なので，ずいぶん時間がかかる．そこで，近似的に速く解く方法が考案された．これは，統計力学で知られる平均場近似(mean field approximation)という方法である．大ざっぱに言えば，問題の平均的な解である．だから，モデルに不確定性が含まれていれば，真の最小解よりも頑健性があり，信頼性が高いとも言える．また，平均場近似の解は，温度のパラメータを0に下げていくことによってエネルギー最小の解に近づくことも知られている．前節で述べた画像復元問題では，2結合型MRFで線過程と濃淡値を表わす連続値過程の2つのMRFが確率的に相互作用していた．このとき，それぞれの過程の個々のユニット状態(f_i や l_{ij})の平均値を求めるものである．具体的には，f_i のまわりの f や l からの作用をすべてそれらの平均値で作用するとして f_i の値を求める．つぎに，f_{i+1} の値を計算するときにはこのようにして求めた f_i の値を用いる．この方法は，画像のセグメンテーションや立体視などに応用されている．この平均場近似で解くのとホップフィールドニューラルネットを用いる解法とが等価であることも知られている．

以下では，平均場近似とホップフィールドネットワークとの関係について述べることにする．

7.4 平均場近似

マルコフ確率場は，連続値過程や線過程を構成する多数の要素がたがいに相互作用しながら状態を変化させる複雑系なのでその挙動はきわめて複雑である．そこでマルコフ確率場の挙動を近似的に解く方法が考えられた．それは前で述べたような確率的に解く方法ではなく，確定的に解く方法である．マルコフ確率場では各要素には時々刻々さまざまな相互作用が働いているが，それらを平均して着目する要素にこの平均化された力が働くと考える．これをあらゆる要素について同様に計算すれば，平均場が計算できる．これが平均場近似と呼ぶ方法である．つまり，平均場近似とはシステムの状態を確率的に解かずに，連続値過程や線過程の状態の平均値を求めるものである．i 番目の連続値過程 f_i および線過程 l_i の状態の平均値は，

$$\bar{f_i} = \sum_{f,l} f_i P(f,l|d) \ ,$$

$$\bar{l_i} = \sum_{f,l} l_i P(f,l|d)$$

で与えられる．ここで d はまばらに得られるデータ値，f は連続値過程の値，l は線過程の値を表わす．$\sum_{f,l}$ は f と l のあらゆる組合せに対応する総和を意味している．なおこのようにして計算させる $\overline{f}$ は，マルコフ確率場における f の最小分散推定値になっていることに注意しよう．なぜなら，f の分散 $\mathrm{Var}(f)$ は

$$\mathrm{Var}(f) = \sum_{f,l} (f - \overline{f})^2 P(f,l|d)$$

と書ける．この $\mathrm{Var}(f)$ の最小値は

$$\frac{\partial}{\partial f} \mathrm{Var}(f) = 0$$

を満たすので

$$\overline{f} = \sum_{f,l} f P(f,l|d)$$

が得られる．1 次マルコフ確率場のエネルギー関数は

$$\sum \kappa_i (f_i - d_i)^2 + U_i(f,l)$$

のように，データと相互作用する項と f と l が相互作用する項に分けられた．データ d はまばらにしか得られないと仮定されているので，位置 i にデータがあるときは $\kappa_i = 1$，ないときは $\kappa_i = 0$ とする．ここでまず，$l_i = 0$ と $l_i = 1$ に関して和をとると

$$\bar{f}_i = \frac{\sum_f f_i \{ \mathrm{e}^{-\beta k_i (f_i - d_i)^2} \times (\mathrm{e}^{-\beta U_i (f, \bar{l}_{j\neq i}, l_i = 0)} + \mathrm{e}^{-\beta U_i (f, \bar{l}_{j\neq i}, l_i = 1)}) \}}{Z}$$

$$\bar{l}_i = \frac{\sum_f \mathrm{e}^{-\beta \{ k_i (f_i - d_i)^2 + U_i (f, \bar{l}_{j\neq i}, l_i = 1) \}}}{Z}$$

となり，f だけの総和の形で書ける．$\sum_f$ はあらゆる可能性のある f の総和という意味である．連続値過程と線過程の相互作用をここでは U_i で表わした．また β は 7.2 節で述べた温度パラメータである．このように f_i や l_i に周囲の $l_{j\neq 1}$ から働く力をその状態の平均値で代用するのが平均場近似である．

上式をギブス分布の形に書くこともできる．f_i は定義から

$$\bar{f}_i = \frac{\sum_f f_i \mathrm{e}^{-\beta V_i}}{Z}$$

と書ける．Z_i は正規化定数である．この式と上式を見比べると

$$V_i(f) = \kappa_i (f_i - d_i)^2 - \frac{1}{\beta} \ln (\mathrm{e}^{-\beta U_i (f, \bar{l}_{j\neq i}, l_i = 0)} + \mathrm{e}^{-\beta U_i (f, \bar{l}_{j\neq i}, l_i = 1)})$$

と書けることがわかる．V_i をこのように書くと，線過程の効果が式上では消えてしまう．これはちょうど線過程の代わりに第 2 項で与えられるポテンシャルを持つ連続値過程のみのネットワークと見なすことができる．以上は簡単のため 1 次元の式を示したが，平均場近似の計算手法を用いて，画像など 2 次元の場合のポテンシャル $V_{i,j}$ を具体的に書くと，

$$U_{i,j}(f,h,v) = \lambda \big[(f_{i,j} - f_{i-1,j})^2 (1 - h_{i,j}) + (f_{i,j} - f_{i,j-1})^2 (1 - v_{i,j}) \big] + \gamma (h_{i,j} + v_{i,j})$$

$$V_{ij} = \kappa_{ij} (f_{i,j} - d_{i,j})^2 + \lambda (f_{i,j} - f_{i-1,j})^2 + \lambda (f_{i,j} - f_{i,j-1})^2 - \frac{1}{\beta} \ln \big[(1 + \mathrm{e}^{-\beta (\gamma - \lambda (f_{i,j} - f_{i-1,j})^2)}) (1 + \mathrm{e}^{-\beta (\gamma - \lambda (f_{i,j} - f_{i,j-1})^2)}) \big]$$

ここで，$U_{i,j}$ は連続値過程と線過程の相互作用を，$h_{i,j}$ は横方向の不連続(すなわち縦方向の線)，$v_{i,j}$ は縦方向の不連続(すなわち横方向の線)を表わす．λ はデータ項と制約条件項のバランスを決めるハイパーパラメータである．

また線過程 $h_{i,j}$ と $v_{i,j}$ の平均値も計算でき

$$\overline{h}_{i,j} = \frac{1}{1 + e^{\beta(\gamma - \lambda(\overline{f}_{i,j} - \overline{f}_{i-1,j})^2)}} \quad \text{および} \quad \overline{v}_{i,j} = \frac{1}{1 + e^{\beta(\gamma - \lambda(\overline{f}_{i,j} - \overline{f}_{i,j-1})^2)}}$$

となる．本来線過程は 2 値過程であるが，このように $\overline{h}_{i,j}$ や $\overline{v}_{i,j}$ は 0 と 1 の間の値をとる連続関数(ロジスティック曲線)になる．これは 7.6 節で述べるホップフィールドネットワークによる計算法と密接に関係する．

f の平均値を求めるには，あらゆる $f_{i,j}$ の状態について総和を求めなければならない．これは非常に困難なので次のような近似を行なう．すなわち，各状態の生起確率が，f の平均値の付近できわめて高くそれから少しはずれると生起確率が急激に減少すると仮定する(図 17)．すると状態の生起確率はほぼ状態の平均値で近似できる．この近似は，鞍点法(method of saddle point)と呼ばれている．この仮定に従えば，V_{ij} を最小にする f の値が f の平均値であると言える．すなわち，

$$\frac{\partial}{\partial f_{ij}} V_{ij}(f, \overline{l}) = 0$$

を満たすのが $\overline{f}$ である．上式で与えられた V_{ij} を具体的に書くと

$$\begin{aligned} \bar{f}_{i,j} = d_{i,j} - \lambda\big[&(\bar{f}_{i,j} - \bar{f}_{i,j-1})(1 - \bar{v}_{i,j}) + (\bar{f}_{i,j+1} - \bar{f}_{i,j})(1 - \bar{v}_{i,j+1}) \\ &-(\bar{f}_{i,j} - \bar{f}_{i-1,j})(1 - \bar{h}_{i,j}) + (\bar{f}_{i+1,j} - \bar{f}_{i,j})(1 - \bar{h}_{i+1,j})\big] \end{aligned}$$

これは最急降下法で解くことができる．

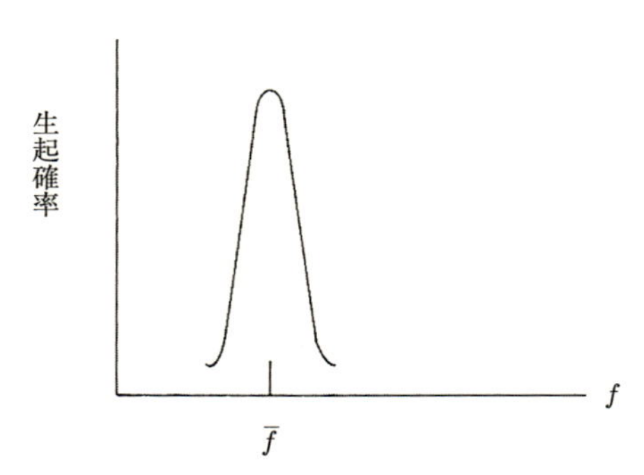

図 17　鞍点法の概念図

$$\frac{\partial f_{i,j}}{\partial t} = -\frac{\partial V_{i,j}}{\partial f_{i,j}}$$

これを離散的に解くと,

$$\begin{aligned}\bar{f}_{ij}^{n+1} = \bar{f}_{ij}^{n} - \omega\big[&\kappa_{ij}(\bar{f}_{i,j}^{n} - d_{i,j}) + \lambda(\bar{f}_{i,j}^{n} - \bar{f}_{i,j-1}^{n})(1-\bar{v}_{i,j}^{n}) \\ &+ \lambda(\bar{f}_{i,j+1}^{n} - \bar{f}_{i,j}^{n})(1-\bar{v}_{i,j+1}^{n}) - \lambda(\bar{f}_{i,j}^{n} - \bar{f}_{i-1,j}^{n})(1-\bar{h}_{i,j}^{n}) \\ &+ \lambda(\bar{f}_{i+1,j}^{n} - \bar{f}_{i,j}^{n})(1-\bar{h}_{i+1,j}^{n})\big]\end{aligned}$$

となる．ここで n は計算回数，ω は時間のきざみである．

7.5　モジュールの統合

通常われわれの知覚は，ただ1つのモジュールの計算結果ではなく，多くのモジュールが同時に働き，その出力が何らかの形で統合された結果である場合が多い．種々のモジュールを統合して $2\frac{1}{2}$ 次元スケッチを構成していることはすでに述べたが，この統合過程に関してもマルコフ確率場を用いたモデル化がなされている．その代表的なものは Poggio と Gamble によって提案されたものである．画像から得られるデータ集合 Y は，立体視モジュールから得られるデータ集合 G と強度エッジ検出モジュールから得られるデータ集合 E から成る．すなわち，$Y=\{G,E\}$ である．一方，確率変数 X は奥行き値を表わす F とその不連続を表わす L から成る．すなわち，$X=\{F,L\}$ である．Gamble と Poggio(1987)，Poggio ら(1988)は，強度変化に基づくエッジが最も基本であるとして，強度エッジ(intensity edge)のモジュールと奥行きモジュールの統合をモデル化した．具体的にいえば，奥行きの不連続があれば必ず，画像上に強度エッジが生ずるはずであるという関係を組み込んだものである．この場合，強度エッジが存在しないところには奥行き不連続を示すラインプロセスは立ちにくいようにしている．具体的には，以下のように MRF エネルギーが与えられる．

$$
\begin{aligned}
U(x|y) = &\sum_{i,j}\kappa_{i,j}(f_{i,j}-d_{i,j})^2 \\
&+\lambda\sum_{i,j}\Big[\{(f_{i,j}-f_{i-1,j})^2(1-l^h_{i,j})+(f_{i,j}-f_{i,j-1})^2(1-l^v_{i,j})\} \\
&\qquad +\gamma\{l^h_{i,j}+l^v_{i,j}\}\Big] \\
&+\delta\sum_{i,j}\Big[(1-e^h_{i,j})l^h_{i,j}+(1-e^v_{i,j})l^v_{i,j}\Big]
\end{aligned}
$$

ここで κ_{ij} は格子 (i,j) にデータが存在するときは 1，存在しないときは 0 とする．γ, δ は定数であり，e_{ij} は強度エッジを示し，$l_{i,j}$ は奥行きの不連続である．さらに，位置 i に対する水平方向のラインプロセスを l^h_{ij}，垂直方向のラインプロセスを l^v_{ij} と表わす．最後の項によって 2 つのモジュールの統合が生じる．総和は近傍での加算を示す．このモデルにおいてはモジュール間の相互作用が一方向性のものであるため理論はきわめて美しいものの，脳のモデルとしては不十分なものであると思われる．

7.6 ホップフィールドニューラルネット

ホップフィールド型ニューラルネットにおいては各ニューロンが抵抗とコンデンサおよびシグモイド型の非線形特性を持つ増幅器で構成され，その出力は全ての他のニューロンに入力される(図 18)．各ニューロンの膜電位 u はそのニューロン以外のニューロンからの入力電圧 V および当該神経回路以外からの外部入力 I によって特徴づけられる*．実際のニューロンにおいては，電圧 V_j は j 番目のニューロンのパルス信号の頻度になる．また，j 番目のニューロンから i 番目のニューロンへの結合強度である w_{ij} は，シナプス荷重に対応する．このとき i 番目のニューロンの膜電位 u_i は，次の式に従う．

$$
\frac{du_i}{dt} = -\frac{u_i}{\tau} + \sum_{j=1}^{N} w_{ij}V_j + I_i
$$

* 本節と次節では，慣例に従って，膜電位を u で，パルス頻度を V と表記したが，前節まで述べてきたポテンシャル U や V とは異なるので注意していただきたい．

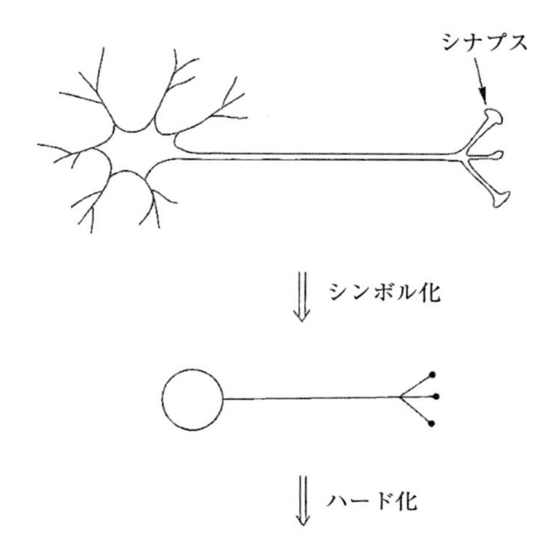

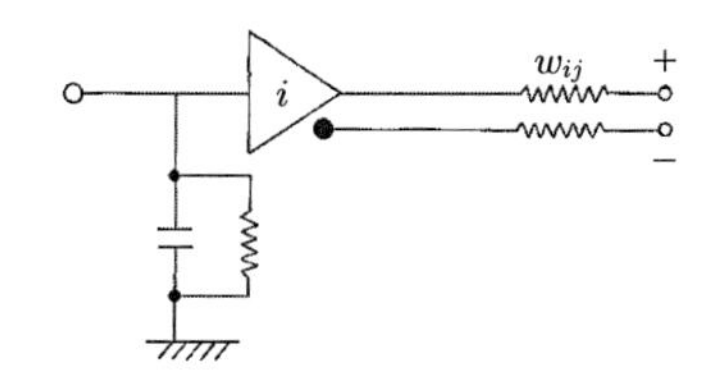

図 **18**　ニューロンの形式化

この式では，入力がなければポテンシャルが指数関数的に減衰することが仮定されており，その減衰率が τ で表わされている．

またニューロンは膜電位の大きさ u に対応した頻度 V でパルスを出す(図19)．この対応(変換)g は次のように表わす．

$$V_i = g(u_i) = \frac{1}{1+\mathrm{e}^{-2ku_i}} \quad (0 < V_i < 1)$$

ホップフィールド型のニューラルネットはこのようなニューロンが互いに結合しているが，その特徴はニューロン間の結合係数 w_{ij} が対称だということである．つまり，i ニューロンから j ニューロンへの結合と j ニューロンから i ニューロンへの結合が等しいようなネットワークである．今，次のようなエネルギー関数を考える．

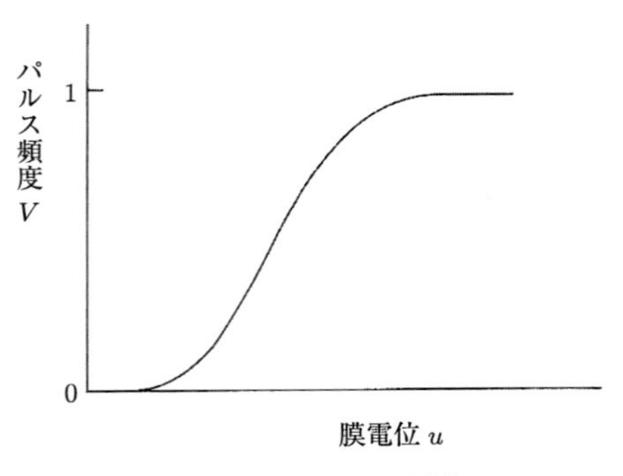

図 19　u と V の関係

$$E=-\frac{1}{2}\sum_{i,j}w_{ij}V_iV_j+\frac{1}{\tau}\int_0^{V_i}g^{-1}(V)dV-\sum_i I_iV_i$$

上で述べたポテンシャル u の時間変化とこのエネルギー関数を見比べると，w_{ij} が対称であるという仮定から

$$\frac{du_i}{dt}=-\frac{\partial E}{\partial V_i}$$

となり，このエネルギーが常に小さくなるようにこのシステムはふるまうことがわかる．しかし，もう少しこの点を詳しくみるために，V_i と E の時間変化を見てみる．ここで，自己結合係数 w_{ij} は 0 であると仮定する．V_i のとりうる範囲は 0 と 1 の間であるのでこのニューラルネットの状態は N 次元の超立方体の内部に限られている．N はニューロンの個数に対応している．簡単な計算から，

$$\frac{dV_i}{dt}=-2kV_i(1-V_i)\frac{\partial E}{\partial V_i}$$

となる．$\frac{dg(u)}{du}=2kg(u)(1-g(u))=2kV(1-V)$ を用いた．この式から，ニューラルネットの状態は，超立方体の外部に出ないこと，超立方体の境界で変化しなくなることがわかる．つぎに E の時間変化を見ると，

$$\frac{dE}{dt} = \sum_{i=1}^{n} \frac{\partial E}{\partial V_i} \times \frac{dV_i}{dt} = -\sum_{i=1}^{n} (\sum_{j=1}^{n} w_{ij} V_j + I_i - \frac{1}{\tau} g^{-1}(V_1)) \frac{dV_i}{dt}$$
$$= -\sum_{i=1}^{n} (\sum_{j=1}^{n} w_{ij} V_j + I_i - \frac{u_i}{\tau}) \frac{dV_i}{dt} = -\sum_{i=1}^{n} \frac{du_i}{dt} \frac{dV_i}{dt}$$
$$= -\sum_{i=1}^{n} 2kV_i(1 - V_i) \left(\frac{du_i}{dt}\right)^2$$

右辺は V_i が 0 と 1 の間の値であることから常に負になり，

$$\frac{dE}{dt} \leq 0$$

となる．しかし初期値に応じて異なる極小値に落ち込む可能性は十分にあることに注意する．

また，エネルギー関数の形から最小値は超立方体の頂点にあることもわかる．したがって，このニューラルネットの解は必ず頂点に対応する．

また，シグモイド関数の傾き(k)が大きいかまたは，τ の値が十分大きい場合，エネルギー関数 E の中にある積分項がきわめて小さくなり，

$$E = -\frac{1}{2} \sum_{i,j} w_{ij} V_i V_j - \sum_i I_i V_i$$

となる．

したがって，ホップフィールドニューラルネットで一般の問題を解く場合には問題の制約条件を上式のポテンシャルとしてエネルギー関数を作ればよいことになる．

7.7　視覚の計算をホップフィールドで解く

上で述べた連続値過程と線過程の相互作用を表わすエネルギー関数は

$$E(f, l) = \sum_i (f_i - d_i)^2 + \lambda \sum_i (f_i - f_{i-1})^2 (1 - l_i) + \gamma \sum l_i$$

であった．λ はデータ回帰項と制約条件項とのバランスを決めるハイパーパラメータ，γ は線過程のペナルティである．この場合それぞれにニューロン集団を考えて上記のようにホップフィールドネットを走らせる(Kochら，1986)．ただし，線過程のニューロンの出力は 1 と 0 の間の値をとる

が，連続値過程はいろいろな値をとり得るので線過程のみシグモイド型の入出力関数を考える．ここで線過程ニューロンの膜電位を u_i，出力を l_i とする．7.4 節の $\overline{h}_{i,j}$ と $\overline{v}_{i,j}$ の式を参照せよ．7.6 節の $g(u_i)$ と比較すると，シグモイド関数の傾き k が温度パラメータ $\beta(=\frac{1}{T})$ に対応していることがわかる．連続値過程のニューロンはこのような区別をせずに f_i で表わすことにする．それぞれのニューロンの膜電位の時間発展は，

$$\frac{du_i}{dt} = -\frac{\partial E}{\partial l_i}, \quad \frac{df_i}{dt} = -\frac{\partial E}{\partial f_i}$$

となる．この場合のエネルギーの時間変化は上記の場合と同様

$$\frac{\partial E}{\partial t} = -\sum_i \left(\frac{\partial E}{\partial f_i}\right)^2 - \sum_i \left(\frac{\partial E}{\partial l_i}\right)^2 \left(\frac{dl_i}{du_i}\right)$$

となる．l_i と u_i の関係は図 19 にあるように単調増加なので，右辺は負になり，常にエネルギーが小さくなることがわかる．

さてこのエネルギー関数を前章まで説明したエネルギー関数と思えばニューラルネットで画像から構造の MAP 推定ができるということになる．正確に言えば，それは平均場近似である(7.4 節最後の式を参照)．したがって本稿で説明したような評価関数最小化という視点に立って計算理論を構築していくと自然にそれがニューラルネットと結びつくことがわかる．

滑らか拘束のネットワークについて

実際に滑らか拘束をどのように計算すればよいのか．e をいま f の 1 階微分(1 階差分)とする．これを最小化するためには $-\partial e/\partial f$ を計算することが必要である．ここでは f_i で差分することを考えてみる．

$$e = \sum_i (f_i - f_{i-1})^2$$

e の中には f_i を含む項が 2 つある．

$$(f_i - f_{i-1})^2 + (f_{i+1} - f_i)^2$$

その項だけを今注目すればよいということはわかる．これを f_i で微分して符号を変える $(-\partial e/\partial f)$ と

$$2(f_{i+1} - 2f_i + f_{i-1})$$

となり，これは f に関する 2 階微分の式となる．すなわち 1 階微分を最小化するためには f について 2 階微分を計算する必要がある．また 2 階微分を最小化するためには 4 階微分を計算しなければならないことも以下の計算からわかる．

$$\begin{aligned}
&\frac{\partial}{\partial f_i}\left\{\sum_{k=1}^{N}(f_{k+1}-2f_k+f_{k-1})^2\right\} \\
&= \frac{\partial}{\partial f_i}\left\{(f_i-2f_{i-1}+f_{i-2})^2+(f_{i+1}-2f_i+f_{i-1})^2\right. \\
&\qquad \left.+(f_{i+2}-2f_{i+1}+f_i)^2\right\} \\
&= 2\left\{(f_i-2f_{i-1}+f_{i-2})-2(f_{i+1}-2f_i+f_{i-1})\right. \\
&\qquad \left.+(f_{i+2}-2f_{i+1}+f_i)\right\} \\
&= 2\left\{f_{i+2}-4f_{i+1}+6f_i-4f_{i-1}+f_{i-2}\right\} \\
&= 2\left\{f''_{i-1}-2f''_i+f''_{i+1}\right\} \\
&= 2f''''_i
\end{aligned}$$

滑らかさをうまく計算するには，このように f を表現するニューロン間での横方向の相互作用を考えればよいことがわかる(図 20)．ただ 2 階微分なのか，あるいは 1 階微分の滑らかさを使うのが適切かはわからない．しかし，いろいろな視覚現象を統一的に説明すると一番次数の低い 1 階微分が適当であると私は考えている．

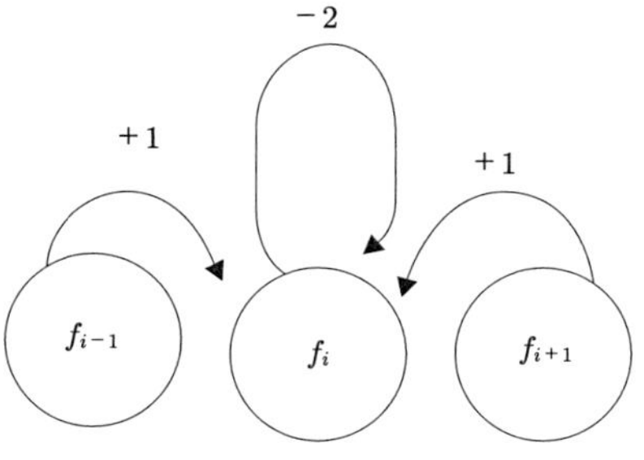

図 20　$e=\sum_i(f_i-f_{i-1})^2$ を最小化するネットワーク

7.8　マルコフ確率場と確率的弛緩法について

確率的画像処理として古くから使われている確率的弛緩法について述べ，マルコフ確率場との違いを見る．

確率的弛緩法では，ある位置の状態に対する推定を確率で算出する．まずこれは通常ローカルに計算される．次にまわりの状態と見比べて，適合度が高ければより確率値を上げていくということを何度も繰り返す．$P_i(\lambda)$ は i 番目の位置の状態が λ になる確率を示す．いまとりうる状態の集合を $(\lambda_1, \cdots, \lambda_m)$ とすると，

$$0 \leq P_i(\lambda) \leq 1\ ,\quad \sum_{\lambda} P_i(\lambda) = 1$$

次に i 番目の位置の状態を λ，i' 番目の位置の状態を λ' とする．このとき空間的になんらかの制約条件をいれて状態間の相互作用をさせることを考える． そのため次のような適合係数を定義する．いま λ と λ' との適合係数を $\gamma_{ii'}(\lambda, \lambda')$ と書くことにする（図 21）．

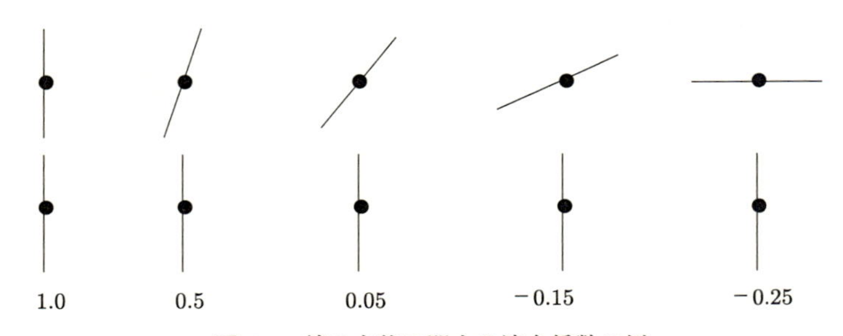

図 21　線の方位に関する適合係数の例

適合係数の意味は次のとおりである．

$$\gamma_{ii'}(\lambda, \lambda') = \begin{cases} -1 & \lambda \text{ と } \lambda' \text{ は矛盾} \\ \vdots & \\ 0 & \lambda \text{ と } \lambda' \text{ は無関係} \\ \vdots & \\ 1 & \lambda \text{ と } \lambda' \text{ は適合} \end{cases}$$

次にこのような適合係数を用いて状態確率の更新を行なう．$P_i^{(k)}(\lambda)$ および $q_i^{(k)}(\lambda)$ は k 回目の計算結果を示す．

$$P_i^{(k+1)}(\lambda) = \frac{P_i^{(k)}(\lambda)[1 + q_i^{(k)}(\lambda)]}{\sum_{\lambda} P_i^{(k)}(\lambda)[1 + q_i^{(k)}(\lambda)]}$$

ただし

$$q_i^{(k)}(\lambda) = \sum_{i'} d_{ii'} \left[\sum_{\lambda'} \gamma_{ii'}(\lambda, \lambda') P_{i'}^{(k)}(\lambda') \right]$$

$d_{ii'}$ は近傍からの影響を表わす重み係数で

$$d_{ii} \geq 0, \quad \sum_{i'} d_{ii'} = 1$$

このような確率的更新によって画像の属性値に入った雑音を除去し，制約条件を満たす解を求めることができる．たとえばノイズがあっても近傍のエッジが滑らかにつながる．

しかしながら確率的弛緩法は初期値のみデータが考慮されるだけで後は適合係数にしたがって変化させていく．それに対しマルコフ確率場では常にデータを考慮しながら状態が更新されていった．この点が最大の違いである．

7.9　線過程のポテンシャルエネルギーの学習

本郷ら(1991)はMRFモデルを規定するポテンシャルの値 $V_C = \{V_{\xi_1}, \cdots\}$ を，教師輪郭線から学習させる方法を考えた(7.2節図16では，V の値が経験的に与えられていた)．いま，望ましい輪郭線が画像から得られたとしよう．このとき画像で，画素集合がある状態 ω になる確率を $P(\omega)$ とする．一方，ポテンシャルが決められたMRFモデルが，同じ状態 ω をとる定常確率を $\Pi^-(\omega|V_C)$ とする．望ましい V の値 V_0 を持つMRFモデルが線過程を教師信号で固定された状態(つまり望ましい輪郭線)で状態配置 ω をとる定常確率を $\Pi^+(\omega|V_0)$ とする．このとき，Kullbackの情報量は，次式のようになる．

$$G(\Pi^-|V_C) = \sum_{\omega} \Pi^+(\omega|V_0) \log \left\{ \frac{\Pi^+(\omega|V_0)}{\Pi^-(\omega|V_C)} \right\}$$

MRF モデルがなるべくよいモデルになるよう，G の最急降下方向にポテンシャルを変化させるとすると，ボルツマンマシンの学習則の導出と同様にして次の学習則が得られる．

$$\Delta V_{\xi_i} = -\eta \left\{ \overline{\sum_{C \in \mathcal{C}} I_i(C)} - \overline{\sum_{C \in \mathcal{C}} I_i(C)'} \right\}$$

ここで，$I_i(C)$ は，クリーク C の状態が ξ_i のときだけ 1 をとり，それ以外では 0 となる C の定義関数とする．右辺第 1 項は，問題にしている画像の母集団でクリーク C の状態が ξ_i となっているものの個数を画像全体で数え，それを平均したものである．また右辺第 2 項は，あるポテンシャルをもつ MRF モデルでクリーク C の状態が ξ_i となっているものの個数の平均値である．これは，MRF モデルで画像を生成して計算する．

教師輪郭線画像の中に数が少ない ξ_i については，誤差の比率が，なかなか減少せず，エネルギー学習に非常に時間がかかる．そこで実際は，教師輪郭線と MRF との ξ_i の数の差を次式のように教師画像中の ξ_i の個数で規格化したものを $V\varepsilon_i$ として，以下の学習則を用いている．

$$\Delta V_{\xi_i} = -\eta \left\{ \frac{\overline{\sum_{C \in \mathcal{C}} I_i(C)} - \overline{\sum_{C \in \mathcal{C}} I_i(C)'}}{\overline{\sum_{C \in \mathcal{C}} I_i(C)}} \right\}$$

なお，教師画像中の ε_i の個数が 0，すなわち $\sum_{C:s \in C} I_i(\xi) = 0$ の場合には上式の分母を 1 とする．

8 大脳視覚皮質の計算理論

第 2 章では視覚の主たる目的が 2 次元網膜像から 3 次元世界の構造を推定することであると述べた．また，3 次元構造を推定するために多くの視覚モジュールが並列に作動し，それらの情報を統合してわれわれの視覚が形成されているという事も述べた．第 3 章では Horn の画像放射照度方程式を解くという観点から，いかにしてその逆問題を解けるかという点について詳しく解説した．

そして 7.1，7.2 で述べた確率的解法によってそれらの最適な推定が理論上可能である事を述べた．その主要な概念はマルコフ確率場と模擬焼き鈍しである．確かに模擬焼き鈍しの手法を用いれば，最適解を得ることは可能である．しかしながら，その計算には充分，長い時間を必要とする．われわれの視覚を考えてみた時にはこのようなアルゴリズムが使われているとは考えにくい．われわれの脳はもっと速く，かつ多くの場合には正確にこのような逆問題を解いていると考えられる．そこでこれまでに述べてきた事を総合して，川人と乾(1990)は以下のような新しい神経計算に関するモデルを提案した．

今，外界のさまざまな属性を S で表わす事にする．大脳では網膜像 I からこの S を推定していると考える．川人と乾(1990)は，視覚大脳皮質が画像生成過程 R の近似逆モデル，R の順モデル，S の内部モデルを用いて視覚を解いているという計算理論とアルゴリズムを提案した．視覚計算は基本的には最大事後確率推定だと考える．S の内部モデルの確率を $P(S)$, S が与えられたときの I の条件付確率を $P(I|S)$ で表わす．これらがギブス分布に従うと仮定して対応するエネルギーを $U(S), U(I|S)$ とする．最大事後確率推定に従って，次の事後エネルギーを最小化する S が推定されると考える．

$$U(S|I) = U(I|S) + U(S) = \frac{1}{2}[R^{\sharp}\{I - R(S)\}]^2 + U(S) \qquad (1)$$

ここで $R^{\sharp}$ は画像生成過程 R の近似逆モデルである．初期視覚で良く知られているように，画像生成過程の逆は不良設定であるから R^{-1} は存在しない．しかし，その近似 $R^{\sharp}$ は考えられるし，コンピュータビジョンで提案されてきた多くの一撃アルゴリズムは $R^{\sharp}$ の具体例とみなせる．図 22 では，2 次元画像データ I は視覚下位中枢に，視覚世界の構造 S は視覚上位中枢に表現されている．上位から下位への逆方向神経結合は画像生成過程 R の順方向モデルを与えている．一方，下位から上位への順方向神経結合は，画

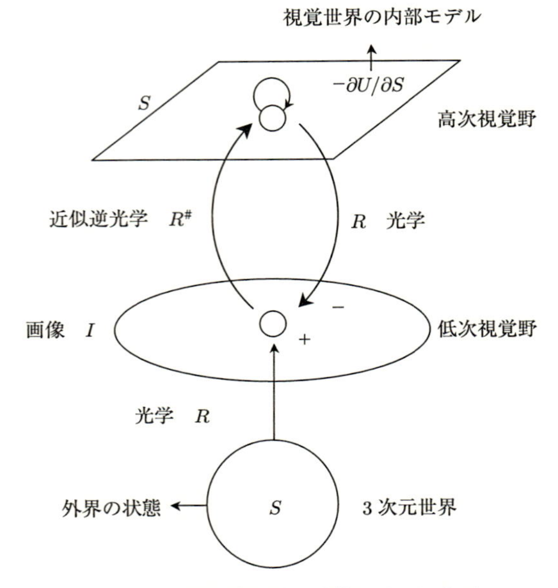

図 **22** 大脳視覚皮質の計算理論の概念図

像生成過程 R の逆 R^{-1} の近似逆モデル $R^\sharp$ を与えている．さらに上位中枢内の固有神経結合は S の内部モデルとして $-\partial U/\partial S$ を与えている．

ここでもう少し具体的な計算の仕方について述べよう．

(1)式を厳密に最小化する手法として前章で述べた Geman らのギブスサンプラーと模擬焼き鈍し法があるが，繰り返し演算の数とニューロンの計算から考えて，脳内でそのまま使われているとは考えにくい．しかし，すでに見たように，結合 MRF の平均場近似が，ホップフィールド型の神経回路モデルと等価になる．平均場近似を念頭に置いて，次式で表わすような神経回路モデルを考えよう．

$$S(0) = R^\sharp(I) \tag{2}$$

$$\frac{dS(t)}{dt} = R^\sharp\{I - R(S)\} - \frac{\partial U(S)}{\partial S} \tag{3}$$

このモデルは視覚下位中枢を折返しにして鏡像対称となっている．もし近似的に $\partial\{R^\sharp R(S)\}/\partial S = E$ であれば最急降下法となる．ただし E は恒等写像である．

図 22 と式(2)および(3)に従ってこのモデルの動作を説明しよう．急速眼球運動などによって新しい画像データ I が入力すると，下位から上位への順方向神経結合によって S の粗い推定値 $R^{\sharp}(I)$ が一撃で計算されるが，これは MAP 推定にはなっていない．続いて，モデルは式(3)で記述される順方向逆方向結合をループで用いる繰り返し計算モードに入る．上位中枢の推定 S から逆方向結合によって，画像データの推定値 $R(S)$ が計算され，それが下位中枢で実際のデータと比較されて誤差 $I-R(S)$ が求められる．この誤差が順方向結合を通して上位中枢に戻されて，$R^{\sharp}\{I-R(S)\}$ が入力される．一方，上位中枢内の固有神経結合は式(3)の第 2 項を与えている．この繰り返し計算によって，入力画像データをよく説明し，また内部モデルにてらして確率の高い，視覚世界の推定値が式(3)の安定平衡状態として求められるのである．すなわち，図 22 のモデルはエネルギーを最小化する緩和型の神経回路として振る舞う．従来このようなモデルは，多数の繰り返し演算にかかる長い時間のために，脳の情報処理モデルとしては不適当であるとして退けられてきた．しかし，このモデルでは，$R^{\sharp}$ を用いて式(3)に従って粗い近似解をまず求めてしまうのである．

これをモジュールの統合問題に発展させることができる．例えばモジュール 1 の状態を S_1，モジュール 2 の状態を S_2 とし，モジュール 2 の制約条件を $Q_2(S_2)$ とすれば以下のような式が成立する(図 23)．

$$\frac{dS_2(t)}{dt} = R^{\sharp}\{S_1 - R(S_2)\} - \frac{\partial Q_2(S_2)}{\partial S_2}$$

大脳は多くの領野といわれるサブシステムから構成されている．通常サブシステム間は双方向に通信し合っている．この双方向性結合により，多

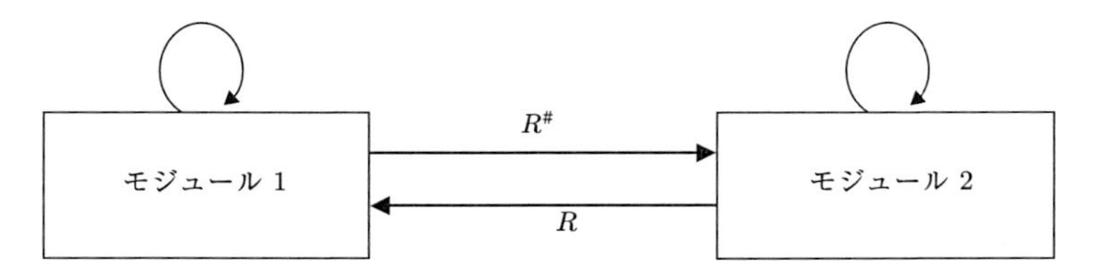

図 **23**　モジュールの統合

くの高次機能が作り上げられるのであるが，ここでは視覚系の最も基本機能である外界の構造推定が順逆変換によって実現されている可能性について解説した．この手法によって，外界のさまざまな属性についてきわめて速く，最小分散ベイズ推定に近い解が得られることになる．なお，本手法により，いくつかの視覚問題が速くかつ正確に計算できることが示されている(たとえば，Kawato *et al.* (1993))．

A 付　録

A.1 ガボール関数と大脳視覚野ニューロンの空間特性

Marčelja(1980)は，皮質ニューロンの空間特性が以下のガボール(Gabor)関数で記述できることを示した(図 24)．すなわち，

$$S_{\mathrm{s}}(x) = \exp\left(\frac{-x^2}{4\sigma^2}\right)\cos(2\pi f_n x)$$

$$S_{\mathrm{a}}(x) = \exp\left(\frac{-x^2}{4\sigma^2}\right)\sin(2\pi f_n x)$$

である．ここに f_n は最適な空間周波数を示す．Gabor(1946)によれば，任意の関数はこのコサインガボール S_{s} とサインガボール S_{a} で展開することができる(ガボール展開)．ガボール関数は正弦波(余弦波)をガウス関数で変調したものなので，フーリエ変換すればガウス関数になる．任意の関数の空間的広がりと周波数の広がりをそれぞれ，

$$\Delta x = \left(2\pi\overline{(x-\bar{x})^2}\right)^{\frac{1}{2}}$$

$$\Delta f = \left(2\pi\overline{(f-\bar{f})^2}\right)^{\frac{1}{2}}$$

と定義すれば，上記のガボール関数(複素関数)は，

$$\Delta x \Delta f = \frac{1}{2}$$

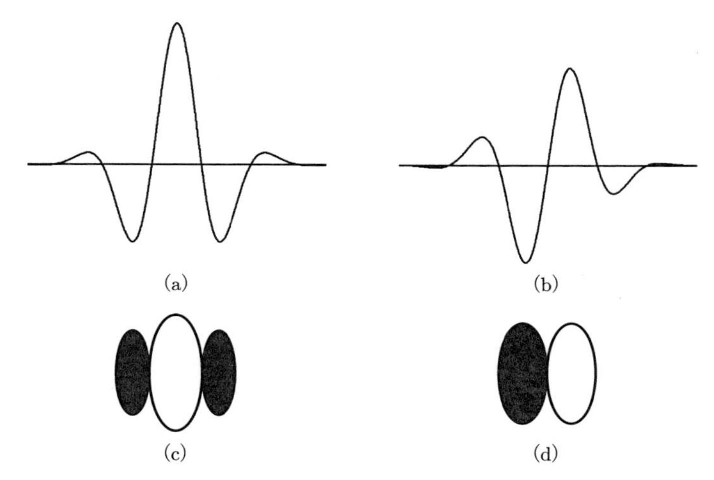

図 24　(a)コサインガボール．(b)サインガボール．(c)(d)大脳 1 次視覚野のニューロンの受容野．受容野は等方向ではなく方向性を持つ．図の横断面がガボールであり，縦断面はガウス関数である．

を満足する．通常の関数では，

$$\Delta x \Delta f \geq \frac{1}{2}$$

であることが知られており，Heisenberg の不確定性の原理と呼ぶ．すなわちガボール関数は，空間次元と周波数次元で最も局在した関数であるといえる．なお，実関数では，ガウス関数が最も局在した関数で上式の等号が成り立つ．

A.2　ソボレフ空間とそのノルム

まず，ソボレフ空間 $H_m^p(\Omega)(1 \leq p \leq \infty)$について説明する．$\Omega$ を R^n の部分集合とするとき，Ω 上の可測関数 $f(x_1, \cdots, x_n)$ で

$$\int_\Omega |f(\boldsymbol{x})|^p d\boldsymbol{x} = \int_\Omega |f(x_1, \cdots, x_n)|^p dx_1 \cdots dx_n < \infty \quad (1 \leq p \leq \infty)$$

であるもの全体に $\|f\| = \left(\int_\Omega |f(\boldsymbol{x})|^p dx\right)^{\frac{1}{p}}$ でノルムを定義したものを

$L_p(\Omega)$ とする．

$f(\boldsymbol{x})$ の超関数の意味での導関数を $g(x)$ とし，$D^k f(\boldsymbol{x})=g(\boldsymbol{x})$ と書く．ただし

$$\boldsymbol{k}=(k_1,\cdots,k_n),\quad |\boldsymbol{k}|=k_1+\cdots+k_n,\quad D^k=\frac{\partial^{|\boldsymbol{k}|}}{\partial x_1^{k_1}\cdots\partial x_n^{k_n}}$$

m を 0 または正の整数とする．$|\boldsymbol{k}|\leq m$ なるすべての $\boldsymbol{k}=(k_1,\cdots,k_n)$ に対して f の超関数の意味での導関数の $D^k f(\boldsymbol{x})$ がすべて $L_p(\Omega)$ に属する関数であるような f の全体

$$H_m^p(\Omega)=\{f|D^k f\in L_p(\Omega);\forall k \text{ such that } |\boldsymbol{k}|\leq m\},\quad |\boldsymbol{k}|=k_1+\cdots+k_n$$

をソボレフ空間といい，m 次のソボレフノルムを

$$\|\boldsymbol{f}\|_m^p=\left(\sum_{|\boldsymbol{k}|\leq m}\int_\Omega |D^k f(\boldsymbol{x})|^p dx\right)^{\frac{1}{p}}$$

とする．したがって $H_0^p(\Omega)=L_p(\Omega)$．また，

$$|\boldsymbol{f}|_m^p=\left(\sum_{|\boldsymbol{k}|=m}\int_\Omega |D^k f(\boldsymbol{x})|^p dx\right)^{\frac{1}{p}}$$

はセミノルムになる．

なお，つぎの 3 つの性質をもつ実数値関数 p をセミノルムという．

$$N1\quad p(f)\geq 0$$

$$N2\quad p(f+q)\leq p(f)+p(g)$$

$$N3\quad p(af)=|a|p(f)$$

ここで f,g は E の任意の元，a は係数体の任意の元である．セミノルム p がさらに

$$N4\quad p(f)=0 \text{ ならば } f=0$$

を満たすとき，これをノルムという．

参考文献

Drumheller, M. and Poggio, T. (1986): On parallel stereo. Proceedings: 1986 IEEE International Conference on Robotics and Automation.

Gabor, D. (1946): Theory of communication. *Journal of the institution of Electrical Engineers, Part 3, Radio and Communication Engineeris*, **93**, 429–457.

Gamble, E. B. and Poggio, T. (1987): Visual integration and detection of discontinuities: the key role of intensity edges. MIT AI memo, No.970.

Geiger, D. and Girosi, F. (1991): Parallel and deterministic algorithms from MRF's: Surface reconstruction. *IEEE Transactions on Pattern Analysis and Machine Intelligence*, **13**, 5, 401–412.

Geiger, D. and Yuille, A. (1991): A common framework for image segmentation. *International Journal of Computer Vision*, **6**, 3, 227–243.

Geman, S. and Geman, D. (1984): Stochastic relaxation, Gibbs distributions, and the Bayesian restoration of images. *IEEE Transactions on Pattern Analysis and Machine Intelligence*, PAMI-6, **6**, 721–741.

Grimson, W. E. L. (1984): On the reconstruction of visible surfaces. In Ullman, S. and Richards, W. (Eds.) Image Understanding 1984. Norwood, NJ: Ablex Publishing Corporation.

Hongo, S., Kawato, M. and Inui, T. (1991): Contour extraction of natural images based on a multi-layered MRF model: A two-resolution model. Proceedings of the Second Australian Conference on Neural Networks, 102–106.

Hongo, S., Kawato, M., Inui, T. and Miyake, S- (1992): Contour extraction by local parallel and stochastic algorithm which has energy learning faculty. *Systems and Computers in Japan*, **23** (4), 26–35.

Horn, B. K. P (1975): Obtaining shape from shading information. In P. H. Winston (Ed.) The Psychology of Computer Vision. New York: McGraw-Hill.

Horn, B. K. P (1977): Understanding image intensities. *Artificial Intelligence: An International Journal*, **8**, 201–231.

Ikeuchi, K. and Horn, B. K. P (1981): Numerical shape from shading and occluding boundaries. *Artificial Intelligence: An International Journal*, **17**, 141–184.

Johnson, V. E., Wong, W. H., Hu, X. and Chen, C-H. (1991): Image restoration using Gibbs priors: Boundary modeling, treatment of blurring, and selection of hyperparameter. *IEEE Transactions on Pattern Analysis and Machine Intelligence*, **13**, 5, 413–425.

Kawato, M., Hayakawa, H. and Inui, T. (1993): A forward-inverse optics model of reciprocal connections between visual cortical areas. Network, **4**, 415-422.

Koch, C., Marroquin, J. and Yuille, A. (1986): Analog "neuronal" networks in early vision. *Proceedings of the National Academy of Sciences of the United States of America*, **83**, 4263-4267.

Marčelja, S. (1980): Mathematical description of the responses of simple cortical cells. *Journal of the Optical Society of America*, **70**, 1297-1300.

Marr, D. (1982): Vision—A computational investigation into the human representation and processing of visual information. New York, NY: W. H. Freeman & Co.(乾敏郎，安藤広志訳(1987)：ビジョン——視覚の計算理論と脳内表現，産業図書)

Marroquin, J., Mitter, S. and Poggio, T. (1985): Probabilistic solution of ill-posed problems in computational vision. In L.S. Baumann (Ed.) Proceedings of the Image Understanding Workshop. Washington, D. C.: Science Applications International Corp. 293-309.

Poggio, T., Torre, V. and Koch, C. (1985): Computational vision and regularization theory. *Nature*, **317**, 6035, 314-319.

Poggio, T. (1988): Learning, regularization and splines. Proceedings of the first International Neural Network Society.

Poggio, T., Gamble, E. B. and Little, J.J.(1988): Parallel integration of vision modules. *Science*, **242**,436-440.

Poggio, T. and Edelman, S. (1990): A network that learns to recognize three-dimensional objects. *Nature*, **343**, 263-266.

Poggio, T. and Girosi, F. (1990): Regularization algorithms for learning that are equivalent to multilayer networks. *Science*, **247**, 978-982.

Terzopoulos, D. (1983): Multilevel computational processes for visual surface reconstruction, *Computer Vision, Graphics, and Image Processing*, **24**, 2-96.

Terzopoulos, D. (1985): Integrating visual information for multiple sources for the cooperative computation of surface shape. In A. P. Pentland (Ed.) From Pixels to Predicates: Recent Advances in Computational and Robotic Vision. Norwood, NJ: Ablex Publishing Corporation. 111-142.

Terzopoulos, D. (1986): Image analysis using multigrid relaxation methods *IEEE Transactions on Pattern Analysis and Machine Intelligence*, **8**, 129-139.

Terzopoulos, D. (1986b): Regularization of inverse visual problems involving discontinuities. *IEEE Transactions on Pattern Analysis and Machine Intelligence*, **8**, 413-424.

Terzopoulos, D. (1988): The computation of visible-surface representations. *IEEE Transactions on Pattern Analysis and Machine Intelligence*, **10**, 417-438.

Tikhonov, A. N. and Arsenin, V. Y. (1977): Solution of Ill-Posed Problems.

Washington, D. C.: Winston and Wiley Publishers.
Torre, V. and Poggio, T. (1985): On edge detection. *IEEE Transactions on Pattern Analysis and Machine Intelligence*, **8**, 2, 147–163.
Verri, A. and Poggio, T. (1987): Qualitative information in the optical flow. In L. S. Baumann (Ed.) Proceedings of the Image Understanding Workshop. Washington, D.C.: Science Applications International Corp.
Yuille, A.L., Geiger, D. and Bulthoff, H. H. (1991): Stereo integration, mean field theory and psychophysics. *Network*, **2**, 423–442.
乾敏郎(1992)：3次元世界の再構成.『認知科学ハンドブック』. 共立出版.
川人光男, 乾敏郎(1990)：視覚大脳皮質の計算理論. 電子情報通信学会論文誌, J73-D-II, 1111–1121.
本郷節之, 川人光男, 乾敏郎, 三宅誠(1991)：エネルギー学習機能を持つ局所並列確率アルゴリズムによる輪郭線抽出. 電子情報通信学会論文誌, J74-D-II, 348–356.

補論

帰納推論と経験ベイズ法

逆問題の処理をめぐって

田邉國士

序：帰納とベイズ推論

ものごとを推理推論するという能力は，人間の知的活動のなかで最も顕著な特性である．古代ギリシア人は推論の演繹的な側面を対象化して論理学と幾何学を生みだした．ニュートンはCalculus(微分積分学)を創造し，演繹的推論の数学化を図った．以来この演繹的推論は近代科学の基礎となり，現代の科学とエンジニアリングの分野においては，数式とそれを操作する解析的計算や数値計算などによる正確かつ迅速な演繹的推論が標準的方法となった．日常言語やイメージによる推論にとって代わったのである．このため今日，演繹的推論が唯一の正しい推論であるかのように考えられるに至った．この流れに沿って数理統計学においても，仮説検定などの疑似演繹的な装いを凝らした推論の形式が生みだされている．

しかし，演繹的な推論は，人間が行なっている知的活動の一面しか捉えていない．もうひとつの推論は，有限の経験(データ)から一般的な命題を導きだす帰納的推論である．帰納的推論は人類が古来から行なってきた推論形式であり，おそらく生きとし生けるものが生存のためにしてきた最も重要な知的活動であろう．限られた数の黒いカラスを観て，カラスは黒いと結論づけることはできないように，無限の事象に言及する一般命題を有限のデータから導きだすことはできない．この意味で帰納的推論は論理の誤りである．それにもかかわらず帰納的推論は生物のサバイバルにとって有効，不可欠なものであった．

科学の世界においては，原因から結果を演繹的に推論する問題を順問題と呼び逆に，結果から原因を帰納的に遡及する問題は逆問題と呼ばれる．つい最近まで，順問題は正しい問題とされ，逆問題は「非適切問題」(incorrectly-posed problem，あるいはill-posed problem)とも呼ばれ，少々胡散臭いものと一部の研究者には見なされていた．元来帰納的推論をその本質とする統計学において，統計的推論に疑似演繹的な装いが凝らされたのは，このような文化的背景があずかったと思われる．もっともこのために確率の計算が大いに発展したのではあるが．

順問題と異なり，逆問題の解決には，データに先立つ情報がデータ自体に加えて必要となる．この情報はモデルという形式で逆問題の解決に供される．しかしモデルは人間が作るもので，作るひとによって多様なモデルが共存しうる．そのため，それぞれがどのくらい真実を反映しているかはわからない．すべてのモデルは「うそモデル」であるといって過言ではない．にもかかわらず逆問題の“解”は，人類に重要な知見をもたらしてきた．

従来の統計学には，推論においてモデルを規定するパラメータの推定量の一致性を追求する傾向が強い．しかしモデルの真実性が疑わしいとすれば一致性に重きを置きすぎるのは的はずれではなかろうか．そもそもデータが無限にあるならば，経験分布を用いて十分な推論が可能であろう．帰納的推論が，本来その正しさを論理的には保証されないものとすれば，統計学は何をめざすべきであろうか．この問いに答えるもののひとつに「経験ベイズ法」がある．

この方法は，モデル群の妥当性の相対比較を可能とするもので，「データの有限性」と「モデルの不完全性」に鋭く対応するものとなっている．この方法においては確率(統計)モデルの措定が求められ，その特色は，「確率的」な帰納推論を行なう点にある．さらに，データの寡多と質に応じて確率モデルが人為的な介入なしに自動的に選択されるという意味で人工知能的であり，「真理の検証」ではなく「発見的な推論」に役立つ．

経験ベイズ法はもともと I. J. Good(1965)によって提唱された．わが国では赤池弘次(1980)によって提唱され，統計数理研究所において多くの成功事例が蓄積されてきている．本稿では，逆問題の処理におけるベイズ・モデルにもとづく方法を，従来の方法と対比において述べる．

1　データにもとづく推論は逆問題である

観測データにもとづいて事象の構造を推論する問題は，すべて逆問題であると考えられる．なぜならば，データは事象の構造に起因する何らかの過程を経て計測され，この過程は素朴な意味での因果関係の連鎖で結ばれていると考えられるからである．多くの場合因果の連鎖は方程式で記述す

ることができる．典型的な例として，第 1 種の Fredholm 型積分方程式

$$Kf \equiv \int k(y,x)f(x)dx = g(y) \tag{1}$$

の形に定式化される逆問題群がある．$g(y)$ の観測値として与えられたデータ $\tilde{g}(y)$（多くの場合，有限個のデータ $\{\tilde{g}(y_j)\}_{j=1,2,\cdots,N}$）および装置関数 $k(y,x)$ を知って，構造 $f(x)$ を求めることが問題となる．例えば，無限に長い細い金属棒の上に熱が与えられた時，ある時点での棒上の温度分布 $g(x)$ から t 時間前の温度分布 $f(x)$ を推定する問題は，$k(y,x) \equiv (4\pi t)^{-\frac{1}{2}} \exp(-(y-x)^2/4t)$ と定式化される．この例のように，観測システムを表現する核関数 $k(y,x)$ は滑らかな関数になることが多い．滑らかな核関数は，構造 $f(x)$ に含まれる高周波成分を大きく減衰させる平滑化作用があり，データからその成分を回復するには限界がある．作用素 K が非線形である場合には困難はさらに大きい．一般に，因から果への推移の間にエントロピー増大が起こるため，因果の連鎖を逆にたどる逆問題の多くは，いわゆる悪条件問題となる．すなわち，観測データ $\tilde{g}(y)$ に含まれるごく小さな誤差が知りたい構造の推定に過敏・壊滅的に作用してしまい，意味のある推定が困難になるのである．この種の問題は ill-conditioned problems と呼ばれ，その解決には個々の問題に即した処理が要求される．実際，上記の非適切問題においては，K の逆作用素 K^{-1} が存在しなかったり，存在したとしても K が悪条件であったり，あるいは $\tilde{g}(y)$ が K の値域のなかに入らないことがしばしば起きる．逆問題の解決は，因果の連鎖を表現する上記の方程式を解くことと等価ではない．

2　方程式と反復的解法

逆問題を解くために最も古くからある方法は反復的解法である．X 線コンピュータトモグラフィーにおける ART（Algebraic Reconstruction Technique）もそのひとつである．反復的解法はその実際的有効性が経験的に認められているが，その根拠は一般に十分理解されているとは言い難い．上記の線形積分方程式を例にとると，まず逆作用素 K^{-1} の近似と考えられる

作用素 X を選び，定常反復公式

$$f^{(k+1)} = \Theta(f^{(k)}) = f^{(k)} + X(\tilde{g} - Kf^{(k)})$$

を構成する．そこで適切な初期値 $f^{(0)}$ を選んで，適切な回数だけこの反復を繰り返すことによって逆問題の解を得る．反復法を無限に繰り返すとき，上記の積分方程式の解に収束するように X が選ばれる場合には，一見この反復的解法は積分方程式を解いているように見える．しかし，逆問題の解法としての有効性は，この反復を有限回で打ち切るところから生じる．

この反復法の過程においては，大ざっぱにいうと，K の大きい方の固有値に対応する滑らかな固有関数成分から先に逆転が起こり，小さな固有値に対応する振動的成分の逆転には多大な反復回数を要する．この性質を利用すれば，反復を中途で止めることによって，大きな固有値に対応する逆転成分を主成分とする滑らかな近似解が得られる．反復的解法では，これを逆問題の解として採用しているのである．しかし，近似逆作用素 X の選択と反復の停止の決定は，しばしば計算の便宜や主観的な規準で行なわれるので，反復法によって得られる解の性質を統御することは難しい．

共役勾配法(CG 法)のような非定常反復法にも同様な性質があり(Tanabe, 1977)，逆問題の解決に供することができる．ニューラルネットの係数推定におけるバック・プロパゲーション法も，非適切問題の反復的解法による処理の一例であり，反復を中途で止める点に本質があり，同じ問題点を内包している．

積分方程式(1)においては，逆作用素の非存在，作用素の悪条件性，データ $\tilde{g}(y)$ が作用素の値域に含まれないといった事態がしばしば生じる．そこで，逆問題に対して方程式を解くというアプローチを貫くためには，事前にデータを平滑化するなどの前処理を加えて，積分方程式(1)が解けるように改変することがしばしば行なわれる．しかし，このような前処理は解に影響をおよぼすので十分吟味して行なう必要がある．

方程式が偏微分方程式の場合には弱形式に移して解くこともよく行なわれる方法である．とくにデータが有限個しかない場合には，前処理が方程式の可解性や解にどのような影響を与えるかを見極めることが大切である．方程式を解くというアプローチによる逆問題解法のひとつであるフーリエ変換による方法は，その概念的仕組が最も明瞭に見える方法である．コンボリューション型の積分方程式の場合に，フーリエ変換を用いて方程式を波数空間に写し，波数空間に変換された方程式を解き，それを逆変換する際に適切なウィンドウをかけて，高波数成分を刈り込んだ後に元の実空間に戻す方法である．しかし，打ち切り波数を含むウィンドウの選択に主観性が残るだけでなく，波数空間での処理が推定されるべき構造になじまない可能性もある．フーリエ変換の代わりに他の変換を用いても，それぞれ固有の癖があり，得られる解に偏りが生じる事情は変わらない．

いずれにしても逆問題の多くは，素朴に定式化すると悪条件の方程式へと導かれる．非適切問題は字義どおり数学的設定が適切でない問題であり，方程式だけからは意味ある解を導くことはできないということを認識する必要がある．すなわち，逆問題を解くためには，対象の構造にたいする補助的情報を用いて方程式の解の範囲をさらに限定することが不可欠なのである．したがって補助情報を直接的に数理モデルに表現して逆問題の解決に当たるのが正道であり，方程式自体をこねくりまわしても意味がないことがわかる．逆問題の反復的解法においては，この補助的情報のモデル化という観点が非常に希薄であり，利用者に自身が行なっている処理の意味を見誤らせる危険がある．

3 方程式から最適化モデルへ

逆問題を解くためには先験情報が必要であるが，その情報が何らかの数理モデルに表現されてはじめて逆問題の解法に役立つ．この意味で逆問題はモデリングの問題であるといえる．

理工学の分野では，ミクロレベルの方程式をたてる事が難しい乱流などの確率的問題や非線形問題の取扱において，マクロレベルでの汎関数を定義し，それを最適化することにより問題を処理することが広く行なわれている．汎関数を定義することによって，間接的にモデルを構成していると解釈することができる．これを最適化モデルによる方法と呼ぶ．

Tikhonov(1963)は，逆問題の解を方程式の解としてではなく，最適化問題の解としてモデル化し，正則化法(regularization method)と呼ばれる非適切問題の解法を与えた．さきの積分方程式を例にとれば，まず構造 f の滑らかさを測る正則化汎関数

$$\Omega(f) \equiv \sum_{i=1}^{p} \omega_i(x)\left(\partial_x^i f(x)\right)^2 < \infty$$

を導入する．ただし，$\omega_i(x) \geq 0$ は連続関数とする．方程式を解く代わりに，平滑化汎関数

$$M_\alpha(f) \equiv \|Kf - \tilde{g}\|^2 + \alpha\Omega(f)$$

を最小化する $f = \hat{f}_\alpha$ を逆問題の解とするのである．真の解が滑らかであることなどの一定の条件のもとで，データの誤差 $\|\tilde{g} - g\|$ が 0 に近づくときに，正則化パラメータ α の値をこの誤差のオーダーに選ぶことができるならば $\hat{f}_\alpha(x)$ は真の解 $f(x)$ に収束する．Tikhonov は，解が滑らかであるという事前情報を方程式に付加することによって逆問題を解くのに成功したのである．しかし現実の場面では，データの誤差を検知したり制御することはできない．収束性の証明は実際家にとっては一種のおまじないにすぎない．現実には，正則化パラメータの値の決定は解析者の主観的判断に委ねられる．

数値計算の分野では，データの平滑化法として Tikhonov の方法の離散版が古くから知られている．Whittaker and Watson(1935)による Gradation 法は，x が離散値をとる場合において，微分を差分に置き換え，K を単位行列として平滑化関数を最小化する方法である．

統計学の分野においては，統計モデルのパラメータの推定法として最尤法がよく使われる．パラメータ $\phi \in R^n$ をもつ統計モデルの対数尤度 $\ell(\phi) \equiv -2\log L(\phi, \tilde{g})$ を最小化する方法である．しかし，データがパラメータに関する情報を十分持っていない場合には，対数尤度の代わりに罰金付き対数尤度

$$-2\log L(\phi, \tilde{g}) + \alpha\Omega(\phi)$$

を最小化するほうが良い場合がある．α を罰金パラメータと呼ぶ．罰金関数 $\Omega(\phi)$ には例えば，

$$\Omega_0(\phi) \equiv \|\phi\|_2^2,$$

$$\Omega_2(\phi) \equiv \sum_{i=2}^{n-1} (\phi_{i-1} - 2\phi_i + \phi_{i+1})^2 \equiv \|D\phi\|_2^2$$

などが用いられる．これも尤度によって表現しつくせない情報を最適化関数によって間接的にモデル化したものである．

天文学においては，画像データの解析にエントロピー最大化法(ME 法)がよく用いられている．画像のデータ $\tilde{g}_j$ も求めるべき画像 f_i も共にメッシュ上の離散データであり，データのメッシュが求めるべき画像に要求されるメッシュよりも粗いので，対応する有限次元の方程式 $Kf = \tilde{g}$ は不定方程式となる．ただし K は画像の量子化に伴って生じる行列，$f, \tilde{g}$ は対応するメッシュの数の要素を持ったベクトルである．この方程式を満たす解 $f > 0$ の中で量子化された画像信号のエントロピー

$$E(f) \equiv -\sum_i p_i \ln p_i, \quad \left(p_i \equiv \frac{f_i}{\sum_j f_j} \right)$$

が最大となるような画像を求める．この方法はもともと量子化された画像信号のミクロレベルでの確率モデルにもとづいて発案されたものであったが，今日では想定された確率モデルを離れて，最適化すべき関数を

$$M_\alpha(f) \equiv \|Kf - g\|^2 + \alpha E(f)$$

とし，モデルを間接的に構成する方便として最適化モデルを用いている．

複雑な事象を最適化過程とみなすことにより理解しようという考えは，経験科学の分野で広く用いられている方法であるが，とくに逆問題の解法を最適化問題として捉えるアプローチは大きな成功を収めてきた．この最適化モデルにもとづく方法は，滑らかさなどの漠然とした先験情報，互いに重複する先験情報，互いに完全には両立しない先験情報を重みつきの罰金関数の形に表わし，最適化すべき関数に過剰決定を許す形で加えることによって情報を柔軟に取り込むことができるからである．さらに，推定すべき構造 f が満たすべき先験的条件に，非負性，単調性，凸性などの条件があれば，それらを最適化問題の制約条件として容易に定式化し解くことができる(田中・田辺，1983)．

4　最適化モデルからベイズ・モデルへ

罰金関数付き関数の最適化は，ベイズ統計の立場をとる者には馴染み深いものである．ベイズ統計学においては，パラメータ ϕ の値が与えられたとしたときのデータ $\tilde{g}$ の実現確率を表現する尤度 $L(\phi, \tilde{g})$ と同時にパラメータ自身の実現確率，すなわち事前分布 $\Pi_\lambda(\phi)$ を措定する．この 2 つの分布をあわせてベイズ・モデルと呼ぶ．一般に，尤度と事前分布はハイパーパラメータとよばれる上位のパラメータ λ によって特徴づけられている．上記の例では，λ は α に対応し，ϕ は f を規定するパラメータと見なすことができる($\phi = f$ と考えても良い)．このとき，データ $\tilde{g}$ が与えられた条件下でのパラメータ ϕ の実現の確率を定める事後分布は

$$P_\lambda(\phi) = \frac{L(\phi, \tilde{g})\Pi_\lambda(\phi)}{\displaystyle\int L(\phi, \tilde{g})\Pi_\lambda(\phi)d\phi}$$

となる．

ベイズ統計学においては，先験的に λ の値を含む事前分布を決め，事後分布によって推論を行なう．事後分布のモード(最大値を与える ϕ の値)がしばしばパラメータ ϕ の推定値として用いられるが，これは前節の最適化モデルと密接に関連している．例えば

$$L(\phi, \tilde{g}) \propto \exp\left(\frac{-\|K\phi - \tilde{g}\|^2}{2\sigma^2}\right)$$

$$\Pi_\lambda(\phi) \propto \exp\left(\frac{-\alpha\Omega_0(\phi)}{2\sigma^2}\right), \quad \lambda \equiv (\alpha, \sigma)$$

とおくと，事後分布の尤度は

$$\exp\left\{\frac{-\left(\|K\phi - \tilde{g}\|^2 - \alpha\Omega_0(\phi)\right)}{2\sigma^2}\right\}$$

に比例する．したがって事後分布の最大化は，前節の最適化関数の最小化と一致する．この意味で前節の罰金関数の最適化による方法とベイズ・モデルにもとづく方法とを同一視する者もいるがベイズ統計学の本旨はあく

までも事後分布による確率的な推論であることを忘れてはならない．モードはこの分布の一特性にすぎない．正則化パラメータや罰金パラメータは，ベイズ・モデルにおいてはハイパーパラメータと呼ばれるものである．

罰金関数の最適化をベイズの方法と同一視してしまうと，最適化関数において重要な役割を演じるハイパーパラメータの値の決定に関してなんらの指針も与えられない．最適モデルによる方法においてはこの決定は解析者の主観的判断に委ねるほかなかった．ところがベイズ・モデルのもとで，Good(1965, 1983)は「タイプIIの尤度」を

$$L(\lambda) \equiv \int L(\phi, \tilde{g})\Pi_\lambda(\phi)d\phi$$

と定義し，これを最大化することにより，ベイズ・モデルのハイパーパラメータの値をデータにもとづいて決定する方法を提案した．今日，タイプIIの尤度は「ベイズ・モデルの尤度」あるいは「周辺尤度」(marginal likelihood)と呼ばれている．ベイズの方法はデータにもとづいて事前分布から事後分布を導くベイズの定理に依拠している．Goodの方法は，λの値をデータから決めるので，ベイズの定理は適用できない．このためこの方法をベイズの方法と呼ぶには少々憚られる．しかし，今日ではGoodの方法は「経験ベイズ法」と呼ばれることが多い．また，線形モデルの場合に特定のベイズ・モデルを構成すると，タイプIIの尤度による方法と一致することを赤池(1986)が示している．ベイズ統計家の間では，モデル選択にベイズ・ファクターを用いることが今日常識となりつつある．ベイズ・ファクターは2つのベイズ・モデルの周辺尤度の比で定義されるもので，Goodの方法の延長線上に位置づけることができる．

タイプIIの尤度を定義するには，データの分布と事前分布を確率分布として明確に特定しなければならない．先に述べたような分布の比例表現は，積分値を1とするための正規化係数の表現が欠けており，タイプIIの尤度を定義するには不十分である．正規化係数はハイパーパラメータの関数でもあるから，タイプIIの尤度の定義には正規化係数が必要となる．一般に，Goodの方法を実行するにあたって，この正規化係数とタイプIIの尤度に表われる積分計算に手間がかかる．

エントロピーを罰金関数とする罰金付き尤度関数の最大化によるパラメータの推定におけるタイプIIの尤度最大化法の有用性を Good(1965)自身すでに論じている．ベイズ・モデルにもとづくこの方法は，逆問題の処理に非常に適した枠組みである．なぜなら，逆問題およびその解法には，様々な不確定要因が介在するからである．観測データの統計的誤差，関数の離散化誤差，先験情報のあいまい性の存在についてはよく知られている．しかし，因果連鎖を記述する方程式自身にも定式化における誤り(specification error)があることは一般にあまり意識されてない．客観的にみると，モデルの主要部も実は「うそモデル」なのである．実際問題の解決においては，定式化における誤りに適切に対処することが最重要課題となる．ベイズ・モデルは，これらの不確定要因を含んだ対象を表現するための最良の道具であり，タイプIIの尤度を利用すれば，ベイズ・モデルに含まれている様々な誤差要因の兼ね合いをデータにもとづいて調整することができる．

従来，統計的データ解析においてはパラメトリック・モデルを仮定し，解析的記号計算によって推論するという過程を践んで行なわれてきた．しかし，高速コンピュータの発展のおかげで，解析的公式の導出を期することができない複雑なモデルも，数値的アルゴリズムによって直接操作可能となっている．ベイズ統計学の世界においては，とくにこの傾向が著しい．今日では，複雑なポテンシャル関数 $\Psi_\lambda(\phi)$ に対応する Gibbs 分布

$$\Pi_\lambda(\phi) \propto \exp(-\Psi_\lambda(\phi))$$

を事前分布とするベイズ・モデルが操作可能となっている．すなわち，事後分布に関するあらゆる統計量の数値積分計算が Markov Chain Monte Carlo(MCMC)法とよばれる方法によってある程度実現可能となっている．この方法の特質は，事前分布の設定にあたって，分配関数とよばれる正規化因子

$$\int \exp(-\Psi_\lambda(\phi))d\phi$$

を陽に特定しなくても良いという点にある．尤度についても同じことがいえる．このような技術を応用するならば，逆問題の解を求める際に有用な不等式制約条件を統計的に取り扱うことができる．もちろん，限りなく汎用性

があるかに見えるこの方法は，計算量や悪条件性など困難の解決を MCMC 法の反復緩和過程にすべて押し付けている．したがって実行上の限界があることはわきまえておく必要がある．

5　最適化モデルのベイズ・モデル化とベイズ的モデル選択

前節のはじめにベイズ・モデルの事後分布を処理する過程で罰金付き最適化モデルが導かれることを述べたが，逆に罰金付き最適化モデルをベイズ・モデルとみなして，正則化パラメータなどの値をデータにもとづいて決定することができることを示そう．これはモデルを作るという観点から実用上大きな意義がある．なぜなら罰金付き最適化モデルは，あらゆる雑多な事前情報を罰金の形式ですべて取り込むことができるからである．例えば常に両立するとは限らない条件群のひとつひとつの条件に罰金関数を対応させ，正値罰金パラメータを係数とする罰金関数の線形和を全体の罰金(ポテンシャル)関数 $\Psi_\lambda(\phi)$ と定義することにより非常に多様な問題の処理が可能である．この最適化モデルをベイズ・モデル化すると，罰金パラメータのベクトル λ をタイプ II の尤度最大化法を用いて決定することが可能となる(Tanabe and Sagae, 1992)．この事実は線形和に含まれる個々の罰金関数の妥当性の案配(モデルの重み)をデータにもとづいて決めることができるという点で重要な意味を持っている．

最適化モデルをベイズ・モデル化したときのタイプ II の尤度の具体的な形を，重み付き線形最小 2 乗モデル

$$\|K\phi + \eta_\lambda - \tilde{g}\|^2_{W_\lambda}$$

を例に見ておこう．ここで $\|v\|^2_W \equiv v^{\mathrm{t}} W v$ とし，W_λ は正定値行列，η_λ は一般性をもたせるために導入したベクトルであり，多くの問題では $\eta_\lambda = 0$ である．今上述の罰金関数の線形和が $\Psi_\lambda(\phi) \equiv \|Z_\lambda \phi - c_\lambda\|^2_2$ という形式に表現されたとしよう．ただし，罰金パラメータはベクトル λ の一部として行列 Z_λ とベクトル c_λ の中に含ませている．このとき罰金付き最小 2 乗モデルは

$$\|K\phi + \eta_\lambda - \tilde{g}\|_{W_\lambda}^2 + \|Z_\lambda \phi - c_\lambda\|_2^2 \to \min_\phi$$

となる．多くの場合，Z_λ の行の数は列の数より大きい縦長の行列であり，階数落ちしている場合もある．

このとき尤度と事前分布をそれぞれ

$$L_\lambda(\phi, \tilde{g}) \propto \exp\Big(\frac{-\|K\phi + \eta_\lambda - \tilde{g}\|_{W_\lambda}^2}{2}\Big)$$

$$\Pi_\lambda(\phi) \propto \exp\Big(\frac{-(\|Z_\lambda(\phi - \mu_\lambda)\|_2^2 + \varepsilon\|\phi\|_2^2)}{2}\Big)$$

と解釈する．ただし，$\mu_\lambda \equiv Z_\lambda^\dagger c_\lambda$ は $\Psi_\lambda(\phi)$ を最小とする ϕ，$Z_\lambda^\dagger$ は Z_λ の Moore–Penrose 一般逆行列とし，事前分布の定義中の項 $\varepsilon\|\phi\|_2^2$ は条件 $\int \Pi_\lambda(\phi)d\phi < \infty$ が満たされないことを予防するために導入したものである．さらに $K^{\mathrm{t}}W_\lambda K + Z_\lambda^{\mathrm{t}} Z_\lambda$ は常に可逆であることを仮定しておこう．この想定のもとでタイプ II の尤度 $L(\lambda)$ を計算すると，十分小さな正数 ε にたいして

$$L(\lambda) \propto \sqrt{\det W_\lambda \ \underline{\det}(I - (K^{\mathrm{t}}W_\lambda K + Z_\lambda^{\mathrm{t}} Z_\lambda)^{-1} K^{\mathrm{t}} W_\lambda K)}$$
$$\times \exp\Big(\frac{-(\|K\hat{\phi} + \eta_\lambda - \tilde{g}\|_{W_\lambda}^2 + \|Z_\lambda(\hat{\phi} - \mu_\lambda)\|_2^2)}{2}\Big)$$

が近似的に成り立つ．ただし $\underline{\det}A$ は行列 A の 0 でない固有値の積とし，$\hat{\phi}$ は重み付き最小 2 乗問題

$$\|K\phi + \eta_\lambda - \tilde{g}\|_{W_\lambda}^2 + \|Z_\lambda(\phi - \mu_\lambda)\|_2^2 \to \min_\phi$$

の解とする．タイプ II の尤度の対数をとって -2 倍した量

$$IPBIC(\lambda) \equiv \|K\hat{\phi} + \eta_\lambda - \tilde{g}\|_{W_\lambda}^2 + \|Z_\lambda(\hat{\phi} - \mu_\lambda)\|_2^2 - \log \det W_\lambda$$
$$- \log \underline{\det}(I - (K^{\mathrm{t}}W_\lambda K + Z_\lambda^{\mathrm{t}} Z_\lambda)^{-1} K^{\mathrm{t}} W_\lambda K)$$

を最小化するように λ を決める（Tanabe and Sagae, 1992, 1998）．最後の項 $-\log \underline{\det}(I - (K^{\mathrm{t}}W_\lambda K + Z_\lambda^{\mathrm{t}} Z_\lambda)^{-1} K^{\mathrm{t}} W_\lambda K)$ は $\log\det(K^{\mathrm{t}}W_\lambda K + Z_\lambda^{\mathrm{t}} Z_\lambda) - \log \underline{\det}(Z_\lambda^{\mathrm{t}} Z_\lambda)$ と置き換えることができる．

IPBIC は，Z_λ が長方行列（横長でも可）あるいは階数落ちとなる場合に使うために筆者が 1980 年代から提唱してきたもので，improper prior Bayesian information criterion の略称である．*IPBIC* は行列 Z_λ が正方可逆行列の場合には情報量基準 *ABIC* と一致する．

このような方法でベクトル λ の値を決められるという事実は，罰金関数の線形和として表現されている個々の罰金関数に対応するモデルの重みをデータにもとづいて決定することができることを意味する．言い換えれば過剰決定的な罰金関数のなかに含まれている個々のモデルを実質的に選択していることになる．従来，ベイズ・モデル作りでは，事前分布は単一のモデルとすることが慣習的に行なわれてきた．しかし，上記の考察により，その必要はないことがわかる．すなわち，必ずしも調和的でない可能性のある複数の事前分布群 $\{\Pi_i(\phi)\}$ の重み付き積 $\Pi_\lambda \equiv \Pi_1^{\lambda_1}(\phi)\Pi_2^{\lambda_2}(\phi)\cdots\Pi_n^{\lambda_n}(\phi)$ を正規化し，この統合された事前分布にたいして，タイプ II の尤度を用いてベクトル λ を決めることにより実質的にモデルの選択を行なうことができる（Tanabe and Sagae, 1992, 2000）．

参考文献

計測に係わるすべての問題は逆問題と考えられ，その統計的な取り扱いに関する文献も数多あるがここでは省略し，本稿に関連した少数の文献のみをまず掲げよう．

Akaike, H. (1980): Likelihood and Bayes Procedure. In Bernardo, J. M. *et al.* (eds.): Bayesian Statistics. University Press: Valencia, 143/166.

Akaike, H. (1986): The Selection of smoothness priors for distributed lag estimation. In Goel, K. and Zellner, A. (eds.): Bayesian Inference and decision Techniques. Elsevier, pp. 109–118.

Berger, J. O. (1985): Statistical Decision Theory and Bayesian Analysis. Springer.

Bernardo, J. M. and Smith, A. (1994): Bayesian Theory. Jon Wiley.

Burg, J. P. (1969): Analytical studies of techniques for the computation of high-resolution wavenumber spectra. In Prepared by Barnard, T. E. : *Texas Instruments, Advanced Array Research Special Report*, No. 9.

Gelman, A. *et al.* (1995): Bayesian Data Analysis. Chapman & Hall.

Geman, S. and Geman, D. (1984): Stochastic relaxation, Gibbs distribution and the Bayesian restoration of immages. *IEEE Trans Patten. Anal. Mach. Intel.*, **6**, 721–741.

Gilks, W. R. *et al.* (1996): Markov Chain Monte Carlo in Practice. Chapman & Hall.

Good, I. J. (1965): The Estimation of Probabilities: An Essay on Modern Bayesian Methods. MIT Press.

Good, I. J. (1983): Good Thinking, The foundations of Probability and its Applications. University of Minnesota Press.

Kass, R. E. and Raftery, A. E. (1995): Bayes Factors. *J. of American Statistical Associstion*, **90**, 773–795.

Tikhonov, A. (1963): Solution of incorrectly formulated problems and the regularization method. *Soviet Math. Dokl.*, **5**, 1035–1038.

Whittaker, E. T. and Watson, G. N. (1935): A Course of Modern Analysis (4th ed.). Cambridge University Press.

伊庭幸人(2003): ベイズ統計と統計物理．岩波講座 物理の世界 物理と情報 3．岩波書店．

Metropolis, N. *et al.* (1953): Equations of state calculations by fast computing machine. *J. of Chem. Phys.*, **21**, 1087–1091.

Smith, C. Ray and Grandy Jr., W. T. (eds.) (1985): Maximum-Enttropy and Bayesian Methods in Inverse Problems. Reidel Publishing Company.

本文で述べた，反復解法に始まり，最適化モデルを経て，経験ベイズに至る逆問題の解法の変遷は，この問題を巡る筆者自身の研究遍歴でもある．本稿は以下の文献に示した研究の過程で得た考察をまとめたものである．

Hounsfield はコンピュータトモグラフィーにおける画像復元に反復的解法を用いて成功をおさめ，1979 年ノーベル医学賞を得た．その後 Herman らによって改良され，ART(Algebraic Reconstruction Technique)に引き継がれたが，その数学的解析は

Tanabe, K. (1971): Projection method for solving a singular system of linear equations and its applications. *Numerische Mathematik*, **17**, 203–214.

に依拠していた(下記参照)．

Herman, G. T., Lent, A. and Rowland, S. (1973): ART: Mathematics and applications (a report on the mathematical foundations and on the applicability to real data of the algebraic reconstruction techniques). *J. of Theoretical Biology*, **42**, 1–32.

Bates, R. H. T., Garden, K. L. and Peters, T. M. (1983): Overview of Computerized Tomography with Emphasis on Future Developments. *Proceedings of the IEEE*, **71**, 356–372.

これに関連して，重み付き最小 2 乗解と定常線形反復法との関係が

Tanabe, K. (1974): Characterization of linear stationary iterative processes for solving a singular system of linear equations. *Numerische mathematik*, **22**, 349–359.

Tanabe, K. (1975): Neumann–type expansion of reflexive generalized inverses of a matrix and the hyperpower iterative method. *Linear algebra and its applications*, **10**, 163–175.

において示された．また，定常線形反復法ではない反復解法である共役勾配法(CG 法)と Ben–Israel 法にも正則化(平滑化)作用があることが

Tanabe, K. (1977): The conjugate gradient method for computing the Moore–Penrose inverse and rank of a matrix. *J. of Optimization Theory and Applications*, **22**, 1–23.

に示されている．筆者が関わった最適化モデルによる逆問題の取り扱いには

Kobayashi, H. T., Abe, T., Kawashiro, K., Tanabe, K. and Yokoyama, T. (1987): Estimation of the distribution profile of airway resistance in the lung. *Computers and Biomedical Research*, **20**, 507–525.

Inoue, H., Fukao, Y., Tanabe, K. and Ogata, Y. (1990): Whole mantle P-wave travel time tomography. *Physics of the Earth and Planetary Interiors*, **59**, 294–328.

Kawashiro, T., Yamasdawa, F., Okada, Y., Kobayashi, H., and Tanabe, K. (1991): Uneven distribution of ventilation-perfusion ratios in lungs estimated by a modified Newtons method. *Mathematical Programming*, **52**, 1-9.

がある．とくに，地球内部構造をさぐる地震波トモグラフィーにおけるモデリング

と CG 法による大規模計算によって大きな成功を収めた．本文では触れ得なかったが，AIC 等のモデル選択規準を用いて，回帰関数を表現する基底の部分集合をデータに基づいて選ぶことによって逆問題を解くという有力な方法がある．これについては

Tanabe, K. (1975): Statistical regularization of a noisy ill-conditioned system of linear equastions by Akaike's information criterion. *Computation and Analysis Japan*, **6**(4), 2–25；初出，京都大学数理解析研究所講究録，No. 215(1974)掲載.

田辺國士(1975): 不適切問題の統計的および数値的取り扱いについて，日本数学会，応用数学分科会特別講演，講演予稿集，140–153.

田辺國士(1976): 不適切問題への統計的アプローチ．数理科学，No. 153, 60–64.

Tanabe, K. (1978): Least squares spline for incorrectly-posed problems: Information theoretic approach. *Proceedings of Computer Science and Statistics: The 11th Annual Symposium on the Interface, Institute of Statistics, NC State Univ.*, 388–391.

Hiragi, H., Urakawa, H. and Tanabe, K. (1985): Statistical Procedure for Deconvoluting Experimental Data. *Journal of Applied Physics*, **58**(1), 5–11.

を参照されたい．ベイズモデルによる逆問題に関わる筆者自身の研究には以下のものがある．

田辺國士，田中輝雄(1983): ベイズモデルによる曲線・曲面のあてはめ．地球，**5**(3), 179–186．京都大学数理解析研究所講究録(1983)に詳細を掲載.

田辺國士(1983): ベイズモデルと ABIC．オペレーションズ・リサーチ，**30**(3), 178–183.

田辺國士(1987): 1 変量および 2 変量の密度関数のノンパラメトリックな推定法．インフォメーション，**6**(10), 102–111.

Tanabe, K. and Sagae, M. (1984): A Bayes method for nonparametric univariate and bivariate probability density estimation. Manuscript presented at *ASA-IASC-SIAM Conference on Frontiers in Computational Statistics*: Boston.

Tanabe, K., Sagae, M. and Ueda, S. (1988): BNDE, Fortran subroutines for computing Bayesian nonparametrec univariate and bivariate density estimatior. *Computer Science Monographs, Institute of Statistical Mathematics*, No. 724；初出，*Institute of Statistical Mathematics, Research Memorandum*, No. 308 (1986).

竹内啓ほか(編)(1989): 平滑化，統計学事典，東洋経済新報社，375–380.

田辺國士，太田雅久，田口友康(1991): ピアノ演奏における速度リズム時系列のベイズ法による解析．日本音響学会，音楽音響研究会資料 MA90–24, 1–4.

Tanabe, K. and Sagae, M. (1992): How to incorporate inconsistent prior information safely in Bayesian linear models by adjusting hyperparameter via data-based method. *Institute of Statistical Mathematics, Reseach Memorandom*, No. 442.

Jiang, X. -Q. and Tanabe, K. (1992): Identification and estimation of hyper-parameters in Bayesian linear models. *Institute of Statistical Mathematics, Reseach Memorundom*, No. 444.

Tanabe, K. and Sagae, M. (1998): Improper priors and model selection criteria in misspecified Bayes model. *Institute of Statistical Mathematics, Reseach Memorandom*, No. 698.

田辺國士(1998): 逆問題における先駆情報の Bayes の方法による取り扱い．計測と制御，**36**, 468–471.

近年研究が進んでいる Support Vector Machine(SVM)などの学習機械における帰納能力(汎化性)の獲得は，逆問題の解法と全く同様の数理的仕組みでもたらされるものであり，学習機械の帰納能力の最適調整においてタイプ II の尤度最大化は非常に強力な方法である．SVM においては訓練用データの一部(サポートベクター)のみによって帰納推論が行なわれるが，「アンサンブルとしての全(訓練用)データに情報が存する」という観点から，筆者は汎用帰納推論機械 PLRM およびその双対機械 dPLRM を導入した．この学習機械は SVM と異なり，多クラス判別予測を確率的に行なう点で独自のものであり，音声による話者識別などの問題解決に良い結果を得ている．

Tanabe, K. (2001): Penalized Logistic Regression Machines: New methods for statistical prediction 1. *ISM Cooperative Research Report 143, Estimation and Smoothing methods in Nonparametric Statistical Models*, 163–194.

Tanabe, K. (2001): Penalized Logistic Regression Machines: New methods for statistical prediction 2. *Proceedings of 2001 Workshop on Information Based Induction Science (IBIS2001)*, pp. 71–76.

Tanabe, K. (2003): Penalized Logistic Regression Machines and Related Linear Numerical Algebra. 京都大学数理解析研究所講究録，No. 1320, pp. 239–249.

Matsui, T. and Tanabe, K. (2004): Speaker Identification with Dual Penalized Logistic Regression Machine. *Proceedings of Odyssey04* .

Matsui, T. and Tanabe, K. (2004): Probabilistic Speaker Identification with with Dual Penalized Logistic Regression Machine. *Proceedings of ICSLP.*

索　引

ア　行

カ　行

サ　行

タ　行

ナ　行

ハ　行

マ 行

ヤ 行

ラ 行

■岩波オンデマンドブックス■

統計科学のフロンティア 4
階層ベイズモデルとその周辺
──時系列・画像・認知への応用

2004年10月27日　第1刷発行
2007年12月14日　第5刷発行
2018年3月13日　オンデマンド版発行

著　者　伊庭幸人(いばゆきと)　石黒真木夫(いしぐろまきお)　松本　隆(まつもとたかし)
　　　　乾　敏郎(いぬいとしお)　田邉國士(たなべくにお)

発行者　岡本　厚

発行所　株式会社　岩波書店
〒101-8002　東京都千代田区一ツ橋2-5-5
電話案内　03-5210-4000
http://www.iwanami.co.jp/

印刷／製本・法令印刷

ISBN 978-4-00-730732-4　Printed in Japan